蟹工船の記憶

―富山と北海道―

橋本　哲

桂書房

大叔父橋本常隆さんと、
北海道の発展に貢献した
すべての富山県出身者に、拙著を捧げます

目次

はじめに　若き大叔父との出会い

一一年前の六月、知人からもらった手紙に蟹工船の切手が貼ってあった。後日、図書館で切手カタログを調べてみたら、これはその年に二〇世紀シリーズ第六集発行の「多喜二と『蟹工船』初版」（二〇〇二年発行）であり、説明書きに

は「蟹工船の労働群像を描いた『蟹工船』を発表し、プロレタリア文学の旗手として注目されるが、同時に特高警察からマーク、連行され、拷問の末に死亡した」とある。

何となく切手を眺めていて、待てよ、もしかしたらと思った。

偶然、別の知人からもらった北国新聞の記事を思い出し、新聞社に電話し、記事（二〇〇九年四月一二日）のコピーを郵送してもらった。大見出しには「蟹工船は石川発」とあった。そして小見出しには「小木の和島氏が考案」とある。本文で記者はこう書いている。

「小林多喜二の同著を読み返している最中、意外な話を耳にした。洋上でカニを缶詰に加工する蟹工船を最初に始めたのは石川県人なのだという。」

水産庁に問い合わせて調べてもらった資料「対馬海流開発調査報告書第五輯（一九五八年）」にはこう書かれているという。

「大正十年には、石川県小木の和島貞二が補助機関付帆船二隻でオホツク沖へ出漁してカニ缶詰の船内製造を行っている」

そして、それに続いて「これが蟹工船の始まりらしい。海上で缶詰を製造する独創的なアイデアはほかの業者にも広がり、・・・」として、石川県小木の和島貞二について取材調査した結果が述べられている。へえ、そうだったんか、と感心しながら読んではいたが、切手を眺めていて、たしか私の大叔父、つまり祖父の弟にあたる橋本常隆（つねたか）さんの書いた本に何やらカニ缶詰のことが書いてあったような気が・・・、そんな古い記憶がよみがえり、押入れの戸を開けた。

蟹工船は石川発

小木の和島氏が考案

独創的アイデア

大正期 北の海で一大事業

特許申請せず

和島に関する資料を調べる荻野さん
＝能登町小木

蟹工船の発案者、和島貞二

大正12年に出港した蟹工船「俊和丸」。共同経営者、横山俊二郎の「俊」と和島貞二の「和」から命名したとされる（荻野さん提供）

常隆さんの本は、後で調べてわかったが、折々印刷して知人に配布していた七冊の私家版小冊子「一缶詰技師の履歴書」を一冊にまとめて製本したもので、祖父も父親もあまり読んだ気配がないまま一〇代後半の頃の私に渡されたので、しょうがなく一部だけ斜め読みして押入れの奥に放り込んでいた。探したら出てきた。厚い深緑の表紙の『この道を行く　一缶詰技師の一生』（以下、『一生』と略す）。何かにせかされるような気がして、心を高ぶらせながらページをめくった。

「I　缶詰と私」の「1．カニ缶詰工船の濫觴と天秤釣タラ漁業の思い出」の節でこう書かれている。

・・・前任者小石所長の意志がつがれて大正六年オホーツク海で米国式無骨開タラ製造のかたわらこのカニ缶詰製造をも実際に行うことになったのである。

そこで私達遠洋漁業科2年生8名が同年4月、高志丸に乗船した。この時高志丸の乗組員は藤原徳蔵船長を初めとして（途中省略）私達練習生の合せて25名ぐらいであった」

これまでのカニ缶詰製造では、洗浄は真水でなければできないものとされていたが、この時初めて海水が使用され、しかも海水によって製造されたものの方があとで述べるように光沢、香味ともに優秀であることが立証され、これが工船カニ缶詰事業の成り立つ要因となったのである。

これは大叔父が洋上で十七歳になった大正六（一九一七）年をふりかえった時の記述である。この通りだとすれば、淡水ではなく海水を使ったカニ缶詰製造の嚆矢（こうし）、つまり先駆は大叔父の乗った富山県水産講習所練習船高志丸だということになる。それまでは、獲ったタラバガニはすぐに陸地の缶詰工場に運び入れ、真水で洗浄して製品化していた。船に真水を積み、それを使って少量の缶詰を船上で製作できることは分かっていた。海水は海岸、沿海のものを使って実験はしたが、汚れていて腐敗や菌入りで失敗していた。ところが、カムチャツカ沖合の海水は汚れていなくて清いもので、色合いや香味、保存度が保て、真水よりもむしろ優秀であることが、この時に高志丸航海の実験で証明された、と大叔父は書いている。

『富山県史　通史編Ⅵ近代下』を開いてみた。「水産講習所の業績」の項には、大正三年に東京水産講習所練習船雲鷹丸が淡水によるタラバガニ缶詰の試験製造をしたと紹介した後、

しかし、富山県水産講習所はきれいな淡水清水でなければカニかん詰が製造できないという当時の常識を破り、沖合のきれいな澄んだ海水を使用するという常識外れの発想で、手動かん詰製造機ならびに空き缶三〇〇を積載し、九年四月伏木港より学生ら三九名を乗せてカムチャツカ西海岸沖漁業へ出漁した。

北千島幌筵島上湾を中心として、呉羽丸に搭載されているボートによるカニ底刺網の試験操業を、約五〇日にわたり実施した。母船式方式である。漁獲されたタラバガニを早速、処理洗浄用のきれいな沖合の海水を利用して二八五函のカニかんを船内で製造した。これは優良品として好評を博し、翌十年には、・・・

とある。「幌筵島上湾」とあるが、「上湾」は「村上湾」のまちがいであろう。呉羽丸とは富山県水産講習所の二代目練習船のことであり、海水使用によるカニ缶詰製造を最初に行ったのは大正九年の呉羽丸ということになる。常隆さんの記述とは船名も違うし、時期も三年も食い違っている。はて？おかしい。高志丸ではないのか。大叔父のためというより、私自身のためにこの疑問を放っておけなくなった。

高志丸と呉羽丸のことについては一章で詳しく述べる。

私たちが子どもの頃はカニの缶詰を時々開けたように思う。身は半透明の薄

紙に包まれ、二段か三段に並んで納まっていた。最近ではカニ缶は、ズワイガニ、ベニズワイガニがほとんどで、タラバガニのものはなかなか見当たらない。二百海里排他的経済水域設定で、千島列島やオホーツク海、カムチャツカ沖合での日本の漁獲が禁止され、戦後再開された北洋の母船式サケマス漁業やタラバガニ漁が大打撃を受け、衰退したためである。デパートに置いてあるのをようやく見つけたが、一缶数千円と高価。

七年前の秋、函館に行った。希少価値だと思っていたタラバが朝市に並んでいた。鮭や毛ガニといっしょに並ぶだけでなく、大きな水槽の中でもユッサユッサと横ばいをしている。店先の地べたに秤を置き、目方売りしている店も何軒かある。

「脚はキロ六千円が相場だが五千円にしとくよ」

と売り子の兄さんは言う。北海道近海でこんなに取れるはずがない。思い切って聞いてみたら、ロシアだと言う。正式な輸入か闇で売買しているのかと聞いてみたが、兄さんは、「まあ、両方かな」。

その後、ロシア政府は漁業域・漁獲量規制を強め、タラバガニはほとんど来なくなった、表向きは。

タラバガニとカニ缶詰のことについては二章で述べる。

調べ歩きを進めるに連れて感じることができたふるさとと富山と北海道との深いつながり、富山から北の大地に渡った越中人のこと、函館と小樽のことについては三章で記す。

初代練習船高志丸は、オホーツク海への試験漁業をする際は、函館と小樽に寄港して荷積み、そして日和に応じた現地視察をし、樺太の手前で宗谷海峡を経由して千島列島の北側を東北東へ航行、北千島の幌筵（パラムシル）島・占守（シュムシュ）島、カムチャツカ西岸沖合へとタラを求めて進んでいる。現在ここはすべてロシア領ではあるが。カムチャツカと北千島（おもにシュムシュ島とパラムシル島）については四章で書く。

カニ工船と、小説『蟹工船』、小林多喜二のことについては五章で。多喜二はもしかしたら三歳年上の常隆と小樽の街ですれ違っていたかもしれない。

高志丸がタラ漁と海水によるカニ缶詰づくりをしたカムチャツカ西岸沖合と、拠点パラムシル島・シュムシュ島については、ヘリコプターで上空から眺めたり、西岸の漁村に降り立ってサケ漁を見たり、あるいはシュムシュ島を数時間歩いただけではあるが、四章に記す。高志丸かあるいは小舟（ドーリー）でシュムシュ島柏原湾に降り上陸した生徒の一人がある家の庭先でブランコに乗っていて、奥さんに見つかってどなられ、逃げ帰っていたという貴重？な笑い話も、ある本を熟読していた時に見つけた。もしかするとこの生徒は常隆かも知れない。明治に辺境の調査と開拓の使命を帯び、退役大尉郡司成忠隊長の報効義会のことも併せてこの章で書く。

六章では、私の住む田中町の神社にある灯篭について。三章で書いた北海道との関係について私の村にも縁があった。そして富山からの渡道者についての思いもよらない話もいくつか書く。

一枚の切手との偶然の出会いが、門外漢の私によるカニ缶詰考の、そして富山と北海道の関係について具体的に知る長い旅の始まりだった。北方領土よりもはるか北の北千島シュムシュ島やカムチャツカ西岸沖合に、実際に渡ることもできた。

大叔父らが高志丸で伏木港出帆、カムチャツカ西岸沖合へ行き、タラ漁のかたわらカニ缶詰を澄んだ海水使用で船内製造して、すでに百四年が過ぎた。彼らの業績を記録し百周年の記念にまとめたいと思っていたが、私は五年前に大腸癌を患い、また怠慢や筆力不足も手伝って遅れてしまった。

橋本常隆について、滑川の富山県水産講習所に入学するまでのことを少し説明する。以下は前記『一生』や私の親の話、橋本家の葬儀関係の書付けなどからまとめたものである。

橋本家の先祖初代、二代については過去帳が富山大空襲で燃えてしまったこともあり、はっきりしないが、三代目は橋本七之助。江戸時代後期の文化文政年間の頃の生まれで、妻の仙黒ミナは文政九（一八二六）年生まれである。四代目は襲名し七之助で、いずれも染物を生業にしていたらしい。屋号が最近まで「こうや（紺屋）」とか「でかこや」と呼ばれていた。五代目常次郎は先代、もしくは先々代が少しずつ買った田畑を元に農業に専念、永原チと結婚し、九人の子（五男四女）ができた。長男が常造で、次に長女ができ、その次が二男の常隆だった。彼は明治三三（一九〇〇）年六月一九日に誕生し、昭和六三（一九八八）年二月七日に八七歳で死去。

常隆は大正四（一九一五）年上新川郡の新庄尋常高等小学校高等科を卒業する。この時一四歳。常隆はこの年が開けてまだ進路を決めかねていたようであるが、『一生』にこう書いている。

大正四年、田舎の高等小学校卒業間際の二月頃の雪深い日、富水講の教官松野助吉先生（明治四四年第一四回養殖卒）が私等の小学校に来て生徒募集の講演をされた。富水講に入学をすれば練習船に乗って北洋オコツク海に航行し、無尽蔵にいる鱈を漁獲する、又缶詰を製造する事を教える等の話を面白く上手にされたのを聞いてつい同校に入学する事に決心した。

大正一二年度の「富山縣水産講習所事業報告」には、当時の生徒募集について書かれているが、あらかじめ一月に入学案内と宣伝ビラを配布し、その後に県内の高等小学校五〇校に職員を派遣して水産講話と生徒募集をしていることがわかる。そしてこの年の入学試験は三月一八日、本所、県庁、氷見小学校、出町小学校の四ヶ所で行なわれている。

常隆の受験はそれより八年早いので県庁での受験はなかったらしく、自宅の富山市（当時上新川郡）田中町から滑川市（当時滑川町）の水産講習所に歩いて行き、受験している。試験は数学、作文、物理、そして英語。英語は「知っているだけ書きなさい」という問題だったのだが、この英語には途方に暮れ、鉛筆をなめながら思案していたが、その鉛筆に「メイドインジャパン」と書いてあったので、それだけ書いて答案を出した。体格検査や面接等もあったかと思われる。

入学試験にはパスした。県立図書館で当時の北陸タイムス記事を探していたら、四月一日付で水講の入学者名が報じられていた。本科入学生二二人。最後から二番目に常隆の名を見つけた。本科一年で終了後、遠洋漁業科に入り、その二年の時に高志丸に乗船してカムチャツカ行き実習航海をしたのだが、その時の乗船生徒八名中の七名がこの記事で確認できた。

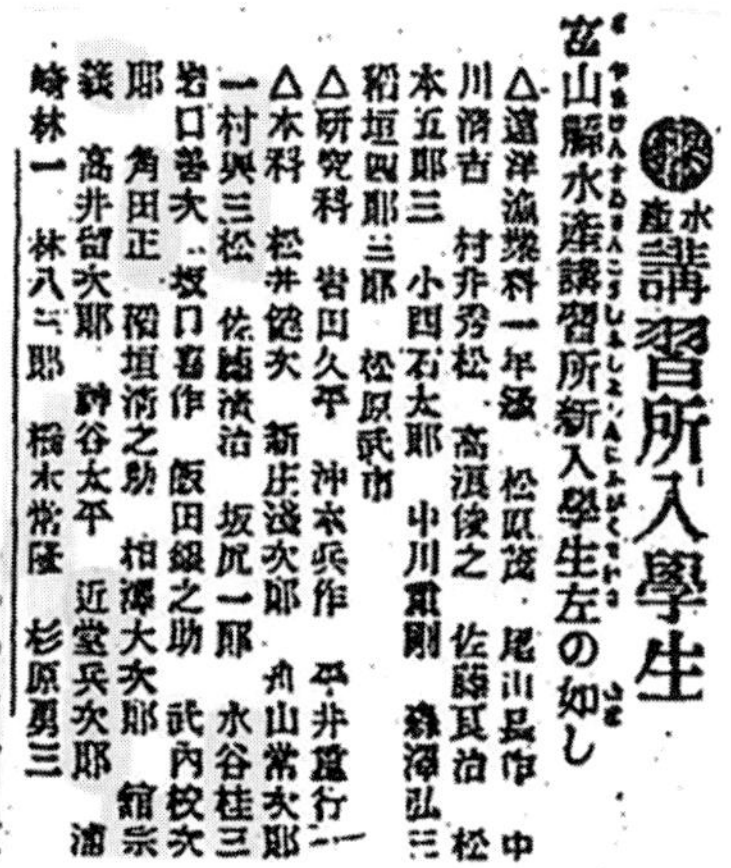
水産講習所入學生
富山縣水産講習所新入學生左の如し
△遠洋漁業科一年級 松原茂・尾山長作 中川清吉 村井秀松 高濱俊之 佐藤其治 松本五郎三 小西石太郎 中川重剛 森澤弘三 稲垣四郎三郎 松原武市
△研究科 岩田久平 沖本兵作 平井重行
△本科 松井鶴次 新庄淺次郎 丸山常次郎 一村與三松 佐藤清治 坂尻一郎 水谷桂三 岩口善次 坂口喜作 飯田銀之助 武内校次郎 角田正 稲垣清之助 柏澤大次郎 舘宗義 高井留次郎 鈴谷太平 近堂兵次郎 濱崎林一 林八三郎 橋本常隆 杉原勇三

なお、当時の新聞には北陸タイムス、富山日報、富山新報、高岡新報の四紙があった。この四紙はやがて戦時という時勢下、昭和一五（一九四〇）年に北日本新聞に統合される。

よし、「ものは試し」だと思い立ち、私は自宅から滑川市高月町の富山県水産講習所の跡地、つまり高志丸の一対のアンカー（錨）が置かれている場所まで歩いてみた。（歩いたのは次ページの地図の太線のコース）大叔父の当時の心持ちや足跡を窺い、たどるように。途中で何度か引き返そうかと思ったが、常隆君に笑われそうな気がして、やめた。背中にかなり汗をかいて、やっと着いた。二時間四五分かかった。私はこの時六八歳だが、一四歳の常隆は健脚だったようだ。文字通り「一四歳の挑戦」だった。彼は『一生』の中で、**「其の年の3月、自宅から徒歩で2時間半位かゝり、滑川町にある水講に行って受験した」**と書いている。

当時北陸本線はあったが、地鉄電車はまだない。一〇六年前の早春。道には人か牛か馬か犬、馬車や荷車、そしてたまに自転車が通る。兄の常造（あるいは父の常次郎も）は農業従事の他に農耕馬で刈取り後の田んぼで草競馬をやったり、九州に出かけてばくろう（馬買い）仕事もやったりしているが、常隆はまさか馬に乗って受験校まで行くという訳にはいかなかっただろう。夜明け前後に、母の握ったおにぎり、水筒、手拭い、筆記用具や受験票などの書類を確かめて自宅前の街道（旧北陸街道）を歩き始め、おそらく常願寺川の土手、水橋浜通りを歩きに歩いて滑川試験会場に向かったはず。

三本の大川を渡る。常願寺川、白岩川の木橋を渡り、水橋の一里塚あたりで休憩してお茶を飲み、最後の上市川を渡ったか。橋上からのロケーションは、河口右岸にある築堤や水講の短艇、漁網、養魚場や平屋の漁具庫、そして二階建ての本校。遠くには北海道を回漕する汽船が眺められたかもしれない。本校玄関に入る

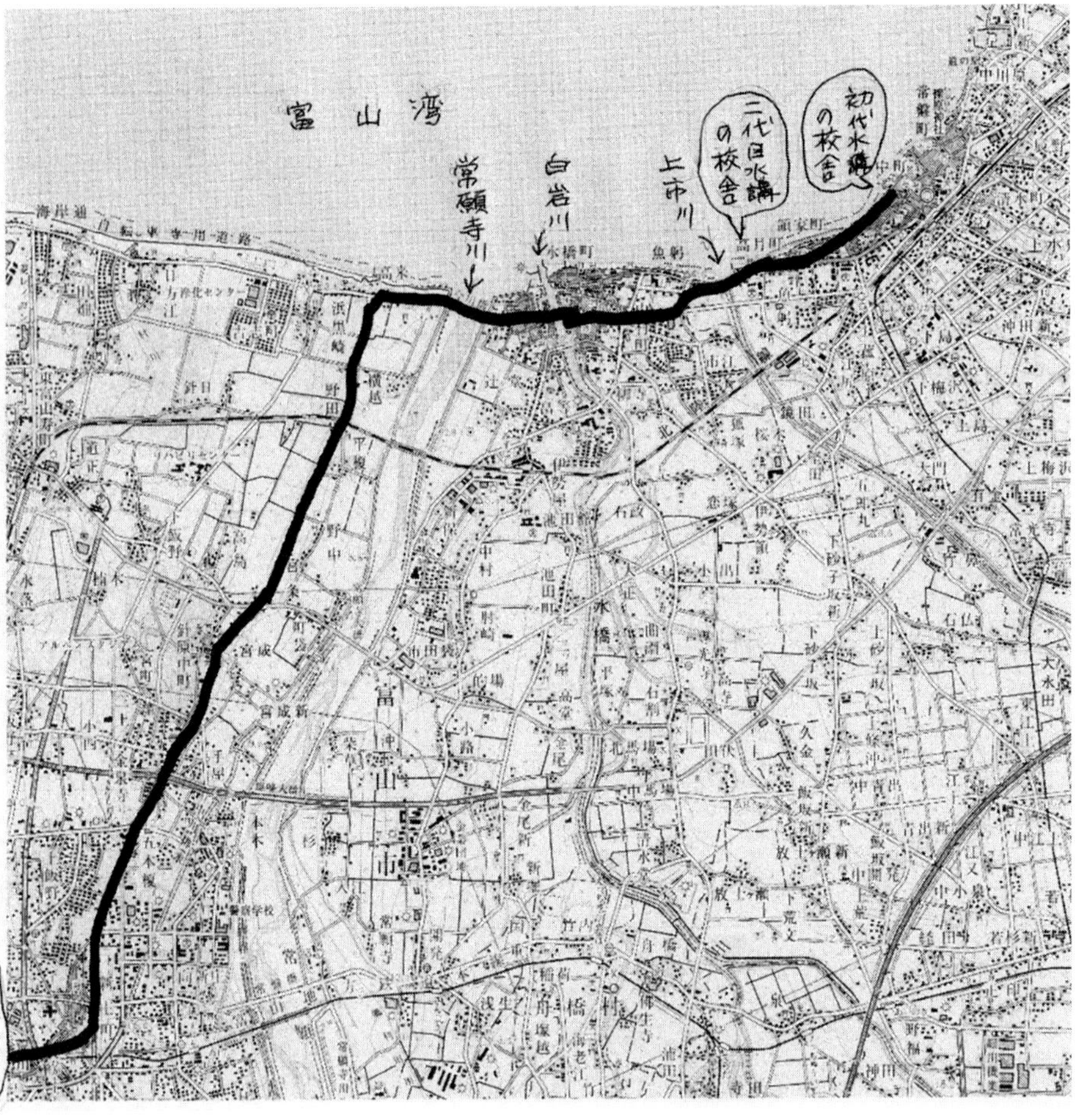

受験生の姿が、目に入った時、疲れも忘れて心を引き締めたことだろう。

　ところが、後に『水高八十年史』（水高八十年史編纂委員会、一九七九年刊）や『富水百年史』百周年記念史編纂委員会、一九九九年刊）をよく調べ直したところ、水産講習所の跡地は第二代目校舎（写真）の跡地であって、初代校舎はもう少し海岸沿いを北東に行った中町にあった。網元であり醸造業も営んでいた石川新六の漁網倉庫と作業場を改造し「中新川郡水産研究会」が創設されたが、それが発展的に解消して明治三三（一九〇〇）年に富山県水産講習所が創設されている。だから現在の水講跡よりさらに一五分あまり歩いた場所である。改めて彼の健脚を感じる。写真は『富山県の百年』（一九八九年、山川出版社発行）より。

　偶然だが、富山県水産講習所ができたその同じ年に常隆も生まれている。

　なお、水産講習所の二階建て寄宿舎は後に建てられたものであって、常隆の生徒時代にはまだなく、生徒は滑川町内に散在し下宿をしていた。夏は白い日覆いをつけた帽子に白の制服、黒革靴、冬は紺サージの制服で、下宿から水講へ通った。

　常隆が学んだ水講の環境を『百年史』はこのように著している。

講習所は、滑川町の中央部にあり旧国道に面し校舎裏はすぐ海で石浜が五〇m以上も続いていた。そこに小型実習船の和船や動力艇が並び二階の教室からは有磯海が一望できるなど、最高の環境であったと思われる。特に春からは『ほたるいか』の群遊がありその漁期が終わる頃からは蜃気楼が教室の窓からも望むことができたといわれている。夏の海上平穏な時期には各回漕店からの北海道向け『むしろ』の荷揚げのために橋場沖から校舎沖に一〇〇〇トン級の貨物船が四、五隻多い日には出入りした。（むしろとはわらで編んだ敷物のこと）

前ページの写真は滑川高校海洋科資料室にあるもので、左が水産講習所の二代目校舎で、右が寄宿舎。奥は海岸、賀茂神社の松林。大正一五年撮影。

常隆は生家での農作から、漁業学習・実習へ、そして終生の仕事となった缶詰研究・製作へと移っていくことになる。

（写真は富山県水産講習所練習生時代の橋本常隆。『一生』より）

一章　高志丸、その生涯

帆をたたんだ高志丸（一村家保存アルバムより）

一節　工船カニ漁業の先駆は

海水による船内カニ缶詰製造の始まりはどちらが事実か。呉羽丸だとするものは、『蟹罐詰発達史』(612㌻、岡本正一、霞ヶ関書房、S19)、『水産日本』(107㌻、桑田透一、大日本雄辯會講談社、S17)、『工船蟹漁業の実際』(26㌻岡本信男、いさな書房、S32)、『日本缶詰史第一巻』(223㌻、山中四郎、日本缶詰協会、S37)、『母船式工船漁業』(15㌻、葛城忠男、成山堂書店、S40)、『富山県水産史年表』(57㌻、重杉俊雄、富山県農業水産部水産課、S46)、『富山県史通史編Ⅵ近代下』(847㌻、富山県、S59)、『水産・海洋辞典』(147㌻、中谷三男、水産社、H12)等。

高志丸が始まりとしているものは、常隆著の『この道を行く　一缶詰技師の一生』の他に『漁り工る北洋』(84㌻、會田金吾、五稜出版社、S63)、『一齣の歴史　工船漁業を拓いた水産練習船とともに』(7㌻、竹嶋光男、滑川市教育委員会、S59)、『富山県北洋漁業のあゆみ』(236㌻、山田時夫・広田寿三郎、富山県北洋漁業誌編集委員会)、『富山県政史第六巻(甲)』(429㌻、富山県、S22)、『海拓』(206㌻、富山経済同友会、H18)、『蟹工船から見た日本近代史』(53㌻、井本三夫、新日本出版社、H22)、『蟹工船興亡史』(91㌻、宇佐美昇三、凱風社、H28)等。

水産講習所とその後身の水産高校の八〇年記念誌と百年記念誌を開いてみよう。

『水高八十年史』(富山県立水産高校、S54)では、元職員の葛城忠男が「練習船呉羽丸不滅の功績を称える」と題して大正九年呉羽丸の缶詰製造と翌一〇年の和島貞二のカニ工船事業化を述べている。だが、同記念誌207㌻で元職員谷本坂恵は高志丸が「オーコック海にて」「大正八年海水のみを利用して蟹缶詰を製造し帰港し…」としている。また、110㌻には「高志丸、呉羽丸でなし遂げた母船式カニ缶の企業化への立証…」や186㌻にも一村与三松氏が「高志丸、呉羽丸で体得された航海、運用または世界缶詰史上にその名をなした北洋タラバ蟹缶詰の学技を携え…」という記述があるし、382㌻には、遠洋漁業科一二回生梶山音次氏(常隆は一〇回生)が高志丸で「引き続きタラバガニ缶詰試験にかかり約150瓦程作った」と想い出を書いている。また沿革の415㌻には大正六(一九一七)年「高志丸を以ってオコック海鱈漁業試験操業のかたわらタラバ蟹船上缶詰試験を開始す」とある。『富水百年史』(水産高校、H11)15㌻にも「高志丸ではさまざまな試みがなされて、海水煮沸で良質の製品製造に成功し、大正六年に八〇缶、続いて大正七年に五〇〇缶、大正八年に四打入りで八〇箱の良品製造に成功した」と書かれている。183㌻の年表にも大正六年に高志丸がタラバ蟹船上缶詰試験を開始したことが挙げられている。

また、『一齣の歴史』を著した竹嶋光男(大叔父より九年後輩)は水産講習所を卒業してすぐにそこの職員となり呉羽丸に七年連続で乗り組み、その後函館に一〇年間カニ工船で働いた人だが、水講時代に先輩教官から授業でカニ缶詰の話を詳しく教わっていた。それによると東京水産講習所(現海洋大学)の練習船雲鷹丸が船内での淡水使用で初めてカニ缶詰をつくろうとしたのが明治四三年と大正三年だが、大量の淡水のめどが立たず企業化もできずにいた。そのような時、富山水講の高志丸が出漁するオホーツク海、カムチャツカ西岸沖合にタラバガニが大量に生息していることを発見し、海水使用による缶詰実験を毎年続けていた。当時は缶詰空缶の胴継ぎ合わせや巻き締めをハンダで行わなければならなかったが、高志丸はようやく大正六年に八〇缶、七年に五〇〇缶、八年には八〇函(一函四八缶入)の良品を生産することができたことを聞かされていた。清水(淡水)利用と、北洋のきれいな海水の大量利用との比較検討があらゆる角度からされ、海水処理品の方が漁獲から製品までの処理時間が短く、肉の締まりや鮮度がとても良く光沢も冴えているとわかり、品質保証が得られたとのこと。

　このあたりの経緯については『富水百年史』にもあらましが書かれている。続いて『一齣の歴史』で竹嶋は、老朽化した高志丸の代船としての呉羽丸建造についても述べている。県水講は高志丸の数年に及ぶ海水使用カニ缶詰実験から確信を得て、水講自体の積立て備蓄の費用も合わせ、カニ缶詰製造企業化の見通しを立てて次船建造予算を県議会に提出したが、なかなか賛成が得られず、何度かの喧々がくがくの議論の結果、ようやく可決され、小型ながらも地方水産学校の練習船としては最大の船が建造されることになったのである。

　大正九年の呉羽丸は浮工場、つまりカニ缶製造が主任務の工場用練習船として世界で初めての就航船といえる。それが翌年の和島貞二の蟹工船「喜久丸」と「喜多丸」という二隻の補助機関付帆船による事業化につながっている。しかし、和島がいかに先見の明があったとはいえ、わずか半年余りでこの事業化が実現するということは考えにくい。おそらく北千島で缶詰工場を経営しながらも高志丸の業績に注目し、やがて事業化することを念頭においた調査を進めていた可能性があると私は考える。

　昭和四〇年に『母船式工船蟹漁業』を書いた東京水産大学講師の葛城忠男は、その15㌻で

・・・富山県水産講習所練習船呉羽丸（谷本阪恵氏監督）が大正九年同海域に出漁、海水を使用して、カニ缶詰を製造することに成功したことが、母船式工船漁業の今日の発展成功を見るに至った起因といえる

と断定した書き方をしている。たしかに彼は初代練習船の高志丸に乗って海水使用による初めてのカニ缶詰製造の成功を体験はしていないが、その事を知らなかったことはまず考えられない。呉羽丸の記述について単に「海水を使用して」とだけ書き、「初めて」と明記できなかったのかもしれない。もう少しうがった見方をさせてもらえれば、葛城は昭和三〇年に大日本缶詰協会より、「かに缶詰発達躍進の基礎を確立せる功績者」として表彰されている。その後の著述で高志丸の海水実験についてあえて触れず、呉羽丸の偉業だけを強調したかったのかもしれない。コンピュータやAIとは違い、人間なれば価値判断や評価の違いはあるものだろう。

　そういうことをも考えながら大叔父の文章『一生』を読んでいて、おもしろい記述を見つけた。それは東京在住葛城忠男氏が『一缶詰技師の履歴書』を受け取った後のお礼文である。最初の部分だけ省略して書き写すと

**　貴著を拝読、今更乍ら貴兄の学識、斯界を啓発された御功績に感謝敬意を表します。曾て市村兄と共に貴兄の事務所に御伺い其の節何かと御教示を受けましたが、老輩も第一線を去り、学校の講師もやめさせて貰い、今の所先ず々々別条もなく暮して居ります。貴台益々御元気にて一層の御活躍を祈念します。先はお礼まで。**

　昭和四四年一一月一日のものである。文面の「市村」は「一村」が正しいだろう。一村与三松は大叔父と遠洋漁業科の同期で、大叔父らと共に高志丸に乗船、練習航海時に初めて海水使用カニ缶詰を作った仲間である。富山の水橋から所用で上京した折に葛城氏と誘い合って中野区野方の缶詰工場を訪れたのであろう。

　皮肉?にも同じ頃、常隆の著作を受け取った中の一人、中島吉十郎氏の手紙の一部を紹介する。

　「一缶詰技師の履歴書」まことに面白く拝読しました。・・・「開進五十年」の記事中「母船式かに工船漁業の勃興」の７９頁に大正９年富山水講（小石季一所長）の練習船呉羽丸（谷本阪恵監督）航海実習の際、海水を使用したかに缶詰を製造した

と書きましたが、その出所は缶詰協会発行・缶詰史第一巻486頁の記事に拠るところでありますが、貴兄の記録に照し、誤りであることを発見しました。・・・事実は大正6年富山水講（坂本清所長）の練習船高志丸（与儀善宣監督）が貴兄ら練習生徒を乗せ航海中、北オホーツク海に於いて、海水を使用してたらばがに缶詰4斤入80余函を製造しておられることが判明しました。その誤りは誤りとして、富山水講の練習船航行の実習中、海水を初めて試み、その後の工船漁業勃興の機運を作ったことに変りはありません。殊に貴兄の本文献が、その辺を是正する証拠となるのではないでしょうか。・・・

　中島氏は㈱開進の社長であり、自らが書き下ろした『開進五十年』を常隆に送り、その誤り部分を訂正している。

　和島貞二とカニ工船事業化については別としても、大正一二年から富山水講呉羽丸の監督教官として連年カムチャツカ西岸沖合に出航していた葛城が、三年間続いた高志丸船内でのカニ缶詰製造実験について知らなかったはずはない。

　水講が毎年作成し提出している「富山県水産講習所報告」が正確な事実を載せているはずで、最も確実な資料だと思い立ち、県内の八つの図書館と六施設・役所、さらに東京海洋大学や函館中央図書館、北海道大学水産学部にも訪れて、それを探した。国立国会図書館にも問い合わせ、一部電子データ化されたもののコピーもした。大正元〜四年度、一一〜一五年度の、そして昭和に入ってのすべての報告は見つかったが、肝心の大正六年とその前後のものは未だに発見できていない。調査の後半に訪れた滑川の水産研究所の書庫にボール紙の表紙付きの「報告」が保存されていて感激をした（海洋高校が滑川高校と合併した際にここにまとめ整理されたものと推察する）が、大正五年度〜一〇年度報告がない。何かとても不自然な感じがした。

　カニ缶詰について戦前に著された一八五二ページにおよぶ大著『蟹罐詰発達史』の編著者は水産業研究の第一人者岡本正一だが、彼はその序文で、「貴重な資料の提供を受けた」中の第一番目に「日水北洋部長葛城忠男君」を挙げているが、富山県水産講習所のカニ缶詰製造に関する資料と叙述は葛城からのものであるという想像はできる。そして、戦後のカニ缶詰研究著作は私が読んだだけでも数十冊になるが、呉羽丸が海水使用缶詰化の最初とするものは、この『蟹罐詰発達史』を下敷きにしていて、富山水講の正史を開いたり直接の関係者から聞き取ったり確認したりはしていないように思われる。呉羽丸が海水実験の嚆矢としている書物の多くは、『蟹罐詰発達史』あるいは東京水産講習所を含めた戦前の不十分な資料・文献に依拠し、著されている可能性が高い。

　私はこの『蟹罐詰発達史』を七年前に東京神田神保町の古書店で見つけ、買ったが、奥付を見ると、五〇〇部限定印刷の非売品となっている。戦時における出版印刷関係資材・用紙の不足や様々な規制という困難を経て、四年間かかって編まれている。表紙見開きには寄贈者名と寄贈日、昭和二三年八月一一日が青色インクの万年筆で書かれている。寄贈を受けた所は、その横に推されている赤い角印を見て読み取れた。「社団法人日本罐詰研究所函館検査所印」。二、三ヶ月かかって読み終えたが、専門書なので難解な内容が多かった。ところどころに赤青鉛筆での線引きや、鉛筆での書き込みがあった。函館検査所で必要分野に応じて所員に精読されたが、不要となり、廃棄処分されたものが神保町の古書店に並んだものだろう。東京で発行され寄贈者の手を経て函館に行き、東京に戻った、そして私の手元に落ち着いた、厚さ一〇cm、重さ二・一kgの書物の「旅」を思った。インターネットで検索してみると、国立国会図書館を始め一〇冊余りが全国いくつかの図書館の蔵書として残っていた。

『蟹工船興亡史』（宇佐美昇三、凱風社、二〇一三）は丁寧に実証を積み重ね、18ページから一〇ページ余りを割いて、「初期の雲鷹丸では海水利用はなかった」可能性が高いとし、29ページでは「海水利用をしたという肝心の航海報告書が雲鷹丸も高志丸の分もすべて消えているのが気になった。いったい持ち出したのは誰だろう?」としている。

　私の持つ疑問・課題について、まったく偶然で、違った視点からではあるが追究している人がいたことを知り、とても驚いた。書店で検索して見つけ注文した『蟹工船興亡史』を通読し、感銘を受けた。気持ちを落ち着けてから宇佐美氏に手紙を書き、日本大学や東京海洋大学でお会いし、国分寺のご自宅にも招いていただき、教えを受け、資料を頂いた。

　宇佐美氏によると、東京水産講習所の練習船雲鷹丸に乗った野村利兵衛という人が海水利用のカニ缶詰を製造したという談話が、「水産界」という月刊研究誌に載っているが、東京水講関係者はこれを無視していて、不良品でうまくいかなかったのではないか、とおっしゃった。

　品川にある東京海洋大学の図書館へ行き、大正五年と大正六年の「水産界」（大日本水産会が明治一五年に創刊）を順に開いてみた。大正五年一一月一〇日発行の「水産界」に「船舶を應用する罐詰製造の試験」と題して三ページ余り載っていた。それによると、雲鷹丸の北方航海を機として臨時にこの潮水使用缶詰試験を行うことになったが、出帆の時期が差し迫ってから決まったことなので、経費の関係上特に設備を加える余裕もなく若干の切断缶と製造場の消耗材料位を持って乗り込んだにすぎないため、研究も全く不完全で、その成績はほとんど発表する価値がないが、業者の参考に供したいと野村氏は述べ、材料とタラバガニ漁獲と缶詰製造法について書き、最後にまとめとして、本年は予定外の事業で従業員が生徒・水夫・漁夫ともに缶詰に対し何の経験もなくまったく素人だったので十分な成績を上げられなかったが、船中の製造能力はだいたい確知できた、としている。六日間で五五三尾四一四個となっているが、この数は容易につくることができた紅鱒缶を含んだ数字かカニ缶だけの数字かはわからない。ただ翌年の「水産界」を調べたが、その後、海水使用のカニ缶詰実験を進めたという記事はない。おそらく野村氏自身が文中で語っているように、煮沸や冷却の後、サビが発生する結果になったことやニスの延び具合がたいへん悪かったことなどがあって、中止されたものではないだろうかと、筆者も宇佐美氏の見方に同調する。

　これに対して富山水講高志丸の海水実験の場合は、高志丸の例年の探査航海の報告結果からオホーツクの海底に無数のタラバガニが生息していることを発見していたので、小石季一所長らがこれを獲って船内で缶詰を製造するという着想をされていたが、所長は農商務省の技師として栄転、その意志を後任の坂本清所長に託し、引き継がれた。その結果、高志丸は例年のタラ釣事業の他に、周到な準備の上で大正六年海水使用によるカニ缶詰製造実験へと進んだのだろう。そして大正八年までの三年間のカムチャツカ西岸沖合におけるカニ缶詰製造実験の積み重ねこそが、県と県議会を動かし、カニ工船のための練習船、呉羽丸の建造が実現した。

　一部に富山水講では大正五年にすでに行っていたという記述がみられたが、それは実際の缶詰づくりではなくその着想・構想が生まれて、それを翌年から実験実習してみようということになった、という意味だろう。

　どちらが最初かという問題も大切だが、ユズリハが古い葉に入れ替わって新しい葉になるように、高志丸が引退し呉羽丸が生まれた、その過程を丁寧に調べることが大切であり、それこそが答えであると考えている。

二節　初代練習船高志丸の建造

富山県水産講習所は、明治の中ごろに滑川にあった中新川郡水産研究会という水産研究・技術指導団体がもとになり、県立として明治三三（一九〇〇）年に設立された。当時、富山湾沿岸や沖合の定置網漁業は過密状態で、新たな遠洋漁業と出稼ぎ漁業を発展させていくという課題があり、そのために明治四〇（一九〇七）年に水産講習所に技術者養成目的の遠洋漁業科が設置された。実習練習船が必要となり、当時としては粋を誇るスクーナー型西洋帆船九四・二一トンの建造に着工した。同年一二月二三日起工、翌四一（一九〇八）年五月六日に進水。宇佐美富山県知事によって高志（こし）丸と命名された。進水式の様子は各紙に報じられたが、五月七日付高岡新報二面のものを多少読みやすく書き変えて紹介する。

高志丸の進水式

先ごろから射水郡新湊町字六渡寺町造船業吉村松三郎の手で建造中だった本県水産講習所遠洋漁業練習船高志丸の進水式は、五月六日同町庄川橋下流の河原において挙行された。

新造の船体には満艦飾を施し、一本のマストには大国旗を交差させもう一本のマストには銛六本組み合わせの旗を掲揚し、船首にはきわめて麗しい花玉を吊るしてあって、これが風にひるがえる様子はとても美しい。

やがて花火を合図に一同が着席すると、君が代の奏楽で式が始まり、高椋水産講習所長は工事の報告をする。それが終わると宇佐美知事は次のような名文を朗読した。「明治四一年五月六日、本県水産講習所練習用帆船新造成工を告げ、高志丸と命名す」

朗読が終わると高志丸と書かれた旗は高くマストに掲揚された。

そして知事夫人よし子はひさし髷に黒の五つ紋付というういでたちで、式場につないであった縄を切断すると、船首に吊るしてあった美しい花玉は分裂して、中から雌雄の鳩が空中高く五色の紙片とともに現れ出て、船は中伏木轆轤組のたくさんの人夫の掛け声とともに勢いよく海中に白波を蹴立てて天地も破れんばかりの拍手が式場内に起き、難なく進水した。

それから農商務大臣の祝電、神山水産局長、大橋県会議長、藤井射水郡長、市川伏木海務署長、南島儀三郎、菅谷新湊町長、柴射水水産組合長の祝辞があった。閉式後に祝宴会を開き、高椋所長の開宴の辞に続いて宇佐美知事の謝辞があった。

祝宴がたけなわのころ、知事の音頭で天皇陛下万歳、高志丸万歳を三唱して、和気あいあいのうちに散会したが、当日は北江育児院児童の音楽、学校生徒の旗行列などがあり、たいへん壮観なものであった。

本船はスクーナー型二本マストの帆船で九四トン、幅二四尺、深さ一〇尺、長さ八〇尺、速力一一ノット、乗組員二六名。船体は水線以上は白色、以下は褐色に塗られ、船尾に漁労長、船長、事務長、監督教官室及び魚庫、賄室、海図室、船首には水夫室、生徒室がある。

本年六月には二年生を乗り組ませ北韓地方へ漁業練習船としておもむく予定だとのこと。

当日の来賓は一六〇名余りだったことを付す。

〈著者注〉スクーナー型＝二本以上のマストに張られた縦帆帆船。一尺＝三〇㎝。一ノット＝一・八五二km／時。

北陸新幹線の開通式ほどではないが、高志丸が県と水産業関係者の大きな期待を担って登場したことが紙面から十分窺える。

高志丸が建造され進水した新湊（現射水市）を訪ねた。六渡寺という万葉線セントラムの駅がある。伏木港の東側にあたる岸壁には巨大なクレーンが一機動き、時折トラックが出入りするだけで、停泊船はない。だが岸壁にはとも綱を留めるビットがいくつも並び、八嶋倉庫が連なる。それらからだけでも往時の出船入船、停泊の賑わいを想像できる。

この倉庫の持主だった八島八郎は、『しんみなとの歴史』（新湊の歴史編さん委員会、平成九年新湊市発行）の北洋漁業の項に名が挙げられている二人の内の一人（もう一人の袴信一郎については後述する）だが、地元漁場の網元であり、回漕業北前船の船主でもあったが、北洋漁業に転出して、沿海州やカムチャツカのロシア領で漁場を経営した人。大正一〇年に函館に八島事務所を設け、一三年にはカムチャツカ半島西岸に缶詰工場を建て、二〇〇人を雇用してカニ缶詰を製造した。『蟹缶詰発達史』の露領区別年度別経営状況一覧表にも載っている。昭和五年には子の庄太郎が遺志を継いでいる。従業員数は最大時で漁場六三人、工場八八名とある。

また、北前船が衰え始める明治の後半からは船主による自主的な銀行経営がなされるようになり、八島八郎は新湊貯蓄銀行を創設している。しかしこれらの銀行はやがて集約され、昭和一八年に北陸

吉村造船所で建造中の高志丸（滑川高校海洋科資料室展示の写真）

銀行に合併されている。

六渡寺には大正四年に建築された木骨煉瓦貼りの旧南島商行社屋が現存する。やはり北前船の廻船問屋だった。その隣のタバコ屋のおばあさんに、若い頃の港の様子を尋ねてみる。

そこ（すぐ西側）の岸壁に昔は外国航路の客船がしょっちゅう入って、船乗りがここに来て、赤電話で実家へ長距離電話してタバコ買っていった。赤電話に一ヶ月五万円入っていた。船長さんが来て、船の中を見せてやると言うので、他の人を誘って見に行ったこともある。部屋がいくつもあってベッドだった。今は不景気で・・・。

タバコ屋の角を曲がり、阿吽の獅子が欄干に乗る鹿子浦橋を渡り、民家の間の小路を入ると、防波堤にぶつかる。左に回って戻ろうと思い、防波堤に沿って進むと、空き地の一角に高い煙突が蔦を絡ませて突っ立っている。その向こうに古い木造の建物。窓ガラスが破れている。廃屋か。右脇に軽四車が三、四台停めてある。その奥に目をやると角波板トタンの二階建ての会社のような建物。通用口らしい上に「吉村造船所」という字。まさか。高志丸を建造した船大工、吉村造船所が、百年という時を超えて「生きて」いた。失礼だが、もうないだろうと高をくくっていただけに、驚き、とてもうれしかった。

心の準備ができていなかったので訪問は後日にお願いすることとし、横手に回ると、裏がすぐ海、いや河口。船をドックに曳き込めるように、二列のレール＝曳き込み線が波打ち際から岸に上がり、天井の高い鉄骨建屋まで続いている。建屋手前のレールにはクルーザー型の船が上架され、二人の従業員が足場に乗って一心にペンキで塗装をしていた。ここは伏木港河口の右岸に当たる。波がほとんど立っていない。高志丸が進水した場所かもしれないと思えた。

後日、社長宛に手紙を書き、承諾を頂いて訪問した。濱谷隆夫社長と先々代社長の長女吉村靖子氏、釣千愛事務員が話を聞かせてくださった。その概要。

昔は小矢部川と庄川は繋がっていたがよく氾濫したので、藤井能三が現在のようにした。庄川を小矢部川から切り離して土砂の流入を防いで河口の水深を保ち、さらに水深を増して三千トン級の船を入れる。防波堤と岸壁の整備、上屋・倉庫の建設、臨港鉄道の引き入れを大正元年に完工。それ以前はこの辺り一帯は海でここも砂浜だった。埋め立てと拡張の関係で、軍記物『義経記』に登場する如意の渡しの場所も二、三回変わった。

造船所の歴史、沿革については——

初代松三郎は天保四（一八三三）年にすでに独立していた。二代目は松太郎。

三代目は松三郎（襲名）。県庁に独りで書類を持って申請に行っていた。高岡市吉久の農家（肝煎？）浅野家の長男だが船大工になった。苦心の末、和船を三本マスト西洋型帆船の改造に成功、明治四一年には県水産講習所の高志丸を進水させた。

第四代は弟の與四郎は日本工学院造船科卒業。内燃機関を製作し鉄工（焼き玉

エンジン）部門を新設。大正三年には水講の試験船探漁丸（八トンの動力船）を建造。

五代目は吉村勇（三代目松三郎の子、大正一一年生まれ）。

戦時中は徴兵のため若い人がいなくなり、造船業は休止、軍需関連の鉄工所仕事（女子の徴用など）が中心になる。昭和三三（一九五八）年から造船所を再開した。しばらくは吉村造船鉄工所という名だった。

六代目は佐伯忠彦（元工場長）。七代目は濵谷隆夫（現社長、前工場長）。

昔は伏木港に外国船がよく出入りしていた。水兵さんばかり。岸壁には大きいビット（船の大縄を繋ぎ止める）がいくつも並んでいる。沖に何隻も待機していた。

ここは元砂浜だった。この地図（現在地に移転する前の昭和二、三年ころ。三箇勇氏作成）の船溜り辺りで進水だろう。吉村家では進水式などのめでたい時には、四つの間の襖をはずしてつないで（三四畳ほどあった）、たくさんの人がご飯を食べていって、賑やかだった。進水の時にはヘッド台のくさびをはずして上手に海へ入れた。船主の奥さん（娘？）とかがシャンパンかお酒かを割って（縄を引っ張って？）、祝っていた。おばあ

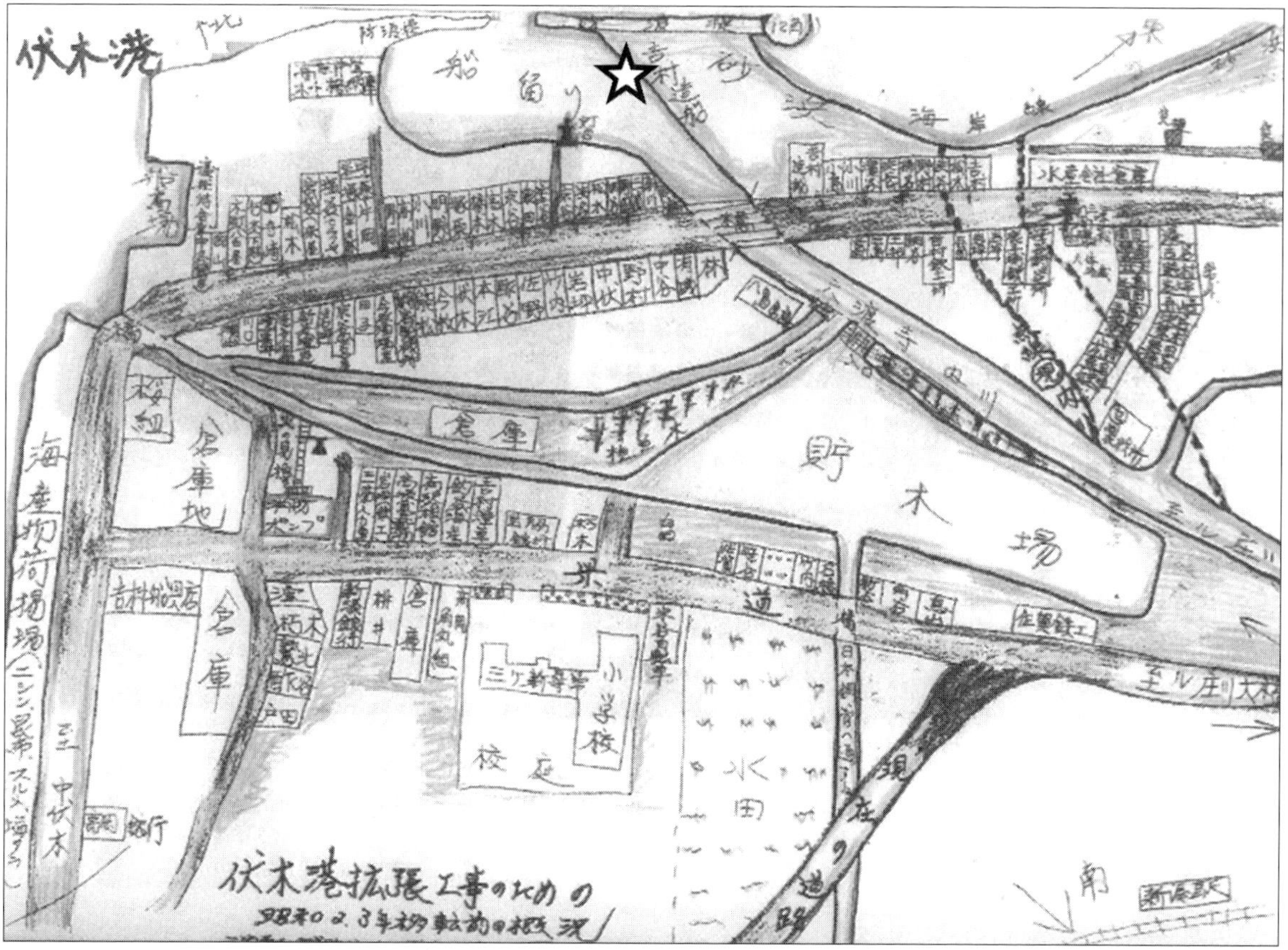

ちゃんは餅をまいていた。うまいもん売りの店なども来ていた。

初代は天保年間に船大工としてすでに独立していた。一八〇年以上前のことだ。新湊はもともと港町、漁業が盛んな町であり、特に六渡寺には優秀な船大工が多かったが、三代目松三郎は苦心して和船を西洋型帆船に改造。以来吉村造船は、北前船の伝統を生かして、和船だけでなく西洋型の造船にも力を入れていった。

地図を見て、高志丸の進水式が六渡寺町「庄川橋下流の磧（かわら）に於いて挙行されたり」という富山日報の記事から類推すると☆印（筆者が付けた）が高志丸の進水場所だろうと思われる。

高志丸の写真は富山の水講か県かに提出してしまい、造船所にはないとのこと。しかし、その前後に吉村造船所で建造された西洋型帆船の写真か資料はないかと尋ねたところ、吉村靖子さんが持参したアルバムを開いて、「石川試験場、金城丸」と注意書きされたセピア色の写真を見せてくださった。建屋や支柱、屋根から横に飛び出している梁など、高志丸建造中の写真とそっくりである。まちがいなくここで造られたものだ。

骨組ができ上がりつつある。和船の造り方と違う。船の心棒にあたる竜骨、つまり船首から船尾に渡っている木材がど

れかはわからないが、頑丈そうなつくりに思える。このあばら骨も含めた骨組み自体のことを竜骨というのであろう。たしかに、江戸時代に普及した、川や用水から水をくみ上げて田んぼに入れるために農民が踏んだ竜骨車によく似ている。船大工の着ている印半纏（しるしばんてん）には「造船所」と染められていて、その上に家紋がある。四菱の形に見えるがよくわからない。脚は足袋とわら草履である。腰を下している大工の一人はたがね（のみ？）を持っているし、その左の職人は右手に手斧（ちょうな）のような道具。足元には削りくずや木っ端が散乱している。左手前の職人はまだ見習いだろうか、半纏も真新しく、一〇代のようにも見える。鳥打帽が四人、ソフト帽が二人、和服が二人。右の男は図面のような書類を手にしている。県か「試験場」の役人か。背後には防砂防風のものだろうよしずが立てかけてあるので、その向こうが海岸だろう。高志丸建造時の様態をほうふつとさせてくれる、とても貴重な写真だと感じた。ただ、高志丸に比べて、だいぶ小さい船だろうと思えた。

靖子氏にいつごろのものか、「石川試験場」とはどこからの受注か尋ねてみたが、その頃のものは書類もまったく残っていなく、分からなかった。ただ、金沢という地名は「金城沢地」という言葉から来ているので、その「金城」かもしれないと、私は類推してみた。

後日、石川県庁に問い合わせたところ、その質問が石川県能都町宇出津の石川県水産総合センターに回送され、そこの企画普及部長福嶋稔氏から返事が来た。しばらく待ってほしい、残存資料を検索するので見つからないかもしれないとのこと。

四日後、福嶋氏から返事が届いた。「大正五年度石川縣水産試験場業務成績報告書」の抜粋コピーと、「石川県水産研究機関のあゆみ」の抜粋コピーだった。「報告」には金城丸建造の意図・経緯や船の構造、能登近海での漁業試験計画などについて詳しく、罫紙七ページに手書きで書かれていた。要するに金城丸は、小型の魚艇では効率が上がらないので、母船式漁業を念頭においた補助エンジン付きの帆船を、沖合だけではなく遠海漁業の啓発と指導をするために建造したもの。その範囲は舳倉島、七ツ島、嫁礁等の各島嶼を中心としてその四周の海区で、アラ、タイ、マグロ、フカ、タラ、サバ、カレイ、ヒラメ、イワシなどの一大漁場。普通の漁船では往復に数日かかるし、漁獲物や漁具の積載等が不都合だったので、魚艇四隻（伝馬船一隻、短艇三隻）を積載し、普通の漁船四隻をけん引できる総トン数一九トンの洋式帆船に四〇馬力の石油発動機関（エンジン）をすえ付けたもの。二本マストのケッジ（小錨）型で総トン数一九・八九トン、全長四八尺（約一四・四ｍ）である。

まちがいなく富山県の吉村造船所に発注している。ただし、エンジンは東京の池貝鉄工所で製作されている。大正五年四月二日に起工し、七月一七日に竣工、八月九日に竣工式。高志丸の建造よりちょうど八年遅れている。高志丸よりも

小さいが、補助エンジンを積んでいるのが強みであり、能登の海と沖合を縦横に航行し、石川県水産試験場の諸目的に大きく貢献しただろう。

　また、現在の富山県立滑川高校海洋科練習船「かづみの」や、富山県水産試験場調査船「はやつき」、さらに国の巡視艇「たちかぜ」も吉村造船所で建造したと教わった。あれ、「たちかぜ」という名に最近会ったことがあるぞ、と思い、家で調べてみたら、少し前に新湊港の海王丸の総帆展帆を見学に行った際、その周辺を巡視していた船の船尾に書かれていた名だった。また、「かづみの」や「はやつき」は滑川港に行けば停泊していることが多いので、目になじんでいた。昭和五年竣工の海王丸という川崎造船所（艤装の一部はイギリスの造船所）に発注された二三〇〇トン、一二〇〇馬力のディーゼル機関二基付きの帆船とは比べるべくもないが、当初から現在まで近県近在の多くの船舶の製造や修理に吉村造船所が大きな貢献をしてきていることを実感した。現在は船の材料は木ではなく、グラスファイバーのようだが。

　写真上は、皇太子の富山県行啓のために明治四二年に作成された『富山県写真帳』の伏木港の光景である。「特別輸出港として日本海岸屈指の埠頭なり」という注釈がある。まだ北前船のような和船が主流で、西洋型帆船の建造は少なかった頃のものである。

　それに対して、下は、吉村造船所の釣氏が示してくださった、大正一三年の伏木港の写真（高岡市役所港湾課所蔵）である。多くの帆船と背後には汽船が停泊していてにぎやかである。左手前には、はしけ舟（本船と岸を行き来して荷物や乗客を運ぶ小舟のこと）がある。回漕船の主流が北前船（和船）から西洋型帆船、そしてやがては大型汽船へと移りつつあることを示している。

三節　高志丸北洋航海の航跡

高志丸は九年目、つまり九回目の遠洋航海実習に大正六（一九一七）年五月三〇日に、タラ漁業試験および初めてとなるカニ缶詰製造試験を行うべく、伏木港よりオコツク海（オホーツク海）に向けて長途の航海に出た。

常隆さんは『一生』でその時のことを次のように記している。

さて、高志丸は塩蔵タラ・カニ缶詰製造用の資材として食塩・空缶・硫酸紙・包丁・ハサミ等のほか、全員の食料、飲料水を積みこんで富山県伏木港を出帆した。エンジンのない帆船であるため航行中潮流に流されたり、あるいはジグザグコースを辿（たど）ったりして、途中函館港、小樽港に立ち寄りながら千島列島の北端村上湾に入港したのは6月初旬であった。北洋の航海は濃霧がひどく、船のデッキの上でも1間先にいる人が見えないことが度々あった。勿論航行中は他の船も見えない眼くら航海である。衝突の予防法としては、号笛といってフイゴのようなものを足で踏んで音を発しながら進行するのだ。

村上湾は行き帰りに必らず立ち寄るところで、漁期中または翌年の航海まで不用品を野積みにし、キャンバスで覆って

放置しておくのだが、人が住んでいないので無くなる心配はなかった。・・・（途中省略）（タラバガニ缶詰製造の工程説明の後に）・・・これまでのカニ缶詰製造では、洗浄は真水でなければできないものとされていたが、この時初めて海水が使用され、しかも海水によって製造されたものの方があとで述べるように色沢、香味とともに優秀であることが立証され、これが工船カニ缶詰事業の成り立つ要因となったのである。（波線は橋本）

大正六年五月三〇日付の高岡新報二面の「▼高志丸の遠航△阿哥斯克海へ」という見出しの記事を転記する。「阿哥斯克」はオコツクと読む。つまりオホーツク海のことである。

本縣水産講習所遠洋漁業練習船高志丸は例年の如くオコツク海に於ける鱈漁業に關する諸調査並に生徒の遠洋航海漁撈實習の爲め今三十日伏木港出帆する由なるが本年は右諸項の外に刺網漁獲率試驗及び蟹罐詰製造試驗をも施行すべしと而して高志丸は明治四十一年五月六日進水式を擧行せる總噸數九十四噸の純帆船にて明治四十二年オコツク海鱈漁業試驗創始以來毎年滿船して歸港し就中昨年の如きは頗る優秀なる成績を收め一人一日平均捕獲率八十七・六尾にて普通民間にては一日漸く六十乃至七十尾に過ぎず總漁獲高約六千圓に達したりと云ふ（波線は橋本）

伏木港出帆の高志丸は所期の目的を果たしたが、県内にコレラが大流行したために伏木港に入れず、沖合で待機した後、福井県九頭竜川の河口三国港に九月七日帰航、満載の漁獲物を陸揚して、契約の輸出会社や業者に按分されている。その後、高志丸は伏木に回航された。

高志丸の全航海日数は一〇一日だった。航海途上で一七歳になった常隆は、先輩や同級生たちと共にどんな気持ちで船を降りたのだろう。

この時のコレラは、患者五一五人、死亡三一九人（死亡率六二・八八％）。実態は、『大正六年富山縣虎列刺流行誌』（一九一八年刊、富山縣検疫委員会警察部。伏木図書館所蔵）に詳しい。

写真は帆をたたんだ状態の高志丸。一村与三松家にも滑川高校海洋科資料室にも保存されていた。職員と生徒だろう、少なくとも二一名が乗っているのがわかる。マストには日章旗と水産講習所の所旗。所旗は六本の銛と羅針盤の方位とをデザイン化したものだと聞く。戦後、富山県立水産高校の校旗となった。そしてその両側に万国旗が二五枚なびいている。アンカー（錨）は船首の両脇に備えられていて、現在、旧水産高校跡地の左右門柱の上に残されている。

水産講習所は昭和一六（一九四一）年、「これ以降試験調査部と教育部の実質的分離充実が期されることとなり、富山県水産試験場発足と県立水産学校の開校となった。」（『富水百年史』）

戦後、水産学校は水産高校となり、二〇〇〇年には海洋高校と改称。二〇〇九年には滑川高校に統合、海洋科となった。

滑川高校校庭の歴史博物館には高志丸（二〇分の一）と呉羽丸の模型がある。置県百年記念に県民会館で展示公開された。

次ページの写真は『一生』にあり、「大正六年高志丸乗船、遠洋漁業科二年生一同、前列左端が筆者」と書き添えられ、生徒八名が乗船で、次のページには姓名も書かれている。後列中央のチョビ髭、ソフト帽、コートの人は船長の藤原徳蔵だろうと思われる。生徒八名とあるが、高志丸出港時の高岡新報五月三一日付記事には「練習生九名並罐詰研究生一名を乗せ」となっている。漁労長与儀善宣もいるはずで、どの人か分からないが、写真の右のコートを着、左手に書類を持って立つ男性ではないかと類推する。後日

訪れた常隆と同級生の一村与三松氏の次男哲夫氏から見せて頂いたアルバムにある同級生一人一人の写真と照らし合わせて、この集合写真全員の人物名を比定してみた。前列左の常隆の右は佐藤清次（あるいは清治）、その右が一村与三松、その右が角田正、後列左に座っているのが竹内校次郎（あるいは板二郎）、その右が近堂兵次郎、その右ソフト帽の人物が藤原船長、右へ水谷桂三、岩口善次、舘宗義。そしてたぶん与儀漁労長、左後ろの人物は新聞による「罐詰研究生」ではないか。

　富山県立水産高校同窓会発行『水講八十年史』の中に元同窓会長一村与三松（乗船生徒の一人）の名があり、逝去された時の子息一村哲夫氏の弔辞が載っていた。

　水橋在住の一村哲夫氏を訪ねた。与三松氏のアルバムには右のものと同じ写真があり「佐渡記念（高志丸）」と付記されていた。哲夫氏は次男で、長男は戦時中に特攻死されている。哲夫氏は常隆さんと縁があった。岩手の日水山田工場の帰りに父から橋本社長に缶詰の仕事の話を聞いてこいと言われ、上京し、中野区野方の橋本缶詰工場を訪れたが、あいにく常隆さんは不在で、奥様に朝食を頂いて帰ってきたことを思い出された。私たち缶詰工場下宿生も常隆さんの自宅に呼ばれてごちそうを頂いただいたことがあったが、その同じ部屋で一村哲夫さんも奥さんにご飯やみそ汁をよそってもらい、朝食をよばれていたとは。しかも同じ頃だ。偶然だ。

氏は戦後、函館から、同じ富山出身の近堂源太郎船長のカニ工船松久丸に乗った（昭和三一年四月～）とのこと。当時のことを話された。後に詳述するが、その一部。

かかった蟹を船首の方、中甲板で煮沸する。それを、缶詰にする機械があって、私たちは一ポンド缶と言ってた。「これつぶすと一ドル損するんだ」と言われた。一ドルは三六〇円だった。それがバーッと速く回ってくるもんだから、トラブルがあった場合はパッと止めて、なるべく被害を少なくする。油断しているとベルトコンベアーのチェーンが回ってバババババと。トラブルが起きると、あと続いて来とるもんだからあわてて…。一つ間違うと一缶一ドルだから偉い赤字になって…。

新湊商工会報（三号と思われる）に次のように書かれている。

毎年四、五月頃出漁して九、十月頃帰還し来る。カムチャツカ遠洋漁業船は新湊だけで三十余艘ある。これら帆船は伏木港の右岸に一塊繋船して冬籠りし、来年の二～三月頃になると準備にかかる。それから北海道、馬関へ一、二航海してから出漁す

はっきり言えば三段階ある。煮沸する、それを中看板で缶に入れる、硫酸紙を敷いて下にフレーク入れて（私らはそう呼んどった）、ばら肉を入れ、最後上だけ体裁のいいすねとか腕二本と爪を一本乗せる。そして蟹の質も三段階あり、銭になるのはここだけ。後は捨ててしまう。皆、れっこにした。れっことは捨てるということ。私らは娑婆へ出て（蟹工船降りて）からはそういう言葉使ったことがない。

高岡新報、北陸タイムス、富山日報、北陸政報の四紙の記事、富山県水産講習所報告（大正五～一〇年度を除く）、『水講八十年史』、『富水百年史』を参考にして高志丸のオホーツク海への漁業調査試験状況（関東州・近海は省く）を表にしてまとめてみた。（次ページ）明治四二年の第一回航海を、つまりシュムシュ島を根拠地として実施してから、タラ漁業調査試験を大正八年の第一一回まで継続し、そして高志丸は廃船となったが、最後の三年間は海水使用によるカニ缶詰製造実験をしている。

そして、その延長発展線上に、満を持してカニ缶詰製造用船としての二代練習船呉羽丸が建造されることになる。

写真は、水産高校の校旗（元水産講習所の所旗）を示す海洋科主任（当時）清水秀男先生。

回数、年度	出　漁　期　間	航海日数	漁獲高・金額
第１回航海 明治 42(1909)	6/15、滑川港 ⟶ 10/6、三国港	１１４日	２７，０００尾、 約２，８００円
第２回 明治 43(1910)	6月、滑川港 ⟶ 10 月、三国、11 月、伏木港	?	３６，０００余尾 約３，６００余円
第３回 明治 44(1911)	5/21、滑川港 ⟶ 9/6、三国港	１０９日	３７，５００余尾 約３８，０００余円
第４回 明治45 大正元(1912)	5/24、伏木港 ⟶ 8/30、三国港 9/9 伏木港	９９日	３９，２１３尾
第５回 大正２(1913)	5/24、伏木港 ⟶ 8/24、伏木港	９３日	３９，６２９尾 ４，６５９円７４銭
第６回 大正３(1914)	5/23、伏木港 ⟶ 8/23（帰県）	９４日	４２，２４３尾 不 詳
第７回 大正４(1915)	5/22 伏木港 ⟶ 8/24、伏木港	９５日	４２，９４５尾 不 詳
第８回 大正５(1916)	5/27、伏木港 ⟶ 9/7、伏木港	１０２日	３９，５２５尾 不 詳
第９回 大正６(1917)	5/3、0 伏木港 ⟶ 9/7、三国港	１０１日	? １８０缶(１７０箱？)
第１０回 大正７(1918)	6/10、伏木港 ⟶ 9/16、伏木港	９９日	? ５００缶
第１１回 大正８(1919)	5/29、伏木港 ⟶ 9/16、伏木港	１１１日	? ８０箱(１箱４打入)

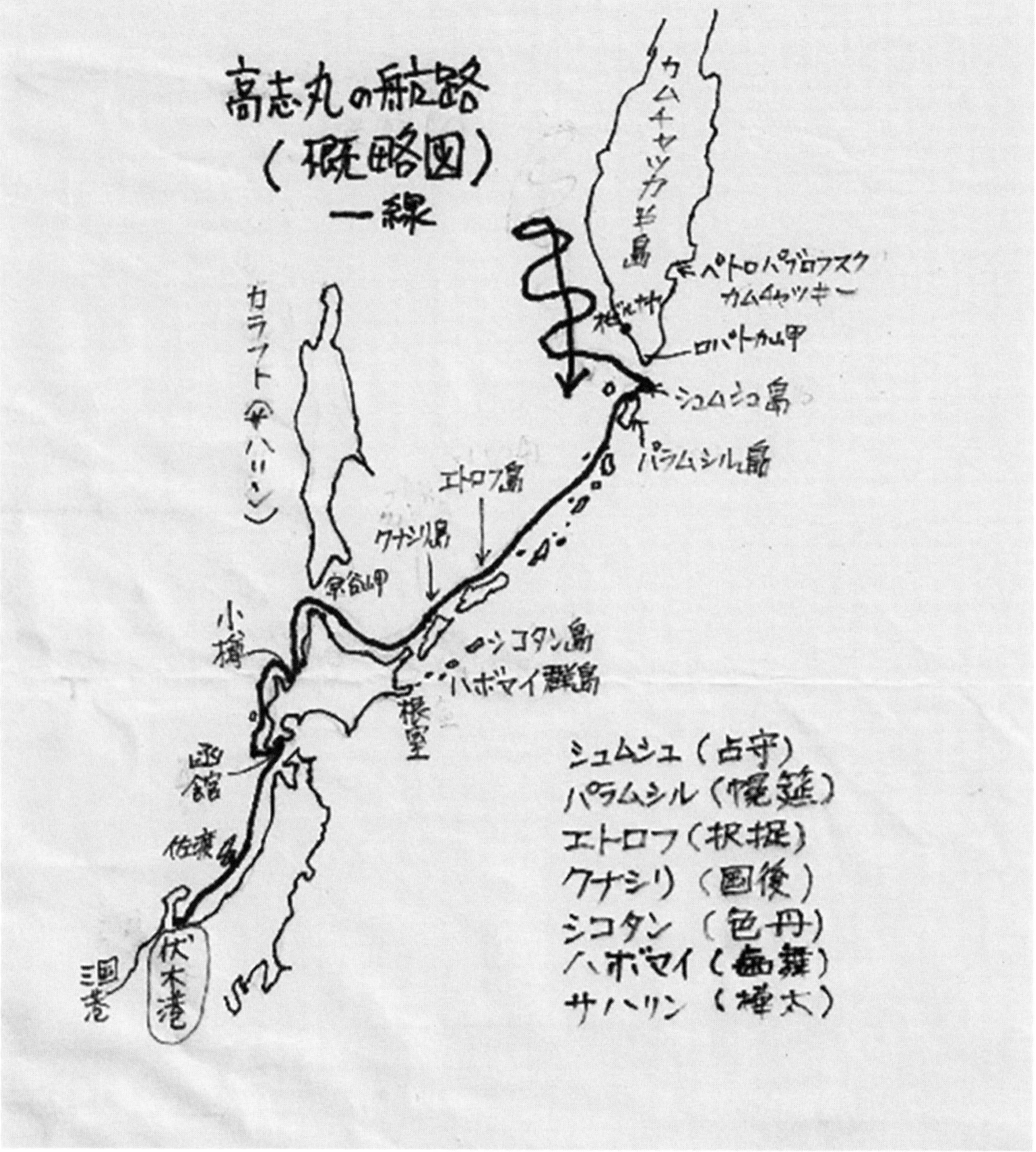

高志丸の航路
（概略図）
一線
カムチャツカ半島
ペトロパヴロフスク
カムチャツキー
ロパトカ岬
シュムシュ島
パラムシル島
カラフト（サハリン）
エトロフ島
クナシリ島
宗谷岬
小樽
シコタン島
ハボマイ諸島
根室
函館
佐渡
伏木港
三国港
シュムシュ（占守）
パラムシル（幌筵）
エトロフ（択捉）
クナシリ（国後）
シコタン（色丹）
ハボマイ（歯舞）
サハリン（樺太）

26

四節　六月気温一度。八時になっても暗くならない

高志丸に乗船し、五月二一日から一〇九日間のタラ釣り調査実習航海をした生徒の日記が、「講友」（富山水講の同窓会誌にあたる）第一号に掲載されている。常隆が入学する前だし、もちろん海水使用のカニ缶詰実験も始まっていない時の記録だが、カムチャツカ沖合に向かう高志丸の航路や気候の変化、実習の様子を知ることができるので、現代かな遣いに直し、難解な語句は注釈を入れて転載する。（高志丸のオホーツク海タラ釣り実習としては三回目）

「オコツク海鱈釣実習日記」（抄）

中原豫一記

明治四四年六月八日　木曜曇天

正午実測位置東経百四十七度五四分三〇秒　北緯四七度一三分

夜一二時ワッチ（当番）で起こされる。今日は、伏木を出帆してはや二〇日目である。だいぶ船内生活にも慣れてきた。夜食を済まして寒暖計を見ると、二度を示している。甲板はだいぶ寒かろうと綿入れのチョッキとズボンとを増やして着る。それで自分は毛シャツ二枚、綿シャツ一枚、チョッキ二枚に上着で合計六枚。ズボンは四枚重ねた訳だ。その上に外套、襟巻き（マフラー）、長靴ときたから今度は大丈夫だ。手も手袋二枚重ねて甲板に出た。針路は東北三ノットの速力（時速約五・六㎞）で走る。波もいたって静かである。

小樽から出した手紙は、もう家に着いたろうかと思う。初航海であるから、とにかく自分の家や友人知人のことだけ胸に浮かぶ。時々夢にも見る。ドーリー（高志丸に積載されている小舟のこと）の重ねてある陰で風をよけてジーッと考え込んでいると、某君が来る。小樽や滑川の話をする。話がとぎれると、月はますます冴えて、あたりが寒い。そのうちだんだん夜が明け始める。元気づいてくる。夜中の時間は長いが、明け方はたいへん短い。三時、甲組と交代。

昼飯は西洋料理のごちそうで、いつになく甘い。うんと食う。午後は皆甲板に出て、漁具の製作をやる。千里眼の話などをする。奇抜なことを言って笑わせる者もいる。七時、酒保（酒場ではなく、日用品や飲食物を売る所）が開かれる。酒保は一週二回開かれるのである。皆少しの菓子を買って悠然として食いながら談笑する。これが船員唯一の娯楽だ。菓子は元々粗末なものだが、非常にうまい。嬉しそうにポケットから出しては食い、出しては食う。時々取り合いしてふざけ騒ぐ。夕方一羽の小鳥が船に止まる。そっと行って捕える。ガス（霧のことを北海ではガスと言う）が来る。しばらくして晴れる。八時になってもまだ暗くならない。カッパを出して着る。気温は一度、うれしい。九時、甲組と交代してベッドに入り、友達と色々な話をする。入学した時のことや、遠洋実習で能登に行った時の話、初めて高志丸に乗った時のことやら、各々故郷のことや身の上話に、夜の更けるのを忘れた。

日が長くなって夜が短くなるのが何より

六月一一日　日曜曇天

正午推測位置、東経一五三度三〇分　北緯五〇度一二分三〇秒

夜一一時四〇分に起こされる。さらにズボン一枚重ねて甲板に出ると、霧が非常に降って、気温は〇・八、なかなか寒い。三〇分交代で舳の室に降りてストーブにあたる。漁労長からもらったワセリン（ヒビ、しもやけ予防）を手に塗る。自分は木綿の手袋を二つしか持たない。重ねてはめても寒い。水ばなを時々こするので、しまいには手袋が濡れて、かえって冷たい。はめない方がよいくらいだ。そこで濡れた手袋を乾かそうと思ってストーブに乗せて、少し油断したら、なむさん、

だいじな手袋は焦げてしまった。ビリビリッとはがしたが、もはや役に立たない。仕方がないから手をズボンのポケットに入れて甲板に出た。ただし、舵を取る時のつらさといったらなかった。泣きたいくらいだった。水夫等は毛糸やカッパのお古で大きな暖かそうな手袋を作って持っている。うらやましくてならない。むしろ腹が立ってならない。

　今日から船首見張り番を置く。島が近くなったからである。

六月一三日　火曜曇天

　正午推測位置、東経一五六度一五分　北緯五一度二〇分

　カムサッカが見えたというので、少々船酔い気味も忘れて甲板に出てみると、これは驚いた。カムサッカの山はすぐ眼前に薄黒く横たわっている。あれがロシアかと思うと、自分はずいぶん遠くへ来たものだと考えた。オセルナヤ村の沖だということが知れた。船を踟躊（一時停めること）して釣り糸を垂れる。わずか二〇尋（一尋は一・八ｍ）で底に達したというので、自分はまた驚いた。たちまち大きなカジカを釣った水夫がある。やあ大漁大漁と甲板はにわかに活気づく。他の水夫は鱈を釣った初漁よ、と漁労長は喜んで叫ぶ。私が釣具を用意して再び甲板に上った時は、五、六匹釣れていた。大きな金色の立派な奴が上がってくるのは何とも言えぬ。釣れる度ごとにワッと叫ぶ歓声とバチバチ跳ねる鱈の音とが船内に響き渡る。ボーイが昼食を知らせたが、振り向く者もいない。私はぜひ一尾釣りたいと思ってあせったけれど、ついに釣れなかった。

　午後は宰割（＝裁割。獲れた魚をさばくこと）が始まる。生徒の一人は自分の釣った鱈を宰割している。大きな頭を切り落とすのにうまくできずに困っているのも愛嬌だ。

　千島富士と呼ばれるアライド島は大空に屹立し、白冠（雪）を戴いている。占守島だけは平坦で、他は皆高い。船はけっこう揺れているのに、甲板の上では俗歌と高笑いとで、海鳥を驚かしている。自分たちも軍歌を高らかに歌う。実に何とも言えない広大な気分になる。無人の北海、遠方に来ているという気持ちはしない。

六月一五日より同月一七日

　一五日より一七日までの三日間は幌筵島村上湾に停泊して、たき木取り、水汲み、船内準備の三組に分かれて一生懸命働いた。淡水の風呂もできる。酒保も連日開かれる。食事もご馳走が続いて、愉快に日を送った。漁労長にバリカンで頭を刈ってもらったので、いっそう清々する。短艇（㊟ドーリーのことで、アメリカ式の小舟。高志丸はこの年の航海には七艘積載している）で占守島に渡って、報效義会（㊟明治後半期に、郡司成忠海軍退役大尉を隊長として、北方開拓と防衛の目的で北千島に渡った団体のこと）や何かを見て、先輩赤芝平策君の墓に参拝した。君は我々より二年前の人で、脚気で死なれたという。君の霊魂は、雑草が茂るこの山上に永久に眠るのかと思うと、人掬いの涙なしではいられない。この土地が日本の最東端であるということと、寂漠たるこの光景とが、いっそう君の不幸を思わされた。

　占守島からの帰途、短艇がカイロップ（この辺りに非常にたくさん生育する海藻）の中に入って、脱出するのにそうとう難儀をした。

　郷里や友達への手紙も書けた。シャツや何からの洗濯もできた。明日からいよいよ漁場に向かうのである。

　二年前の高志丸実習航海の折に一名の生徒が、脚気が原因で亡くなっていたことが分かる。明治四二年（高志丸の第一回北洋航海実習）のこと。ビタミン不足だったのだろう。

ここに出てくる漁労長は誰か分からないが、常隆らの乗る大正六年の実習航海での漁労長は与儀善宣（よぎよしのぶ）という人である。漁労長とは練習船では船長に次ぐ立場であり、船長の指揮を受けて漁労・運用・航海・実習全般の服務を行う。大正三年度の「富山縣水産講習所報告」にはこの人の名があるが、大正元年一一月に水講に就職して以来、漁労長兼技手を務めている。与儀善宣氏については時折『一生』その他で登場する。たとえば、大正九年頃、後の田村信夫国際商事㈱社長が農商務省海外実業練習生としてキューバから北米経由でアルゼンチンに行き長く滞在中、調査のために訪れた与儀善宣氏に、山崎という大使館総領事から引き合わせられ、仲良くなった。三人は与儀氏の操る小舟でラプラタ川流域の水郷へ遊びに行った。ところがクリークの中に入って行って運悪く舟が浅瀬に乗り上げて動かなくなった。田村氏は製造出身なので手も足も出なかったが、与儀氏はふんどし一つになって水の中に入り、うまく舟を浅瀬から脱出させてくれた。田村氏と山崎氏は、「やはり漁労出身は違うなあ」と笑いながらブエノスアイレスにもどった、というエピソードを紹介している。

さて、高志丸が水講練習船として海水使用カニ缶詰製造をする晩年三年間以前の姿、そしてタラ漁の様子について調べよう。

高志丸は明治四一、二年の就航当初は甲板からのタラ釣りや延縄・刺網の投網だったが、四三年にはアメリカ式（元々はスウェーデン考案か）ドーリーという一人乗りの小型のくり抜き小舟（後のものは二人乗り）で能登七尾湾で操縦、タラ手釣り実験してその効用を確かめ、その後オホーツク海実習で高志丸の左右両舷に四艘ずつ積載し、現地で十分使用して、漁獲高を増やしている。

高志丸の舳先から船尾まで全長は八〇尺、つまり約二四m。幅は二四尺二五寸で約七m三〇㎝。総トン数は九四・二四トン。深さは一〇尺二五寸、つまり三m一〇㎝。平均吃水は七・五尺、つまり二m二五㎝。吃水とは船が水中に沈んでいる部分の深さ。

船首室と船尾室があり、まん中はすべて魚艙（漁獲物を積載する倉庫）となっている。船首室は水夫兼漁夫室でうしろに炊事場が設けてある。魚艙は一五区画に仕切ってあり、無骨開きタラ塩蔵にする作業場であり保存室だ。船尾は船長室、漁労長室、生徒室、自習兼食事室となっている。

乗組み定員は二六名だが、最大で三〇名。いくら補助エンジンなしで総トン数一〇〇トンに満たないスクーナー型二本マスト帆船とはいっても、朝鮮半島のみでなく樺太経由でカムチャツカ半島まで向かうのであるから航路は広く、漁場の探険・試験漁業に耐えうるように建造されたが、船内の設備・器具・機械なども諸実習に適うよう整備されている。

ここで、明治四五年度＝大正元年度の「報告」に漁労長事務取扱、岩本清太郎という人が「オコツク海鱈漁業試験」という文章を載せている。高志丸の航路、航海の困難さ、漁業実習や現地漁場の様子が具体的に書かれているので、現代かな遣いにし、説明もつけ加えて分かりやすい文に直して紹介したい。前記した航海記録と合わせながら学びたい。

一、往　航

明治四五年の四月にオホーツク海でのタラ一本釣り漁業調査と練習を命じられた高志丸は、伏木港でその準備を急いでいたが、五月二三日にようやく終わり、甲板で厳かな出帆式を挙げ、二四日午後二時、万歳の声に送られて伏木港を後にして、長途航海の途に就いた。それからは無風と逆風のために予定の進路を航行できず、四日間漂流、退航した。二八日

午前五時になって南西の和やかな風を得て北北東に四～五ノットで航走。二九日正午に大島の島影を認め、夕刻には大島と小島の中央を通過（大島、小島とも北海道南西、奥尻島の南約六〇kmあまり南に位置する）して、針路を真北に転じる。三一日午前六時に高島灯台を南に見ながら小樽湾に入り、七時、港内に投錨する。（この年は函館には寄港していない）

小樽港には六日間停泊したが、この間に薪（まき）、炭、食料、飲料水および船に必要な品々を補充した。

六月六日午前七時、占守島に向けて抜錨（錨を挙げて出航すること）。この日は北あるいは北西の逆風がますます強く、波もまた高くて、学生の中には多少の船酔いが出た。そうして一二日までは逆風と無風のため予定の針路を順送できず航程は遅れてはかどらない。その上、潮流が速くこのために東経一三九度五〇分北緯四八度五〇分の位置に流されて、三日間、付近に漂流した。

一三日の午前七時になってようやく東の微風を得て航走し、一〇時に樺太の能登呂岬を北側真横に見て宗谷海峡に入った。だが風向が南転し風力も増加、三～四ノットの速力で航走はしたが、逆潮流が急で船はなかなか前進しない。夜に入ってやや風が凪ぎ、どうかすると船は後退し危険な位置に陥りかけたが、幸いにして一四日午前五時になって南方のやや強い風を得て、その日の午後四時過ぎに知床岬を西南に望む辺りにいたって、海峡を航過した。

ここで針路を東北東に定め、南あるいは南東の和やかな風を万班に孕（はら）んで、波浪静かなオホーツク海を航走すること毎時四～五ノット。

越えて一七日になって南東風はその勢いを増して波浪はひどく高くなり、船の動揺は激しかったが、順風なので振動は少なく、一同の意気はますます旺盛で非常な速力で航行を継続し、翌一八日の午前五時に千島列島中温禰古丹（オンネコタン）島を南南東に摩勘留（マカンル）島の島影を真東に遠望することができて、二〇日午後四時、幌筵（パラムシル）島の村上湾に投錨した。

（伏木を出帆してからパラムシル島の根拠港村上湾に到着するまで二八日、ちょうど四週間かかっている。）

二、漁業のあらまし

幌筵島の村上湾に投錨してからは出漁準備を急いで二二日に完成した。翌日漁場に向かって出帆しようとしたが、無風で帆走できない。しかし天気はとても良好で、まるで油を流したような静かな海面なので、むだに港内に閉じこもっていることもできないので、本船高志丸は港に置いて、ドーリー七艘に必要なものを準備して漁場を探検偵察するために占守島の南、幌筵海峡（幌筵島とその北西の占守島との間の海峡）付近に出漁した。そこで海峡東の今井岬を南南西に見る海深一二尋（約二二ｍ）の深さの位置に出た。ドーリーで釣り始めて二時間半、漁獲物で満船になった。特に一号艇は海上が平穏なものだから大量に積んでしまい、帰る途中に海水が船べりを越えて侵入してしまい、鱈の一部を放棄してしまうくらいの好況となった。しかもその鱈は肥えていて根付鱈だったので、必ずこの付近に手頃でちょうど良い生息場があると察して、翌二四，五日の荒天は港内で過ごし、二六日、本船は村上湾を抜錨して占守島今井岬を南わずかに西に、そして阿頼度（アライド）島を北西に見る位置に錨泊した。八方にドーリーを出して漁場捜索に力を尽くしながら漁業に従事したが、想像した通り順次に良好な漁場を発見した。いたる所豊漁で、日々千五百尾から二千五百尾の漁獲を得た。

このようにして十七日間従業したが、その間本船の位置を変えたのは三回。荒天のために休業したのは三日におよんだが、七月一一日になって北西の強風がやって来た。その勢いはなかなかあなどることができない。そこで錨を抜いて幌筵海峡を南に通過して幌筵島の東に出て荒畑岬北わずかに西、尖島を北東二分の一東に見る位置に来て、五日間従事。

一七日になって急に天候が険悪となって、この漁場では最も危険である南東風が波浪とともに吹き来たって、刻々とその勢いを増して錨泊に適さない状況となった。かろうじてドーリーを本船に収容して錨を抜き、幌筵海峡を北上通過して、再び占守島の北方に出て幌筵島の島影に投錨した。夜に入って一時凪いでいた南東風はまたその勢いを増して、二百尋（約三六〇ｍ）のホーサー（船を係留する時に使うロープのこと）を全部延ばしたが錨は引けて止まらない。船は激しい波にもてあそばれながら阿頼渡（アライド）島に向かって速い速度で流され、とても危険の境に陥ったが、予備の四吋ロープに左舷錨、およびこれに錨鎖一シャックル（ロープ先端などに結び付けるＵ字形の連結金具のこと）を結びつけて投げ入れた。これで一時舷は停止したが、しだいに吹きつのる強風と怒涛のため、ついに右舷の錨ロープは切断され、船は再び西方に向かって流された。ここでただちに左舷の錨を揚げようとして百方苦心の末にようやく錨を錨床に結びつけた。荒天の備えをしてこの辺りに漂流すること三日間におよんだ。

こうして一九日の正午になって天候がようやく回復した。位置を類推して占守島の真北をへだてて三〇浬（約五五㎞）であり、勘察加（カムチャツカ）西岸、ヤビノ沖の漁場に近いことがわかったが、この時すでに満船に近く、少しずつ占守島に近づくべき時期だったので、総帆を展じて（帆を全て張って）占守島漁場に向かった。夕刻、有馬岬の南東四分の一、南幌筵島先端を南西四分の一南に見る位置に投錨した。

翌二〇日より操業。日々千五百尾前後を数える。

越えて二七日午前六時になって突然に南南東の強風が来て、錨泊に適さない天候となったので、すぐに漁具を収めて四日間漂流した。

三〇日になって風がようやく凪ぎ、今井岬を南西わずかに南四分の三南国端岬を東二分の一南に見る位置で釣獲に従事した。二日間で五千尾を獲て積載してきた。塩を使用し尽くして、魚艙内はもう百匹も入る余地がなくなってしまったので、作業を切り上げて翌二日の早朝、抜錨し占守島に向かった。一一時に村上湾に投錨した。

三、成　績

六月二三日に村上湾でドーリーを出して本試験に着手して以来、漁場にあること四〇日間。その間いたるところ豊漁で、漁獲半ばに達するまでは天候も非常に良好で十分操業することができたが、半ばになってとにかく天候が定まらず険悪で、思うように作業に従事することができなかった。荒れた天気のため全く漁具を使用できなかった日数は一一日におよび、操業したのはわずか二九日に過ぎなかった。しかしその漁獲総数は三九二一三尾となり、この重量は一六一五五貫七五六匁、つまり一尾平均四一二匁であり、この内ドーリー漁獲総数は三二七一三尾であり、残り六二八七尾は本船釣漁獲総数である。すなわちドーリー一日の平均漁獲数は一一二八尾であり、二人乗り六隻を常に使用して一隻に対して一八八尾、つまり一人平均九四尾の割合で、本船においては一日二一六尾、これを生徒九名の創業と見なし、一人平均二四尾。ドーリー一人分の三・九分の一であるとする。

本年、ドーリーおよび本船一日の平均がそのようであり、はなはだしい差を生じたのは、ドーリーの操縦術に熟練した結果によることであるが、一つは本年作業した漁場に関係することも多い。なぜなら根付鱈は礫または岩礁の間に群集生息して、広く遊泳はしない習性なので、数日間にわたって一定の場所で豊漁を見ることが難しく、本船は漁場転換に比較的困難であるのに対して、ドーリーは操縦がとても軽快で自由に魚群を追って漁場を捜索することができるからである。

四、漁　場

北海での鱈の漁場は二大別することができる。一つは勘察加（カムチャツカ）の西岸で、北緯五〇度二六分より五二度三〇分にわたる水深一五尋（一尋は人間が両手を広げたくらいの長さ）から四五尋の間で、もう一つは幌筵島東端沖鳥島付近より同島中央の南東岸にいたる水深三〇尋から四〇尋の間である。それで前者を本漁業の主要漁場とする。広漠で魚群豊富。漁の初期、南東風の卓越する時期に出漁し、九月に入って北西風が卓越するようになって錨泊の危険が感じられ、後者の漁場に転ずるようにする。占守島に出入りするに際して、無風に遭遇し進退の自由がきかない時は海峡の付近で釣獲に従事することがあってもいいが、魚形は小さいので深くこれを省みる者はいない。しかし本年、幌筵島村上湾を根拠地として、海峡付近で鱈延縄漁業に従事した日本型漁船があった。その成績を見ると魚形はやはり小形だがそうとう盛況をきわめていて、これを見ると必ず幌筵島付近に好漁場があることが推察され、これを捜索しようと思い本船は六月二六日に村上湾を抜錨して、適所に錨泊して八方にドーリーを放して捜索した結果、意外な成績を得た。・・・(途中省略)・・・

要するに本年操業した漁場はその区域は勘察加西岸漁場のように広漠ではなく、海底礫が多く、おもに根付鱈で、本船の釣漁業には適合しないが、その魚群の豊富な点はけっして劣ることがなく、海洋は浅く潮流は緩慢で、南東の卓越風は占守島にさえぎられるので激浪を起こすこと阿なく、本船の錨泊には安全である。また本船を遠く離れて操業するドーリー釣漁業においてはもっとも好適な漁場だと信ずる。・・・(以下省略)・・・

大叔父常隆らが遠洋漁業科生徒八名を含む計二五名で高志丸のオホーツク海への航海実習に出帆したのは、この五年後になる。航行のコースは、佐渡島に寄ったのは別として函館に寄港した以外は、この大正三年度の実習とほぼ同じだと思われる。ただ、大正元年度の報告にはあまり述べられていないが、天候の困難さとしては、無風や強風の他に、濃霧があった。常隆の回想にはこうある。

北洋の航海は濃霧がひどく、船のデッキの上でも一間（約一・八m）先にいる人が見えないことが度々あった。勿論航行中は他の船も見えない目くら航海である。衝突の予防法としては、号笛といってフイゴのようなものを足で踏んで音を発しながら進行するのだ。

号笛とは霧笛のことで、英語ではフォッグ・ホーンといわれるが、船舶が霧の中でその存在を知らせるために鳴らす汽笛のことである。現在はスピーカーで流すものではないかと思われるが、実際にその音色を聞いてみたいと思っていたら、函館の長浦氏から送っていただいた「函館ノスタルジー」という雑誌で、函館弁天町に廃船の漁業資材、備品や計器類を商う小森商店という店があることを知り、函館に行った際に訪ねてみた。店主は小森圭一さんで、昭和二五年から店を始め、平成元年には景観形成指定建築物として函館市に登録されている。それもそのはず、店内の漁具・計器類もさることながら、家屋は明治三四年竣工の函館で最古の擬洋風民家である。二階建ての瓦屋根で一階が日本風民家だが、二階の引戸や格子窓などの木彫の色合いと違い、二階は水色のペンキが塗られており（もちろん何度か塗り替えられているはずだが）、正面に四つある縦長の窓はいずれも観音開きで抹茶色に塗られている。離れて全体を見ると、和風の上に洋風が乗っかっているという珍しい景観。外国人の住居あるいは宿屋として建てられたらしく、幕末に早く開港した国際都市函館の佇まいを見た。それからよく見て歩くと、そういう家は何軒も残っていた。いずれも現在も民家あるいは店舗として使用されていた。

函館の弁天町界隈を歩けば、このような文化財的建築家屋を見ることができ、開港当時の賑わいや渡航外国人との交流を眼前に想像することができる。

さて、小森商店に霧笛があった。ご主人にお願いして実際の霧笛を鳴らして頂いた。ブホォーッという音が、博物館のような店内に響いた。

霧笛の他に、船舶の衝突を防ぐものに舷灯がある。航海灯ともいい、船舶の両舷に吊るす識別灯のことで、右舷は緑の灯、左舷は赤（紅）の灯。車でいえば黄色のフォッグランプのようなものであろう。船の大きさによってその必要な明るさ、つまり視認距離が定められていて、全長五〇m以上の船は三カイリ（約五・六㎞）先から見えなければならないとなっている。視界良好の時は吊るさずに、霧や雨で視界不良の時に持ち出し、吊るす。

当然、高志丸も安全航海のために両舷にこれを備え持っていたはず。富山水講（後の水産高校・海洋高校）の資料が保存されている滑川高校海洋科の資料室を訪ねたら、一対の銅製航海灯がスチール棚の上に置かれていた。高志丸のものかと思ったが、そこに貼られたプレートの文字を確認できなかった。後日、何度目かに訪ねた折に、プレートを読ませてもらった。この「逓信省免許、舷灯信号」は昭和四年一〇月の製造であり、戦前ではあるが、高志丸のものではなかった。二代目呉羽丸のものでもない。呉羽丸は昭和四年二月に払い下げになっており、第三代立山丸が昭和四年一二月に起工となっているので、これは立山丸に使用さ

れた可能性がきわめて高い。役目を終え、この資料室に納まったものだろうか。

なお、立山丸はほぼ高志丸と同じくらいの総トン数、ディーゼル機関を備えた鉄鋼船で、兵庫県の播磨製作所で建造された。昭和一八年に日本軍に徴用されて、翌年の六月、ニューギニア沖合で連合国軍に撃沈されるという運命をたどった。生徒の乗船はなかったが、富山水講卒業の山田船長は上陸した島で戦病死した。

では、滑川高校海洋科保存の航海灯は立山丸のものではないのか？

函館で猟古嘉市郎氏に街並みや古い建物を案内してもらっている折に訪れたある喫茶店は、二階が宿泊室になっていて、ベッドの上にはめ込みでこの舷灯（赤色）が光り、柔らかな光で室内を照らしている。アンティーク感もあり、粋なデコレーションとして利用されていた。また、東京八王子の宇佐美昇三氏の自宅を訪問した折に見たのだが、玄関脇の生垣と塀の間にさり気なく飾られていた。青錆色で、廃棄されたものらしく、運輸省認可・製造年月日は削られていた。値段が高くなければ自分も記念に買いたいと思ったが、小森商店にもなく、漁具屋や骨董品屋にも見あたらず、県内の漁港周辺をうろついてみたが、未だに手に入らない。

ところで話はタラ釣り漁に戻る。常隆は自らのタラ釣体験について次のように回想している。

村上湾で数日、漁業準備と休養をとり了えると直ちにオホーツク海に航行してタラ釣りが始まる。釣具は細い綿糸の網の先に鉛のおもり（約一〇〇匁ぐらい）をつけ、針金を両方に開き、細い綱を三〇センチほど垂らした先に釣針をつけたもので、餌は共釣りでもよく、白い包帯を釣針の先につけてもよく、また何もつけなくてもよい。これを海に投げ込むとドスンと海底にぶつかるのが手に感ずるので、それより二〜三尋揚げて綱を上下に動かしていると必ずタラが釣れるのである。天秤釣りだから両方の針にかかるのだが、針に喰いついているタラに更にタラが喰いつくので一度に三匹も四匹も釣れることもあった。これは引揚げなくても手の感触で、シングルかダブルか、ダブルのダブルか判るわけで、引揚げはタラが底魚であるから水圧の関係で容易に揚げられるのである。（・・・数行省略・・・）当時のオホーツク海は如何に魚が豊富であったことか。釣針を海に投げこむと、おもりがタラの頭にぶつかるのが手に判るほどであったのである。

釣ったタラは無骨塩蔵タラとして満載し、寄港中に塩蔵タラの手返しをしたり、さらにこの年初めて実験製造したタラバガニ缶詰をおがくずで磨いて金色のニスを塗ったりなどして高志丸は福井県三国港に入港したが、この実習製造品の販売収益から各員それぞれ報酬をもらった。常隆は生徒の中でタラを一番多く釣ったことによって報酬も一番多くて九五円、それに川合角世先生の「漁網論」一冊をいただき、また漁業実習の評価においても与儀善宣先生（漁労長）から一〇〇点をもらっている。

滑川高校資料室に水講当時の教材テキストが展示してある。

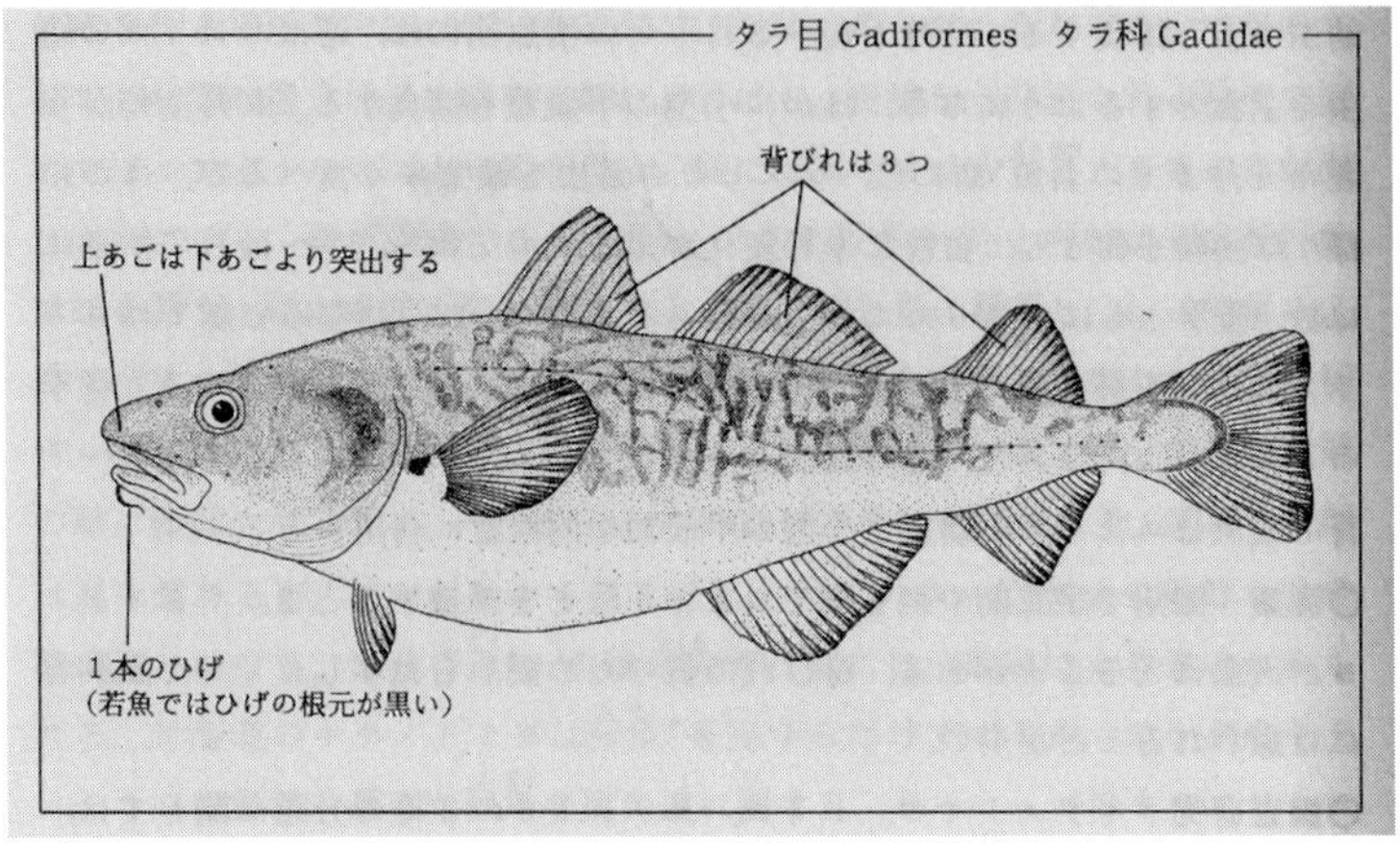

『北のさかなたち』北海道立水産試験場研究員著　北日本海洋センター発行（一九九一年）によると、「マダラ」は北緯三四度以北の北大西洋の大陸棚および大陸棚斜面水域に広く分布するが、日本海では北海道周辺に多い。特にサハリンや北千島と接する海域で多いようである。

高志丸の漁業実習はカムチャツカ半島西岸海域で行われてきたが、『北のさかなたち』によると、

マダラが北海道漁業の発展に尽くした功績は大きい。北海道漁業におけるマダラの漁獲量をみると、明治時代に北海道の漁業のほとんどがごく沿岸で行なわれていた中で、漁船に乗って沖で行う漁業としてのタラ釣りは小さな川崎船で操業していたにもかかわらず、全道で三万トン前後の水揚げがあった。タラ釣りが北海道各地で重要な存在であったことは、現在スケトウダラの刺し網やはえなわの盛んな地方のほとんどが以前タラ釣り漁業をしていた所であることからもうかがえる

してみると、富山名産のかまぼこ作りには高志丸のタラ釣りも貢献していたのではないかと思われる。

また、「たらふく（鱈腹）」や「やたら（矢鱈）」の語源は、タラがおいしくていっぱい食べるというところから来ているといわれている。

五節　高志丸のその後

㈠廃船の謎

富山県水産講習所初代練習船高志丸は、明治四二（一九〇九）年から大正八（一九一九）年まで十一年間にわたってオホーツク海漁業調査試験を行い、その任務を終えて第二代練習船の呉羽丸に代わった。一一回に及ぶ北洋カムチャツカ沖合へのタラ釣り漁業実験の航海の記録を読むと、乗組員と生徒の作業内容と成績、およそ百日の洋上生活の様子や彼らの心持ちが伝わってくるが、荒天の時や逆に凪の時の三、四日の漂流がままあって、私たちの想像を越える困難を経て実施されてきたことが窺（うかが）える。

ふつう木造帆船の寿命は二〇年が目途ということを聞くが、高志丸はその点ではやや早く練習船としての役目を終えて、退いている。おかしいな、もったいない、なぜだろうかと門外漢ゆえの疑問が湧いた。当時の新聞から高志丸に関する記事を探し、つぶさに読んでいくうちに、その理由が浮かび上がってきた。例えば――

「廃船」の前年、大正七年に一〇回目の実習航海を終え、九月一六日伏木港に漁獲を満載して三ヶ月ぶりに戻った高志丸について、九月一七日付の高岡新報は「高志丸△漁獲を満載して昨日伏木歸還」という見出しで大きく報じている。タラバガニ缶詰製造に関する課題が浮んでくるので、転載する。

…蟹の刺網は二十五間一反の刺網四十反即ち千間を使用し是亦△無尽蔵なれば（中略）早朝魚艇にて網を繰り廻り本船に於ては大釜に湯を沸かし魚艇の来るを待ち蟹が来れば直ぐ甲を除去して其釜中に一杯詰込みて煮沸し漸次冷却して裁割、上等の部分を採り之を水にて洗滌し罐詰に為せるものにて△一罐の容量は百三十匁餘なれば一尾を以て一罐半を製造し得べし、その罐詰内の外面は桃色内部は雪の如く純白にして海岸に於て漁獲して直ちに罐詰に製造するは本船を以て嚆矢とし外国には浮工場組織のもの其他生きたる蟹の罐詰製造工場は存在すると雖も其蟹の漁獲時間と製造迄の時間に於ては本船の夫れに比し多大なる遜色あり然し本船の罐詰の装填他に比し△不完全なれば此點を今後改良せば輸出向として最上等品たるは疑無く一罐五十銭見当なりしが本年の蟹は世界的に薄漁なりしため騰貴して八十銭を呼べり、前途此の蟹罐詰は非常に有望なりといふ　（波線は筆者）

記事の一一行目に「海岸に於て」とあるが、「（カムチャツカ西岸）沖合に於て」の誤りであろう。タラ釣りも底刺し網によるタラバガニ捕獲も、海岸ではなく沖合である。また、この年高志丸はタラ四万七千余匹の漁獲だけでなく、海水使用のカニ缶詰八〇函（一函は四八缶）を製造し、波線部分に指摘されているように高志丸の艤装（船の設備のこと）あるいは船自体の構造が大きな課題になってきていることがわかる。新聞にもその事が窺える記事が散見される。例えば、大正八年五月三〇日付高岡新報には

縣水産講習所練習船高志丸は十年以前の建造に係り其噸数は九十餘噸の小型にて當時の遠洋漁業状態は大型に進み加之同船のオホツク海における△漁獲物は…斯の如き小型船にては充分なる能力を発揮し得ざる憾あり殊に蟹罐詰の有望利益あるに鑑み…之に轉ずる時は其福利の増進は多大にして…

とある。また同年九月五日付富山新報には高志丸の改造について

…基金五万圓あるを以て不足額は來年度豫算に求めんと…而して來年度に於て漁船を新造する事となれば從來の高志丸は廢船として拂下げを爲す筈なりと

とある。

富山県水産講習所としては、タラ漁船からカニ漁とカニ缶詰製造船へ重点を移

した新造実習船の建造が目標となってきていることが分る。高志丸払い下げが視野に入ってきている。

この課題を解決するべく、県水講が満を持して県に申請した第二代練習船呉羽丸建造については、次章で書く。

県水講は滑川市高月町、水産高校の校門の上に高志丸のアンカー（錨）を保存しているから、廃船となりそれだけが記念に保存されたのだと単純に思っていた。水産高校時代に編まれた『水高八十年史』と『富水百年史』により、富山水産講習所の歴代練習（実習）船の概要をまとめ、記す。

※立山丸はニューギニアにおいて戦禍により沈没、富山丸はアリューシャン列島で座礁している。

船 名	船質・船種	総トン数	進水竣工年	実習の種類	廃船年
①高志丸	木船・帆船	94.21 トン	明治 41 年	タラ・タラバガニ	大正 9 年
②呉羽丸	木船・帆船	171.90 トン	大正 9 年	タラ・タラバガニ	昭和 4 年
③立山丸	鋼船・汽船	93.57 トン	昭和 5 年	マグロ・サメ	昭和 19 年
④富水丸	木船・帆船	16.17 トン	昭和 23 年	サバ・イカ・サメ	昭和 26 年
⑤富山丸	鋼船・汽船	222.57 トン	昭和 27 年	マグロ	昭和 36 年
⑥劔 丸	鋼船・汽船	318.24 トン	昭和 38 年	マグロ	昭和 49 年
⑦雄山丸	鋼船・汽船	456.99 トン	昭和 49 年	マグロ	昭和 63 年
⑧雄 山	鋼船・汽船	454 トン	昭和 63 年	マグロ	――

『百年史』の方には廃船年月日の下に「袴漁業に払下」と書かれている。水講練習船としては「廃」船だが、正しく言うと廃船ではない。また、払い下げられたのならまだ使うということだから錨は残されていないはず。不思議に思った。

滑川高校海洋科の資料室に何度か通って調べ、書棚の奥から厚紙表紙に綴じ紐でまとめられた書類を見つけた。表紙には「初代練習船高志丸の処置に関する件」とマジックインク手書きで書かれている。今までの調査で見逃していたものである。水産高校富水会（同窓会）によって調査がされ、昭和五八年一二月一〇日に綴じられたもの。同窓会が『八十年史』の編集の際の資料の中に**「唯一つ高志丸の最後の模様を伝えるものが全く見当らず不充分の侭編集が進められ発刊に至りました」**と富水会常任幹事・事務局長石倉昭三氏（故人）が罫紙に記している。

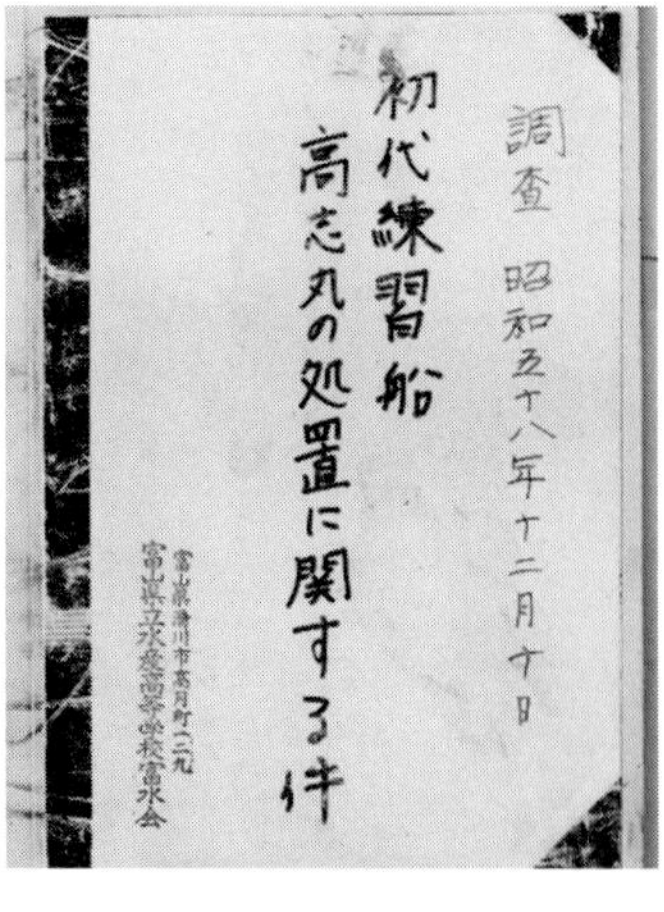

この年が置県百年に当たり、県民会館にて遠洋漁業（北洋漁業の開拓）のパイオニアとして高志丸実物の二〇分の一の模型（写真。元々は昭和二七年に製作されたが、この時は事務局長石倉教諭が県教育委員会からの要請により二ヶ月にわたって帆・索具・船体補修を行った）が県民に供覧されたこともあって、**「後世に正しい記録を残すべく調査を再開し大先輩の長老の方々一〇名に調査・回答を依頼」**し、**「今度お願い申し上げた方々の複数の証言で沿革史に加筆を予定」**、**「この調査に関する一切の書類や回答は永久保存の予定」**とあり、質問回答を依頼した方一一名の名が列挙されている。

高志丸模型（滑川高校歴史資料館蔵）

内一名は依頼中に逝去、一名は病臥中。それは橋本常隆。大叔父はこの時すでに臥せっていたことになる。六名（函館在住二名、長崎在住二名、小松在住一名、他の一名住所不詳）から回答があった。本人直筆の便箋や罫紙もそのまま綴じられている。

　払い下げについては三人の記憶があり、**「新湊の漁家。カムサッカ沖に鱈漁」**、**「皆目不詳だが、新湊か四方の漁業者。袴田商会か袴田漁業?」**、**「伏木根拠地の地元業者」**。富水会事務局はこの調査回答から判断して、**「大正九年三月　射水郡新湊町袴漁業㈱に払い下げられ、同社も引き続き、一本釣漁業に就業した」**と報告。これにもとづいて『百年史』一四ページ、高志丸の最期の項には**「大正九年（一九二〇）射水郡新湊町袴漁業㈱に払い下げられる。鱈一本釣りに就業した」**と明記された。

　その次の行には「昭和四（一九二九）年北千島沖で汽船と衝突し、沈没した」とある。衝突事故は残念だが、船の寿命や、水講時代にカムチャツカ西岸沖合で幌筵（パラムシル）・占守（シュムシュ）島拠点にタラ漁と、海水使用タラバガニ缶詰製造を継続したことを思えば、また、明治四一年から二〇年間働いたことを考えると、高志丸にふさわしい時期と場所だったかもしれない（と思っていた）。だが、・・・。

(二) アンカーの謎

　富山県水産講習所はその後講習部が独立して富山県立水産高校に、そして海洋高校となり、現在は滑川高校海洋科となった。前記したが、高月町の水講、水産高校跡地の校門（高月町バス停）上に、一対のストックアンカーが、「高志丸」の銅板プレートを付けて置かれている。アンカーとは船の錨（いかり）のことで、船を係留するために水底に沈めておく錘（おもり）。触れてもビクともしない。八〇貫、三〇〇kg。失礼してよじ登り、採寸した。ここに来るたびに、このアンカーを見つめていたが、ふと疑問が湧いた。水産講習所練習船としては「廃船」だが、実際には払い下げられて延命し、現役で北洋漁業に従事し、そして沈没した。それなのになぜここにアンカーがあるのか。合点がいかなくなり、調べた。

　やはり、前記「高志丸の処置に関する件」の書類を読み進めていくうちに、答え?が見つかった。

　調査報告の翌日の日付で、同じ富水会事務局長名で「初代練習船高志丸の船首錨の経緯について」という書類が綴じられていた。それによると――

「高志丸・呉羽丸は共に根拠港を伏木港としていたので漁具・船具等の保管のため民間の倉庫が借り上げてあった」が、三代立山丸の根拠港を岩瀬港としたため、**「岩瀬港大町の馬場回漕店の倉庫を借り上げ、約二一年間高志丸、呉羽丸の漁具・船具類を伏木の倉庫を引き払い岩瀬倉庫へ移管された」**（立山丸は船員・船体とも軍に徴用。船は沈没、船長は戦病死）

　しかし、終戦後倉庫の所有者から明け渡しを要求され、小型トラックで搬出に

出かけた。

「錨を中心にチェーン類や船電関係のスクラップが殆ど」で、学校に持ち帰った錨は「玄関脇に（石田、石倉、新夕、亀田）手前でコンクリートの台座を造り据え付けて塗装した」。教頭は「実習生の時に良く見ているので高志丸の鎖に間違いないし実際使用して少し錨は大型ではないかと船の士官の声も聞いたことがあり途中で取り換えられたのではと聞いていた」。また当時は富水会の総会は学校で開催されており、「いつも一村与三松富水会会長や窪木幸作副会長が鎖の前に立ってなつかしいと云って撫ていられました」と記されている。

錨が高志丸のものなら、取り換えられたということだろう。そういうことがあるのか理解できなかったが、払い下げの場合、艤装を解き、つまり船内設備や装備をはずして船体を譲り渡すことになっていたとわかり、それなら高志丸のアンカーは伏木倉庫に保管し、売却を受けた業者が新しいアンカーを取り付けた可能性は高い。今は、白く塗装された高志丸のアンカーは経緯を語ってくれない。

一村与三松氏は大正六年に出帆した高志丸の練習生の一人。佐渡寄港時の写真の前列右から二人目。与三松氏は故人だが、富水会会長で、六〇周年記念式で高志丸と呉羽丸について**「世界缶詰史上にその名をなした北洋タラバ蟹缶詰の学技を携え・・・」**としておられる。氏とその次男の話については前記した。

石倉事務局長は「船首錨の経緯について」の最後に次のように書いている。

現今校舎も四代目で近代的な校舎となり校史八〇余年を語り初代練習船高志丸の功績を永久に称え、在校生の誇りと使命感の堅持に有形無形に益するものと思考される。今後このような錨は造られることもないであろうし、非常に希少価値高く、又双錨揃っている点が意義深いと思考する。

水産高校と海洋高校卒業生や滑川高校の生徒たちがこのアンカーを見て先輩方の業績に思いを馳せ、そのことを誇りに思っていてほしいと願う。

なお、現在のセミナーハウスとグランド海側入口にある御影石のモニュメントは、水産高校（後の海洋高校）校舎を壊し、グラウンドと体育館、セミナーハウス建設時に、第二代呉羽丸の三本の帆をシンボライズしたものである。

㈢ 払い下げ先の謎

『八十年史』によれば、高志丸は昭和四（一九二九）年に北千島で沈没している。北千島とは一般に千島列島北端のシュムシュ島とパラムシル島を指す。どういう状況下での衝突か、調べてみようと思った。結果を先に言うと、高志丸は昭和四（一九二九）年には沈没していなかった。しかも北千島でもなかった。それを知るのにかなり長い時間がかかった。

まず同窓会記録にある払い下げ先、袴漁業の袴信一郎を追った。（写真は『根室・千島歴史人名事典』より）新湊出身の漁業家である。伏木と新湊の図書館で調べた。生年・没年も分からず詳述はされていなかったが、袴信一郎の業績については、ある程度わかった。彼は、前記した新湊の八島八郎同様、北前船による回漕業を営んでいた。八島に先んじてカムチャツカに出漁し、サケマスの塩蔵加工をしていたが、後には函館を拠点として、タラとタラバガニ、鮭鱒(関係者は「サケマス」とは言わずに「ケイソン」と音読みで呼ぶことが多い)、そして缶詰製造の北洋漁業に個人企業家として大きな業績を上げていた。ただ高志丸払い下げのこと自体がわからなかった。建造元の吉村造船所でも廃船や払い下げについてはまったく知られなかった。

調査開始からずっと協力してもらっている函館の知人、長浦尹利さんに会いに行くのを兼ねて調べた。択捉島水産会会長の駒井惇助さんに会い、氏から紹介していただいたニチロビルの猟古嘉市郎さん（父親が魚津市出身）を紹介していただき、ニチロビル守衛室を訪れて、話を聞いた。私が大叔父と高志丸、カニ缶詰製造のことについて調査をしていることを話し、いろいろ教えていただいた。

後日に昭和九年函館大火前年の市街地図をコピーしたものを郵送していただいた。大きな住宅地図だったが、猟古さんはすでにつぶさに調べてくださっていて、付箋が貼ってあった。函館港の税関にほど近い所、大町交差点そばに十二銀行（北陸銀行の前身）の出張所があった。富山とのつながりを感じたが、その両隣に「袴漁業部」があった。地図をつぶさに探したが袴信一郎の名は見当たらないので、函館では袴はここに起居していた可能性が高い。地図の袴漁業と十二

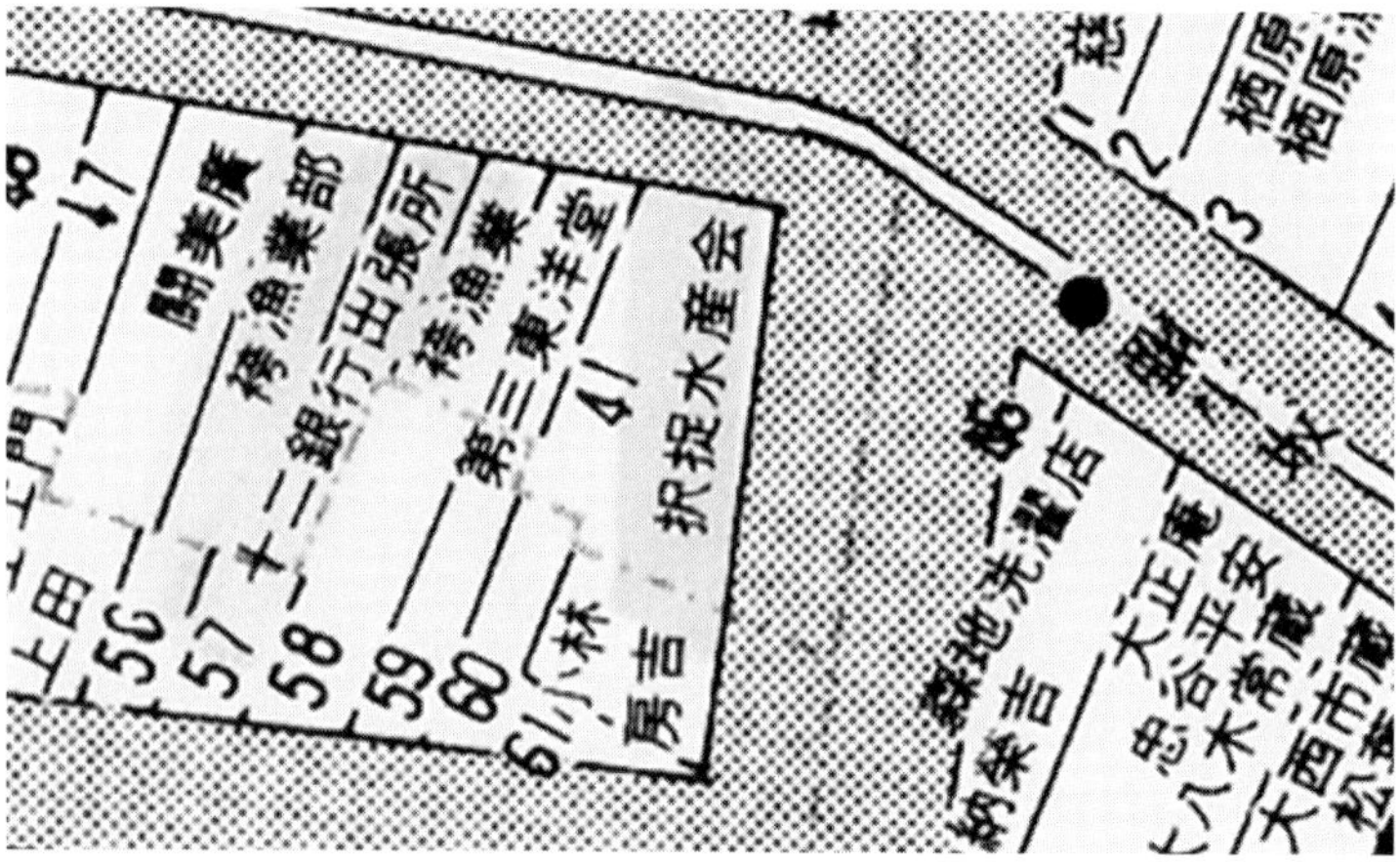

銀行はどちらが先に建てられていたかという問題だが、袴は明治四〇年代にはすでに北千島からカムチャツカ西岸にまで事業を拡大していたが、十二銀行は北海道では小樽、旭川、深川に次いで大正六（一九一七）年に函館支店が建てられているので、袴漁業の事務所・建物が先にあり、後に十二銀行支店、そしてその後にこの銀行出張所が建てられている。だから袴漁業の土地（あるいは建物）の一部を銀行が融通してもらった可能性だってある。地図を見つめていると、双方の互助関係が想像できてくる。おそらく東側の「袴漁業」が信一郎の私宅で、西側の「袴漁業部」とある方が会社事務所だったのではないだろうか。

またその袴漁業の二軒おいて東隣には択捉島水産会があった。当時北千島は、距離的に近い根室との関係より、漁獲物取引で函館との関係がずっと強かった。択捉（エトロフ）島は「函館市択捉町」と呼ばれていたほどである。

二度目の来函の際には猟古氏に北洋漁業、缶詰業に縁ある建物や場所を、時間をかけて案内していただいたが、当時の函館には十二銀行の支店は地蔵町（写真。現在の豊川町）にあった。前記したが、奇しくも常隆らを乗せた高志丸が函館に寄港した大正六年にこの支店が開かれている。大正ロマンをほうふつとさせる建物は、昭和九年の函館大火にも残った堅固な三階建て。

現在北陸銀行は函館に三支店を持つ（函館・五稜郭・函館東）。

高志丸は函館かその先の寄港地小樽で、タラバガニ缶詰製造用の空缶を積載している。この辺りのことや、富山県と北海道との北洋漁業や開拓におけるつながりについては、三章で具体的に記すことにする。

『蟹工船興亡史』の著者宇佐美昇三さんと東京で何度かお会い（東京海洋大学、日本大学練馬校舎、八王子の自宅）して、調べ方も学んだ。県立図書館では北千島での事故は載っていないだろうと思いながらも、沈没したとされる昭和四年四月と翌月の五月も、三紙とも念入りに調べたが、記事はとうとう見つからなかった。

東京海洋大学図書館に入り、『水産』と『水産界』を調べたが、高志丸沈没について書かれている資料は見つけることができなかった。

北海道大学水産学科函館分校の図書館を訪ね、『海商通報』（週二～三回発行）で昭和四年の海難事故の欄をつぶさに探したが、なかった。

海事審判はおよそ半年後に開かれるとも聞いたので、念のため昭和五年のもすべてのページを調べたが、無駄だった。

その日の午後に函館中央図書館に行き、時間をかけて、当時の新聞その他を丹念に調べたが、やはり徒労に終わった。外が暗くなり、疲れたのであきらめ、借りた資料を閉じ、カウンターに返却に行ったら、昼に資料を借りた時の司書と交代していた司書が返却資料・書籍を見て、

「もしかしたら、しばらく前にお手紙をくださった、富山の橋本さんですか」

「はい、そうです」

「高志丸について探してみたのですが、・・・」

と言いながら背後の書棚から一冊の本『近代漁業発達史』を持ってきて、そこに載っている表を見せてくださった。「オホーツク海出漁タラ釣漁船（昭八）」という表だった。その表には見覚えがあった。いつか読んだハードカバーの本で確かに見ていた記憶がある。だが、うかつにも高志丸の名を見落としていた。なぜかというと、私は経営者の欄にまず目が行ってしまい、一番下の行、大宝丸の経営者の名に「橋本常次郎」つまり私の曽祖父、常隆からいえば父親の名があり、それに驚き、目を奪われてしまっていたからだ。しかし、曽祖父は百姓だったので、新湊や伏木方面にしかも漁業関係で名などあるはずはなく、これはまちがいなく同姓同名の別人だ。

司書は

「ここに高志丸の名前が見つかりました」

と言われた。その表（下）は昭八のデータである。ええっ、昭和八年？　昭和四年に沈んでいるはずの高志丸がオホーツク海でタラ漁をしている。ほんとかよ。

まさか襲名の別船でもあるまいに。だが その表の高志丸はトン数や艤装、乗員やドーリー数、伏木という出帆港を見ても、まぎれもなく水講の高志丸である。しかし経営者は「山下伊次郎」とある。「袴漁業」と違う。おかしい、再び売却されたのかなと思った。

袴信一郎は「北前船主であったが、明治四十一年以来カムチャツカに出漁した。サケ・マスを塩蔵加工をしていたが、塩魚は価格が不安定であった。それを防ぐ方法として缶詰加工が技術化されるようになると、同四十五年現地に缶詰工場を造りベニザケ缶詰一三〇〇函を生産した」と『しんみなとの歴史』にある。現地の缶詰工場とは北千島の占守（シュムシュ）島村上崎のことである。村上の工場ではサケマス缶詰以前に、すでにタラバガニ缶詰製造を行なっていた。

表40　オホーツク海出漁タラ釣漁船（昭8）

	トン数	艤装	乗組	ドーリー	漁獲	出帆港	経営者
神峯丸	166トン	スクーナー	28人	10	9.2万尾	東京	田村寅吉
明通丸	148	〃	22	5	8.2	〃	北星遠洋漁業
高志丸	90	〃	14	4	5.3	伏木	山下伊次郎
第四十日丸	174	〃	19	6	6.0	〃	針山清三
大洋丸	171	バーケンタイン	23	7	9.2	東京	本川藤三郎
千歳丸	167	—	16	4	5.0	伏木	宮城彦次郎
大宝丸	104	スクーナー	14	0	4.8	〃	橋本常次郎

なお、漁期や流通販売の関係で、五月〜九月は現地だが、それ以外の期間は本

拠地函館に戻っている。

また、『日露漁業経営史（第一巻）』あるいは『函館市史』通説編（第三巻）によると、北千島鮭鱒流網会社一〇社の内に袴信一郎があり、所有漁船は五隻となっている。その中の一隻は高志丸かもしれないが、高志丸は補助エンジンも積載していない九四トンの純粋帆船であるし、耐用年数を考えると、すでに廃船になっているだろう。

帰富して「オホーツク海出漁タラ釣漁船（昭八）」の表をどこで見たのか手持ちの本を調べたら、『富山県北洋漁業のあゆみ』（山田時夫、広田寿三郎著、平成元年発行）に同じ表が載っていた。そこにも袴信一郎のことについて書かれているが、「**袴や越中漁夫達は、このようなボロ船で、北洋の荒波をしのいで、よく健闘していた**」と記述されている。北千島・カムチャツカ方面の諸船舶名も書かれているが、高志丸はなかった。

伏木図書館へ行き、調べたが分からなかった。伏木図書館から高岡市立図書館本館へ調査依頼が行き、調べて下さった。

水産講習所としては廃船の大正九年二月、県は高志丸を払い下げるために指名入札にかけている。しかも三度も。当時の三新聞を総合して経緯をまとめると

――第一回は二月五日。三名が入札し大北産業㈱が最高額だったが、県の予定額に三〇〇〇円ほど足りなかったので落札せず。

二回目は二月一二日、入札者七名。最高額は箕輪久一郎八五〇〇円で県の予定価格に達せず同日再入札。しかし却って低落し決まらず。

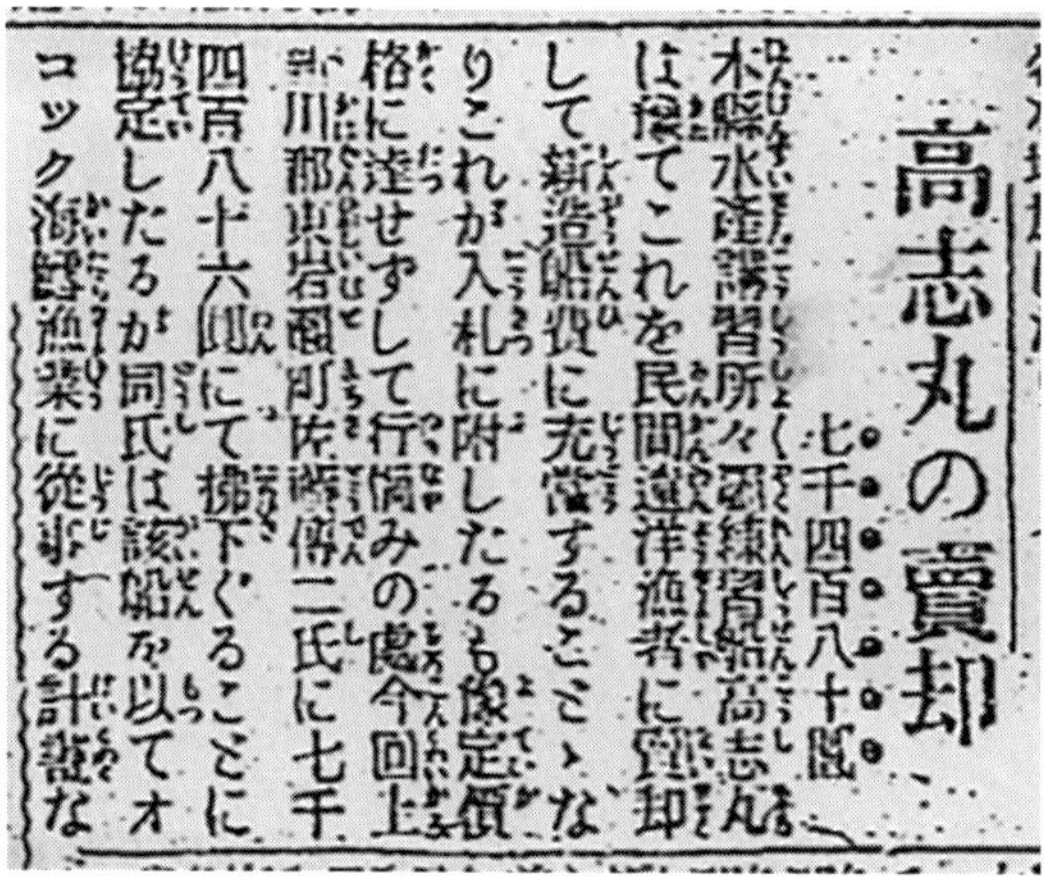
高志丸の賣却
七千四百八十圓
本縣水産講習所々屬練習船高志丸は擬てこれを民間遠洋漁者に賣却して新造船費に充當することゝなりこれが入札に附したるも豫定價格に達せずして行惱みの處今回上新川郡東岩瀬町佐藤傳二氏に七千四百八十六圓にて拂下ぐることに協定したるが同氏は該船を以てオコック海鱈漁業に従事する計畫な

第三回入札は三月一五日。上新川郡東岩瀬町佐藤伝二が七四八六円でようやく落札。佐藤はこの高志丸で「**オコック海鱈漁業に従事する計画なり**」と述べた。

右の記事は大正九（一九二〇）年三月一七日付北陸タイムス。

県としては高志丸の総経費が一八〇〇〇円であり、二代呉羽丸建造費用の一部でも、高志丸払い下げによって捻出するために入札にかけたが、希望する額に届かなかったということだろう。参考のために言うと、呉羽丸の総経費は八七七六九〇円。

昭和四年に沈没した高志丸が袴漁業㈱の所有だったとすれば、なぜ東岩瀬の佐藤伝二から伏木あるいは函館の袴信一郎の手に渡ったのかわからない。私の力ではこれ以上は無理だと感じた。昭和四年にもし高志丸が沈没していないとすれば、『近代漁業発達史』の表の記述は正しい可能性がある。つまり昭和八年に至っても高志丸は函館港あるいは伏木港から鱈釣り漁に出、修理を重ねてきただろうが、現役で少なくとも二四年にわたっては操業していることになる。

高志丸乗船者近堂源太郎氏の記憶（故人。長男の近堂俊之氏が函館在住であり、住所を調べて、手紙で問い合わせた。父は富山出身、日魯漁業勤務で蟹工船に乗っていたが、高志丸のことは聞いていないとの返事）も富水会の調べも、そして『百年史』の払い下げ先もまちがっていたのか。

高志丸の払い下げに関して、興味の湧

く記述を見つけた。それは『北前の記憶―北洋・移民・米騒動との関係』（井本三夫編、桂書房、一九九八年発行）の中で著者の井本氏が富山市森住町在住の池田久吉さんから聞き取って記したもの。その一部を抜き書きさせていただく。

　占守島の片岡湾には新湊の袴さんが、蟹の刺し網沖へ出いとられた。缶詰工場は占守島と長崎に持っとられたわ。占守島は小さい平たい島だれど、その南側の幌筵（パラムシル島）ぁでかいちゃ。（途中省略）占守島と幌筵島の間に村上湾という狭い海峡があって、静かでボートで渡れる。カムチャッカへタラ釣りに来とった高志丸がここ休養地みたいにして、飲料水なんか汲みに来とったんです。水産講習所の練習船やった船で、払い下げ受けた時ぁ箕輪が六分、佐渡が二分、米田元吉郎さんと宮城さんが一分ずつ出いたて聞いとった（波線橋本）（以下省略）

　池田さんの記憶によると、高志丸の払い下げは箕輪、佐渡、米田、宮城の四氏で分担してあると記憶しておられる。だが、当時の新聞、北陸タイムスと富山新報によると、二回目の入札では伏木町の箕輪久一郎が八五〇〇円の最高額を提示したが、県の予定価格に達しなくて落札されていない。そして三回目の入札でようやく東岩瀬町の佐藤傳二（「オコツク海の鱈漁業を開始する計画」）に払い下げられている。だから、池田氏の記憶違いだろうと思われる。

　また池田さんは、その少し後に、余談だが、こんなことも話しておられる。

　幌筵島の占守島と向かいあった柏原の海岸に、日魯の鮭鱒の缶詰工場があって、そこで屑捨てるもんだから大カレイが筋子なんか食べに来る。浜へ打ち上げられてバタバタしとる。でっかて、畳一枚ほど大きさあったちゃ。軍のもんがカマス持ってとりに来とった。

　大カレイとはオヒョウ（大鮃）のことに違いない。カマスとは藁で編んだむしろを二つに折って作った袋のこと。カマスにオヒョウを無理やりねじ込む日本兵たちの姿を思い浮かべることができる。

　高志丸の最期についての真実については次節に述べるとして、ここで高志丸や呉羽丸その他カニ漁獲船が行った沖合カニ漁の仕方、つまり底刺し網漁について説明をする。

　『水産・海洋辞典』（中谷三男編、二〇〇〇年、水産社）で「刺網」を繰ると、

　網目の魚介類を刺させるか又はからませて漁獲する漁具。一般に水平方向に細長い帯状で上辺に浮子（あば）、下辺に沈子（いわ）をつけて水中で垂直に張られるように作られている。サケ・マスなどの浮き刺し網、底魚、イセエビ、カニ等の底刺し網等がある。また、漁具を固定せずに使用する流し刺網類。魚群を囲んで使用する薪刺網類等がある。

とある。滑川高校海洋科で借りた『一齣の歴史　工船漁業を拓いた水産練習船とともに』竹嶋光男著、一九八四年、滑川市教育委員会）にわかりやすい図が載っていたので転載する。（手書きは筆者書き入れ）

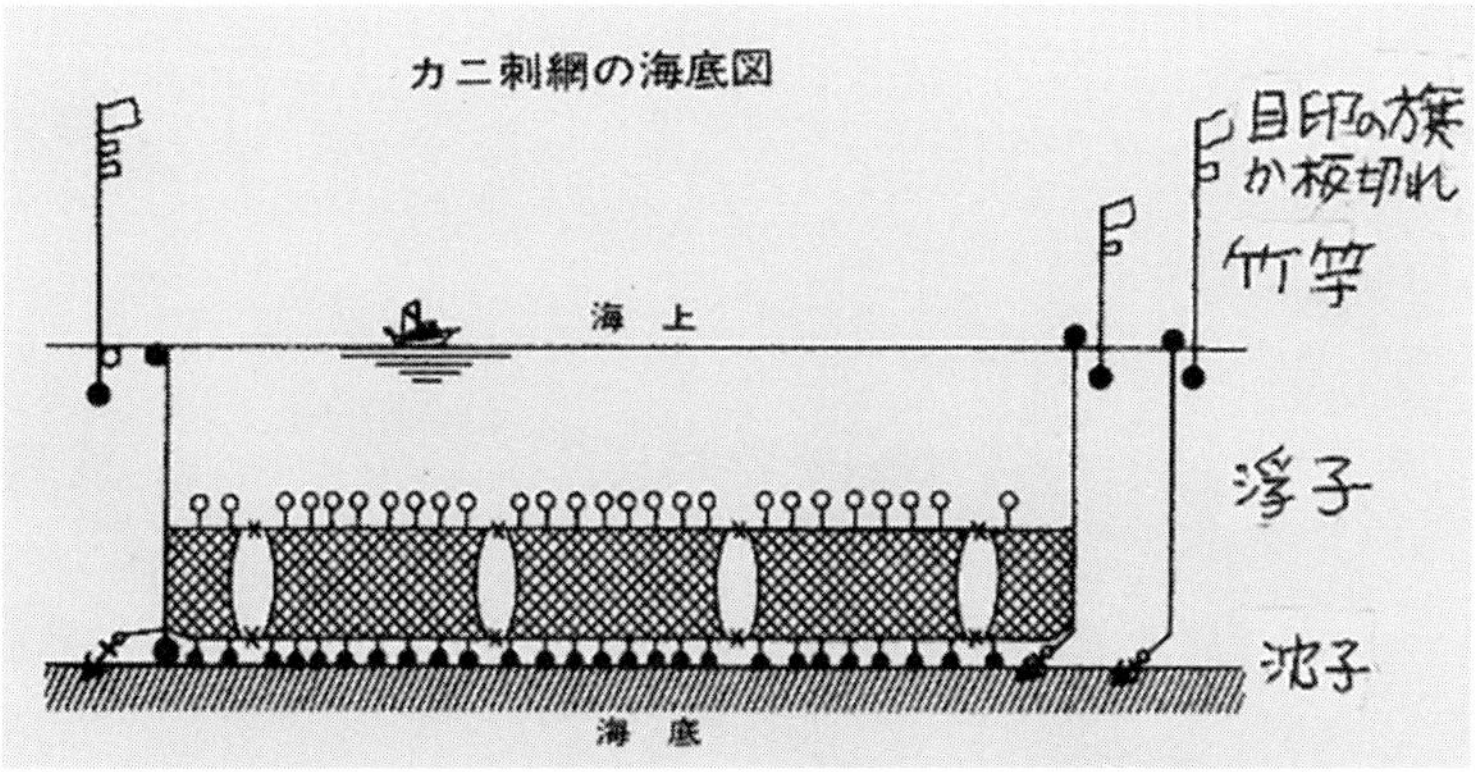

六節　高志丸の最期と二代目呉羽丸の建造

㈠　高志丸の最期についての謎

　そうなれば高志丸の最期についての記述も確かめる必要があると思った。高志丸の名誉のためにも、青春と労働の一ページをその船上で過ごした生徒・職員ら乗組員のためにも。また水産高校でこの調査を担当していた石倉先生のためにも。

　函館に調査に行く前に、海難法制・船舶事故調査協会で紹介された東京海難審判所に、昭和四年四月に北千島で高志丸という船が汽船と衝突しているはずだが、調べて頂けないだろうかとEメールで依頼した。数日後に返事の電話が入った。四月と五月すべてと念のためその後、翌昭和五年の四、五月まで調べてみたが、高志丸が衝突事故で審判にかかっている海難事故はない、とのこと。残念だが、あきらめる訳にはいかなかった。

　地方海難審判所が八ヶ所（函館・仙台・横浜・神戸・広島・門司・長崎・那覇）にある。その中の函館地方海難審判所にも同様の問い合わせの手紙をファックスで送ったが、数日後に頂いた返答では結果は同じだった。話し合いで衝突相手と円満解決した場合は審理対象にならなかったのかもしれないとも考えた。

　万事休したか、と思っていたところ、しばらくして高岡市立図書館から電話を頂いた。伏木図書館からの依頼もあったらしく、図書館の司書の方々が時間をかけて丁寧な調査をしてくださったことに感嘆したが、高志丸の最期が意外な海難事故だったことにも驚いた。国道八号線に出て、事故を起こさないようにしながらも車を飛ばし、高岡市立図書館に走った。

　北陸日日や高岡新報、越中新聞に大見出しで高志丸の沈没記事が報ぜられていた。さらに『富山県人』（昭和一五年六月号）にも掲載されていた。それは昭和初めのことではなく、昭和一五年五月一日の未明（または四月三〇日の夜中）のことだった。その概略を記す。

　高志丸は四月二〇日に函館を出港し北千島へ向かう途中、五月一日未明、択捉（エトロフ）島の沖合洋上で米国船ミシガン号（五六〇〇トン。青島行き）と衝突。深夜しかも濃霧のため高志丸の乗組員一四名は溺死、船と運命を共にした。船長だけがかろうじてミシガン号の船尾（のロープ）に取り付いて救助された。船長は一ヶ月後に青島からもどり、新湊の遺族を慰問している。六月三日付の北陸日日には「袴船主においては全く絶望となれる高志丸乗組員家族に対する慰問方法につき目下考慮中であると」と記事を結んでいる。

　船は航行の安全のために舷灯（右舷が緑、左舷は赤。航海灯ともいう）を点け

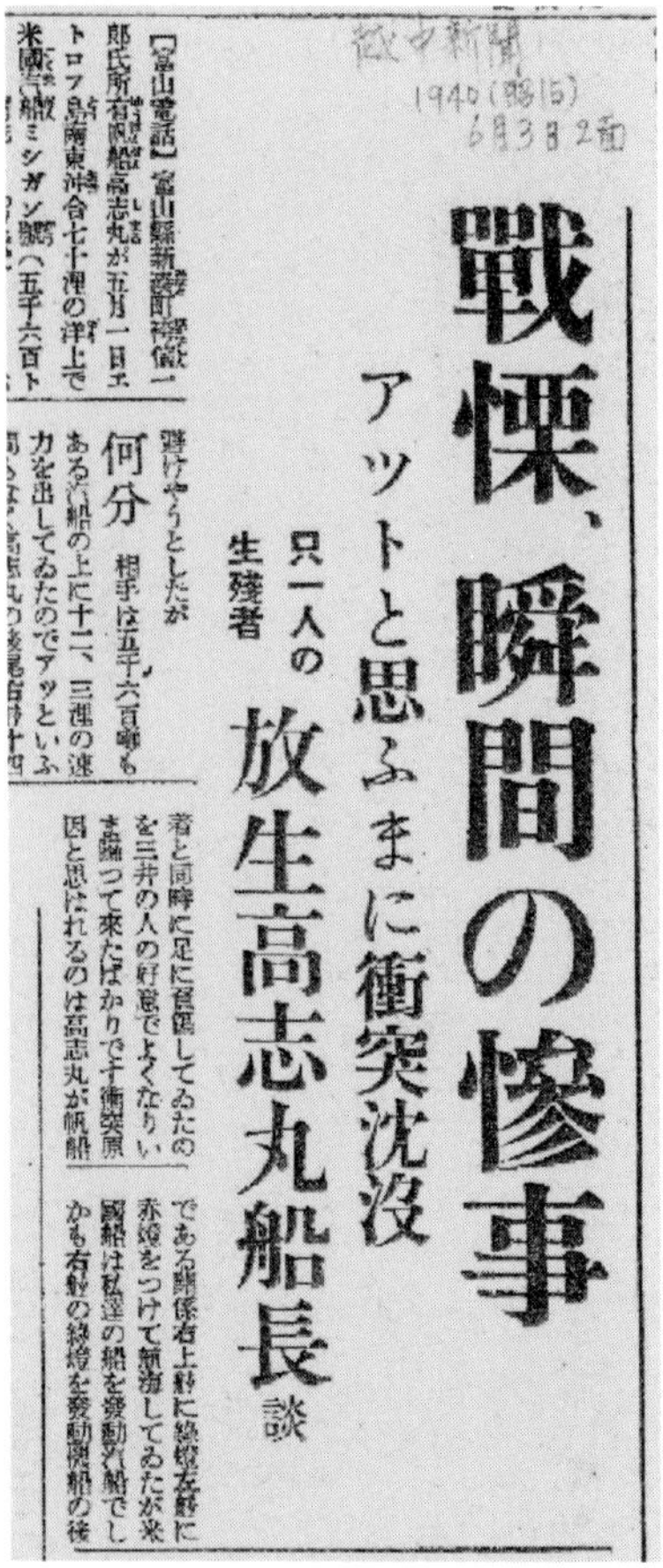
越中新聞
1940（昭15）
6月3日2面
戰慄、瞬間の慘事
アットと思ふまに衝突沈没
只一人の生殘者
放生高志丸船長談
何分
越中新聞、昭和15年6月3日

ているのだが、千島・オホーツク海特有の濃霧のため、ミシガン号には確認しづらかったのであろう。また、さかんに鳴り響かせた霧笛も役には立たなかったのであろう。

乗組員遺家族の無念さ、そして独り生還した船長が各家に慰問する心持ちや足取りの重さは、推し量るに余りある。

高志丸の最期については富水会事務局の調査に回答した函館在住近堂氏の記憶はまちがいで、昭和四年ではなく昭和一五年であった。水講の正史にあったよりも一一年長く生き延びていた。また、沈没先も北千島ではなく南千島(領土問題の関係で日本では北方領土と言っている)のエトロフ島沖合であった。また払下げ先は直接には袴信一郎ではなかったが、何らかの経緯を経て袴漁業㈱の手にわたったものであるといえよう。

大叔父はこの頃、農商務省水産講習所の技手を務めていた。青春の日々、三ヶ月余りの喜怒哀楽を乗せた愛船がオホーツクの海神に召されたことを知っていたのだろうか。今はそのことを確かめる術もない。

もう少しまとめた後に、滑川高校気付の水講同窓会、富水会には説明に伺おうと思っている。将来、『富水百二十年史』が発行されるとすれば、正しく訂正してくださるだろう。

いずれにせよ、高志丸は新湊の吉村造船所で明治四一(一九〇八)年に建造され、昭和一五(一九四〇)年に沈没するまでの三二年間、能登・朝鮮の調査を含め、北洋、北千島・カムチャツカ沖合までの実習・調査・実験を行い、漁業の改良や事業の発展に貢献し、多くの人材を育てた。特にカニ缶詰・工船カニ漁業=蟹工船勃興の端緒となり、それが呉羽丸建造の誘因となった。そして呉羽丸の活躍が、富山県での工船カニ漁業事業化へは結実しなかったが、函館を根拠として北洋漁業や北千島での缶詰製造に携わっていた、能登の和嶋貞二のカニ工船事業化への直接の道を開いた。そして船上と船内での厳しい労働(過酷な労働、無権利状態、低賃金など)をともなって生産が増大し、日本の蟹工船=工船蟹漁業は多大な外貨を獲得した。

(二)二代目呉羽丸建造の経緯

さて、話を大正時代、高志丸の富山県水産講習所練習船としての引退と第二代練習船呉羽丸の登場との関係に戻したい。

昭和二二(一九四七)年に発行された『富山県政史』第六巻(甲)の「水産業」の章の「縣立水産講習所」の項では

殊に大正六年の練習船高志丸を以てオコック海方面に於て鱈漁業に従事の傍ら、試験的にタラバ蟹の罐詰製造を開始したのが成功し、所謂今日蟹工船漁業として盛況を見るに至ったのである。其の外同所練習船は常に漁場の開發、漁業の發達に貢獻し、最近は・・・(以下省略)

と、高志丸の功績を特記している。

大正六〜八年の三年間の船上における海水使用のカニ缶詰製造とその発展は、高志丸による偉業ではあったが、高志丸自体は明治四一年に鱈釣り実習を主目的として建造されているので、水産講習所としては高志丸にカニ缶詰製造のための新たな艤装をするには明らかに限界があることがわかってきた。わずか?一一年で高志丸を見限っているということは、逆に考えると、三年間の実験製造でタラ釣り用よりもカニ缶詰製造用の練習船の必要を強く確信したということになる。高志丸の払下げ売却の際にも、予定価格を高くし、何度も入札をやり直していることはその証左であろう。高志丸の払い下げ競売において**「民間遠洋業者に賣却して新造船費に充當すること」**(北陸タイムス、大正九年三月一七日付)としているところに、水産講習所の要望とそれを受けた県の意向が端的に表れている。

また、本節最初のページの高岡新報記事の波線部分の発展として呉羽丸が生まれたことがわかる。

　進水後の呉羽丸については、毎年発行されていた「富山県水産講習所事業報告」を見るのが一番確かなのだが、前章で述べたように、大正五年度〜一〇年度のものが県内、あるいは近県、東京、どこを探しても見当たらない。必ずどこかに、また誰かが持っているはずなのだが、不思議なことだ。その数年度だけ報告がまとまらず発行されなかったなどということは考えられない。それ以外大正元年度から昭和七年度までの「報告」は県内数か所と国立国会図書館で見つけ、必要なところはすべてコピーできたことは前記した。

　その中の、大正一四年度報告書と昭和

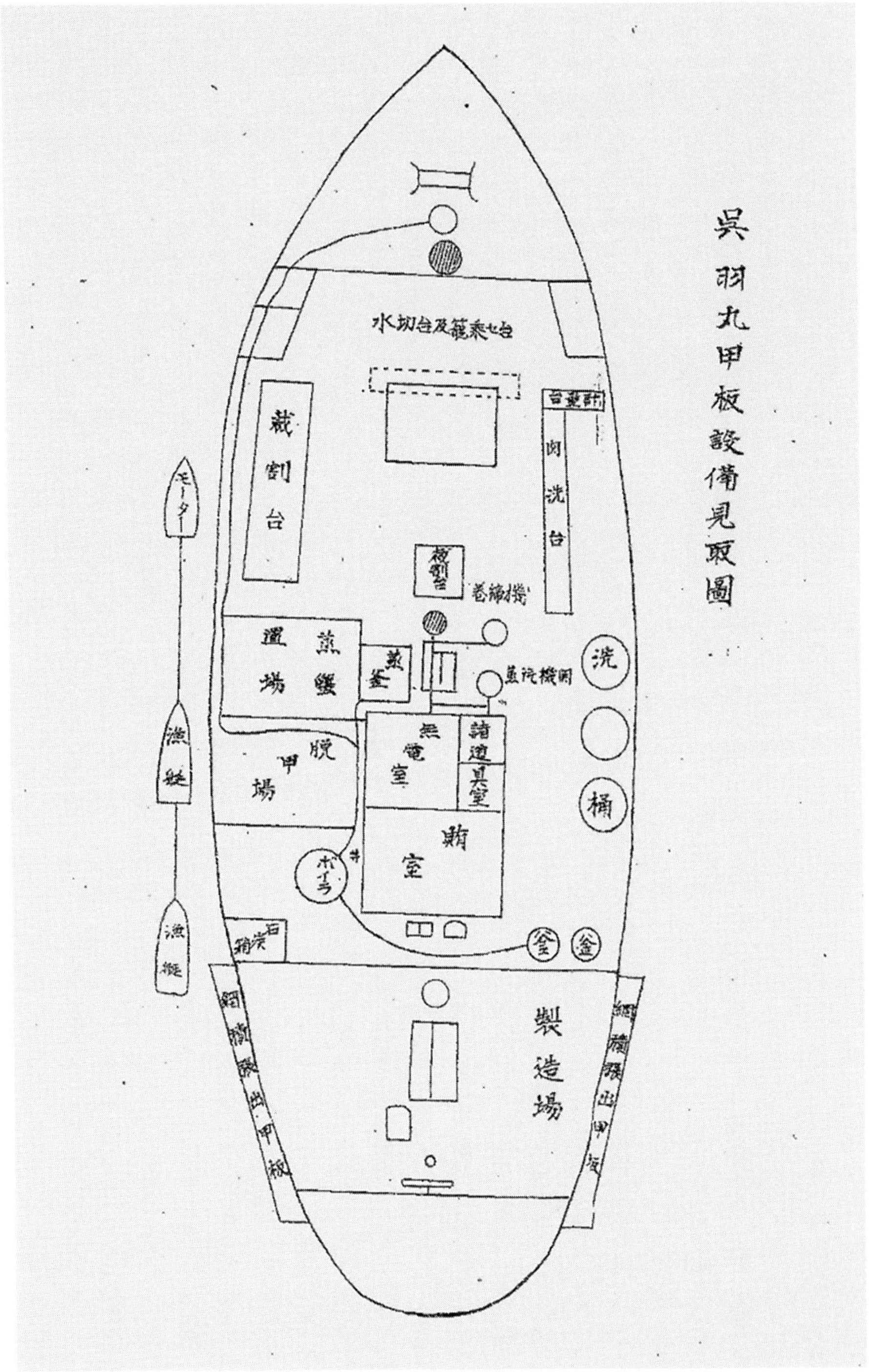

三年度報告書に、「呉羽丸甲板設備見取圖」があった。高志丸での船上製造の過程や陸上工場での缶詰製造の機械器具を研究した上での設備であろう。両方ともていねいな手書きで、双方の設備や場所に多少の違いはある(たとえば、「巻締機」(昭和三年)が「ハンドシーマー」と「セミトルシーマー」になっている)が、昭和三年度のものがわかりやすく描かれているので、転載する。

缶詰製造関係の設備・道具を船首の方から順に書き出してみる。

水切台及籠乗せ台、計量台、肉洗台、裁割台、巻締機、洗桶、蒸釜、蒸蟹置場、脱甲場、製造場、といった具合になっている。二代呉羽丸が、蟹工船事業化の道を開く先導者の役割を果たすために建造された、つまり当初から「カニ工船」としてスタートしていることが、この見取図をみてもはっきりとわかる。

呉羽丸の実際のカムチャツカ沖合でのモノクロカメラ映像の記録を水産高校がDVDに直した。それを見ると、刺網で獲ったタラバガニが船上の各場所でのすべての工程を経て缶詰になるまでがわかり、当時の職員や遠洋漁業科練習生の労働=実習の姿に、何とも言えない感動を覚える。それは、わずか一〇分足らずのモノクロ動画フィルムだが、昭和三三(一九五三)年制作や平成二一(二〇〇九)年の「蟹工船」の新旧の映画(→DVD)とはまた違ったリアルさである。作業する乗組員の姿に、真剣さ、そしてある種の誇り高さが感じられるような気さえする。

また、富山県は高志丸と呉羽丸のカニ缶詰製造の実績にもとづいて見通しを立て、カニ工船漁業経営、つまり工船蟹漁業の事業化を出願申請したが、ついに許可されていない。これについても何か理由があるはずだが、謎である。

『富山県北洋漁業のあゆみ』には、その経緯を窺わせる記述がある。

(呉羽丸は)最も残念なことには富山県人でカニ工船漁業を経営するものが無かったこと。いや出願したがついに許可を得ることができなかった。その結果。呉羽丸がこれだけの業績を挙げながら、『富山県のために貢献するところなし』との結論になり、また『富山水講においては、以後カニ工船漁業試験を打ち切り、他の試験調査をして本県水産界のために努力すべし』という県当局の意向が決まった

呉羽丸は水講練習船の使命を大正九年に高志丸から受け継ぎ、昭和四年、九年足らずのタラ・タラバガニ漁・缶詰製作航海の末、日本工船漁業株式会社に払い下げられ、翌年に第三代練習船立山丸に地位をゆずった。立山丸は一五〇馬力のディーゼル機関積載の鋼板汽船だが、総トン数が九三・五七トンで、呉羽丸の約半分、高志丸より若干小さい。払い下げられた呉羽丸は日本工船漁業が買い取り、これまで通り北洋の漁業調査船として動かし、水講の生徒もこれまで通り呉羽丸に乗船・実習させることになった。富山県による北洋漁業とカニ工船漁業への創出・発展の見通し、水講の呉羽丸大規模修理の要望、県の緊縮予算という実情などが混ざっての玉虫色の結論なのだろうか。

『海拓富山の北前船と昆布ロードの文献集』(富山経済同友会、二〇〇六年発行)には、呉羽丸の評価についてこう述べられている。

この練習船は、商船高校の船ならともかく、地方の水産学校のものとして、全く他に例を見ない大型帆船だった。それは、練習船の任務を越えて北洋漁業の開発を目標としたのである。富山県水産講習所練習船呉羽丸が、工場船として就航するのは世界で初めてのことだった。正に日本の水産業界からも遠洋漁業の指導船として注目を浴び、熱烈な期待が寄せられた。呉羽丸はこの熱烈な期待に見事に応えたのである。すなわち、タラバ

ガニを原料に、カニ缶詰処理洗浄用に大々的に海水を利用して、一ポンド缶二百八十七函（四十八個入り）も船内製造に成功する。しかも、その製品には何の欠点もなく、色沢映え、香味良く、肉締まり、食味上々の優良品として好評を受け、すべて輸出された。画期的な新事業の開拓に見事に成功したのである。呉羽丸が果たした歴史的役割は、この実績をふまえていよいよ拡大し、今日のカニ工船漁業の隆盛を招来させた。しかし、これほどの実績をあげながらも、富山県人にしてカニ工船漁業を経営するものがなかった。いや出願したが、ついに許可を得ることができなかったという。残念の一言に尽きる。

　こうしてカニ工船事業の経営については、富山県水産講習所の人々や県水産業に携わる人々の願いは叶わず、県外事業者の登場を待つこととなる。

(三) 蟹工船は石川発ではない

　石川県小木の和嶋貞二が大正一〇（一九二一）年にカニ缶詰の船内製造の始まりであるという説がある。あるいはその準備として高志丸の三年間の海水実験と前年の呉羽丸のカニ缶詰製造を学んだとも。たしかに工船カニ漁業を事業化したのは和嶋貞二である。しかし、わずか半年余りの短い時間でそのような事業化がなされたとは、ふつうは考えられない。研究熱心で活動意欲旺盛な和嶋ほどの人物であるから、高志丸の業績をすでに十分知っていた可能性が高い。だからこそ和嶋は生前、蟹工船の特許申請を周囲から勧められた時に、すでに高志丸と呉羽丸の前歴があったのでさすがに自らは特許申請ができず、「これは国家的事業であり、個人の利益ではない」（北国新聞二〇〇九年四月一二日付「蟹工船は石川発」の記事より）と答えたのだろうと、浅学の私だがそのように推察している。

二章　カニ缶詰

ロシア、カムチャツカ州ペドロパブロフスクカムチャツキーで購入したカニ缶詰

一節　缶詰、人類が生存する限り

缶詰といえば、昔はブリキ缶に紙のラベルが巻いてあった。喫茶店のマッチや旅行先のペナントを集めていたように、不要になったノートに缶詰のラベルをはがして貼って集め趣味にして楽しんでいたのを思い出す。学校の夏休みの自由研究にしたかもしれない。また、子どものころ学校から帰って近所の仲間と集まり、よく缶蹴りをして遊んだ。これは本当におもしろかった。蹴った缶が飛ばない時はガックリだが、遠くまで飛んだ時にいっせいに逃げる気持ちはたまらなかった。それとは反対に、ひどい遊びだったと思い出されるのが一つある。友だちに誘われて田んぼでカエルを捕まえ、空き缶に入れ、裏返して畔に置く。二B弾を擦って入れ、急いで離れる。バーンと破裂し缶が跳ね上がりカエルも…。これはかわいそうで、一度きりでやめた。

当時（昭和三〇、四〇年代）はマグロやサケなどの水産缶詰や、牛肉大和煮などの食肉缶詰があった。果物ではミカンが多かった。山や旅行に持っていったり食べ物がない時に取り出したりする保存食だったが、高級品、貴重品というイメージが強くあった。

子どもには缶切りでブリキ缶を切ることがなかなか難しい。缶切りなしで楽々と中身をにぎり出せるのは、ポパイ・ザ・セーラーマンだけだった。かんたんに切れるようになった時は、大人になったようでうれしかったものだ。今は大きい缶（約一号缶～四号缶）以外は、ゆであずきを除けばほとんどがプルトップ缶で、タブリングを引っ張れば楽に開けられる。昔なじんだ缶切りはあまり使われなくなり、水屋の引き出しの奥で眠っている。栓抜きも似たような運命だが。

現在はどんな食物でも缶詰にできないものはないといわれるほど缶詰の種類は多く、日本缶詰協会発行の「かんづめハンドブック」によれば、世界中では約一二〇〇種類以上あるといわれている。日本は水産・果実・野菜・食肉・調理・特殊・飲料缶詰などを八〇〇種類ほど作っていて、世界でも有数の缶詰生産国であり、代表的な消費国でもある。ピーク時より減ってきてはいるが、年間国内消費量、つまり国内生産量と外国からの輸入量を加え、輸出量を引いたものは、二〇一三年現在で国民一人あたり三三缶（一缶＝250グラム）を消費していて、果汁やコーヒー・お茶などの飲料缶は国民一人あたり一二六缶（一缶＝250グラム）にのぼる。品質保持や缶製造の技術も発達した。

ところで、『一生』によると常隆が缶詰づくりに直接携わるようになった最初は、大正四年、つまり水講に入学した一年生の時の授業だった。それは立川卓逸先生の缶詰学の授業実習で、魚津の浜で地引網で獲れた鯛（タイ）と大鮃（オヒョウ）の田麩（デンブ）の缶詰をつくったこと。生まれて初めての缶詰製造であった。大鮃についてはおもしろい話もあるので、三章の二節㈡で記す。田麩とは、年配の方々はご飯によくかけて食べたことを覚えておられると思うが、魚肉を細かくほぐして味や色などを付けたもの。その時は一封度（ポンド）竪缶の内嵌（かん）ハンダ付缶だったという。内嵌というのは缶詰の上ぶたを内側にはめ込むものである。

その次が二年後の高志丸でのカムチャツカ西岸沖合での船内カニ缶詰づくり。

その次が、富山水講卒業後の大正七年、日魯漁業の樺太能登呂（ノトロ）のカニ缶詰工場へ就職。初めての缶詰工場生活で苦しかったが、また元気旺盛ですべてが楽しかった。

以後、輸出水産㈱函館工場、そして東洋製缶㈱東京出張所、そして農商務省水産講習所へ転職。ここでは缶詰づくりのためには機械技術と知識がなければ道は開けないと考え、早稲田大学付属の高等工業学校の夜学に二年間通った。全員が勤労青年で、向学心を強く持って自主的に通ってきていた。水講勤務が終わると門前仲町から市電に飛び乗り早稲田まで。いつも座れて、往復二時間の電車内で予習復習が十分にできた。写真は早稲田工業高校機械化実習風景、大正一一年、左端が常隆。

話は飛ぶが、妻から聞いたことだが、落語家の林家喜久蔵（現喜久扇）がテレビに出ていて、彼は東京の中野工業高校出身で、当時実習授業で使っていた缶詰製造用の機械がまだあると感激していた場面をやっていたと教えてくれた。常隆は中野区野方でその高校とは目と鼻の先。その頃は常隆は工場経営のかたわら、あちこちに缶詰製造に関する技術講習に行っていたと『一生』に書いてあったことを思い出し、もしかしたら常隆の缶詰研究所が考案あるいは改良して寄贈か販売した缶詰機械が残されているかもしれないと思った。夏休みに入っていて先生方・職員は多少時間があるかも知れないと思って、高校に缶詰実習機械の確認・調査をお願いしたいという主旨のEメールを送ったが、返信はなかった。その後、上京の折に実際に高校へ行って、直接尋ねてみたが、そういう昔の機械は今はないはずです、という返事だった。

　缶詰の起源、つまり缶詰が発明されたのはフランス。常隆が缶詰づくりを初めて体験するより百年余り前、今からだと二百年余り前のことである。

『発達史』によれば、野望に燃える皇帝ナポレオンがヨーロッパ各国に戦線を拡大していたが、一七九五年に前線のフランス兵士に食料補給と士気鼓舞のために、陸軍食料の保存方法を懸賞金付きで募集した。一八〇四年、フランス人ニコラス・アベールは長年の食物保存法についての研究の結果、食物を瓶詰、蜜栓し、煮沸する方法を用いたが、これが認められて、ナポレオンから一万二千フランの懸賞金を授与された。アベールはこれを資金として缶詰製造工場を設立し、保存法を公開した。息子がこの研究を受け継ぎ、その後缶詰製造の機運が高まったという。

　日本では明治二（一八六九）年、長崎で松田雅典という人がフランス人から教わり、イワシの油漬け缶詰を作ったのが最初といわれている。明治四年か五年という説もある。

　日本初の缶詰工場は北海道で、明治一〇年に北海道開拓使石狩研究所がおかれ、そこでサケ缶詰が製造された。なお、その年に札幌農学校を去るウィリアム・S・クラーク博士が帰国の際、北海道開拓使からアメリカでの缶詰製造の探求調査と缶詰製造機械・道具の購入を依頼されて、承諾している。

　さて、日本では、そして富山県ではどうだったのか、調べてみた。『富山縣水産史年表』を開くと、明治二七（一八九四）年の日清戦争に**「水産缶詰を恤兵（じゅっぺい）品とする」**とある。恤兵品とは出征兵士の苦労をねぎらって送られる物品のことである。一〇年後には**「日露戦争に水産缶詰が採用された」**し、その年に富山県においては、政府や軍部から軍用缶詰の製造が奨励され、**「氷見町に缶詰製造所三生舎が設立され軍需品を製造した」**とあり、軍需缶詰製造としての缶詰工場が設立されている。そして滑川と魚津にその支所を設けて、イワシ、カツオ、シイラの缶詰二万三千缶を軍部に納入している。写真は明治四二年発行の『富山県写真帳』に載っている氷見町缶詰工場（明治三七年設立）である。

また、お隣の石川県では水産講習所を廃止して、日露戦争用の食缶詰を製造する水産試験場が設置されている。

富山水講の大正元年度の「報告」を開いて、明治三三（一九〇〇）年の創立以来一〇年間の講習部「沿革概略」を読んでみると、明治三七年のところに、**「同年ヨリ軍用缶詰及塩鰤製造監督及検査ヲ為ス」**とあり、翌三八年には**「軍用食料品ノ製造ニ対シ監督及検査ヲ継続ス」**と書かれている。やはり軍隊用の保存・携行食として研究・製造が始まっていることがわかる。日清日露の両戦争時の日本軍兵士の食糧確保の経験や、第一次世界大戦とシベリア出兵、日中戦争と太平洋戦争での需要が大きく、国内での国民の食糧としての普及という考えは少なかったようである。戦後生まれの私たちの感覚としても缶詰はぜいたく品という感じが抜け切れていない。

北海道新聞（二〇一八年八月一六日付）の終戦関連記事の中に「道南の戦争協力　戦後七三年の問いかけ」という特集㊦に「魚や缶詰　軍へ大量供出」という見出しの文章があった。父の代まで択捉島で水産業を営んだ駒井惇助さんが函館市内の自宅の書庫で、北方四島での経済活動について調べている中で文書を見つけた。それは惇助氏の父上（弥兵衛）が役員を務めていた択捉漁業株式会社が昭和一九（一九四四）年に作成したリストで、陸軍に納入するサケやマス、缶詰などの種類や数量が示されている。命令によって献上した魚や缶詰は大量で、軍が支払った金額は不明だが、全漁獲量のかなりの部分を差し出していることが窺えるとある。昭和一三（一九三八）年の国家総動員法にもとづいて、戦争や事変に際して、国家が人員の動員や資源の徴発、統制をおこなうことができることになり、諸産業から家庭生活まで社会全般に統制された体制下での所業であり、惇助氏は、父の心情と当時の状況を顧みて**「当時は物資の供出は当たり前。軍に協力しないことは考えられない雰囲気だったのでは」**と語っている。

発見された文書についてもう少し具体的に知りたかったので、実際に駒井氏に会って教えて頂こうと思い、新青森駅まで行ったが、その当日未明の北海道胆振地方の大地震で函館にも入れず、日本海側回りのＪＲで帰富した。通信網や停電、断水等のライフラインが回復した後に駒井さんに手紙を書き、資料を送ってもらった。

それは、昭和一九年四月五日付で択捉漁業株式会社から北部第百部隊生地隊の坂戸少尉宛に出された「御上納品ニ關スル件」という罫紙四枚タイプ打ちの文章と、上納する鮮魚・塩魚、缶詰の種類や数量を書いた二枚の表であった。軍の指定した数量に従って、生鮭と生時鮭を合わせて六〇一三六尾、生鱒を一二万尾、生鮪（マグロ）を三〇八本、塩蔵鮭鱒を一〇二五五一二尾、缶詰については二五〇〇〇函＝一二四八〇〇〇缶を納めるが、一部塩蔵鮭を塩蔵鱒に修正し、その分増量させてほしいとの要望や、現地漁場からの納め方（販売経路）と統制機関への許可等の便宜について具体的に書かれている。また鮭鱒筋子（塩蔵魚卵）も八万貫位の製造予定があるので、ご下命があれば納入いたしますとあり、さらにご用の節はいつでも当社係員が参上しますという文で結ばれている。追伸には、小包で紅鮭燻製と缶詰をお送りいたしますとある。

　択捉漁業株式会社は、昭和一七年にでき択捉島の鮭鱒常置網漁業を一手に掌握することになったいわゆる国策会社である。缶詰工場も経営する。

　なお「時鮭」とはシロザケのことで、サケと似ているが、年中時期外れに漁獲されることから北海道では「トキシラズ」ともいわれているもの。

　軍に「献上」した魚と缶詰の量はかなりの量であり、二年前の会社の全漁獲量の約半分に相当する（軍がそれに対して支払った金額は不明）。国家総動員法による統制と供出の結果である。この文書と同じ日付の新聞には、北海道庁が漁業者に対し「水産報国精神の昂揚」や「漁業生産計画完遂方策の確立」を訴えている。

　また、この時に供出された缶詰の種類はサケマスだけであり、タラバガニはエトロフ島の沿岸ではすでにこの頃はあまり獲れなかったとのこと。この二〇一八年の夏、北方領土自由交流団で実際に訪れて、ロシア漁民がカニ（花咲ガニ。七～九月に獲れ、黒っぽい色だが茹でると紅いきれいな色になる）を捕っているのを目の前で見た時には、**「あらためて先祖の土地を失っていると実感した」**と語られた。この思いは訪れた日本人共通のものだったに違いない。写真は駒井氏提供、エトロフ島シベトロ村の浜辺、ロシア漁民が捕獲した花咲ガニ。（八月五日撮影）

　当時のエトロフ島の缶詰工場は、明治初期のシャナ缶詰所が新設操業で、ナイボやシャマンベなどで稼働していたが、最盛期には全島で一〇所あまりあり、カラフトマスが主体だった。漁期の数ケ月の間の工場操業中に大勢の男女工員が来て働く。そして残りの半年は休業となる。

　缶詰の話ではないが、皆川弘氏が書き残している、リンゴに関するエピソードを一つ。当時のエトロフ島には函館と根室への定期船便はあるにはあったが、漁場の経理や役所の人と違って、一般住民はほとんど島外へは出ることがなかった。函館には現在は旧桟橋の地名が残るが、それは青函連絡船ができる前まで利用されていた桟橋で、エトロフ通いの人たちには印象深い場所だが、当時は船を待つ人や来函の人でにぎわい、桟橋突端の待合所の売店には菓子や果物、新聞雑誌などが置かれていた。

「父親に連れられてはじめて函館の土を踏む子供にとっては見るもの聞くもの何でも珍しい。桟橋に上って早速買ってもらったリンゴをガブリとかじって『おどー　うめー　いもだなあ』と言って父親を涙ぐましたのを皮切りに、親戚の子に案内してもらって、チンチン電車で二度も往復したり、デパートで迷子になったり、駅に機関車を見に行って吃驚して帰って来たり、その他いろいろな経験をしてまた旧桟橋から乗船して島に帰るのであった」

その少年は今も健在に違いない。函館に住むか、他の地か、いずれにせよ父に連れられ函館行「修学旅行」のあの時の新種「いも」（青森で山ほど採れ、青函連絡船で運ばれてきていた）のおいしさを忘れていないだろう。

また駒井惇助少年は、択捉島へ働きに渡る父、弥兵衛さんを毎春見送り、そして半年後迎えに出た。湾内のその旧桟橋には、両地の人々の悲喜こもごものたくさんの思い出が今も静かに波打っているに違いない。そのすぐ脇の埠頭からひそかに渡米した新島襄にしたって同じ。

昭和一三（一九三八）年にできた国家総動員法によって、戦争や外国との事変の時には国家が人的・物的資源の動員・統制をおこなうことが可能になった。この法律の下で政治はもちろん産業から国民生活のすみずみにいたるまで戦争協力と生活統制の体制がつくりあげられ、兵器や軍関係の建物・機器の製造のために、金属類は政府・軍に供出しなければならなくなった。缶詰生産業とて例外ではなかっただろう。かんじんのブリキがない、熱源の石炭もないで大弱りであった。昭和一七、八年頃、ブリキ缶の代用として紙缶が考案された。星野佐紀氏の尽力で設立された食糧学校缶詰科で、常隆は生徒と一緒に代用缶詰の製作をした（次ページの写真）。代用缶の「紙の缶詰」宣伝ポスターには、イラストといっしょに「カンキリ無用、ナイフであきます、缶の臭味全然なし、缶内の加熱殺菌は電気で一分間／胴部の材料は経木三巻、セロファン一巻、模造紙一巻／ブリキ缶一つで紙缶が二つ出来る／潜水艦や戦車のような場所の狭い中ではブリキの空缶は困る、紙缶は小さくつぶれますから邪魔になりません」などと書かれている。経木とは木材を薄く削ったもので、菓子を包んだり菓子折に敷いたりするもの。ブリキは錫をめっきした薄い鉄板だが、当時は錫自体が貴重品だった。

新宿区にあった一万坪の敷地に建てられたりっぱな食糧学校の校舎や実習場も、東京大空襲で全部焼失してしまった。

常隆は『一生』の終わりの方の「缶詰余話」の項で、こう述べている。

私は人類が生存する限り缶詰業はすたるものではないと信じている。それは食糧貯蔵法として現代では之れ以上の方法がないからである。栄養の塊（かたまり）が缶に一杯詰っている、不要部分が全然ない、其れで長期貯蔵が出来る、安価である、携帯に便利である、輸出して外貨獲得が出来る。こんな特徴を持っているので私は此の仕事を私の子孫に引続いてやらせる積りである。

また、昭和四九（一九七一）年に橋本缶詰研究所から発行した冊子「缶詰健康法」の一ページに叔母を引き合いに出してこう述べている。

缶詰を食べると長生きをする。其れは食品中缶詰はもっとも衛生的に作られた食品で栄養的な食品であるからである。私の叔母は町内一の高齢者で今年九十六才、未だに毎日鎌を背負って田圃に行き畑の草取りに行き、行かない時はひまごのおもりをしており、今まで曾つて病気をしたことのない達者さである。缶詰をたまに食べているそうである。・・・

常隆の叔母は富山県富山市田中町在住であるが、私もこの橋本ヤイばあちゃん

をよく覚えている。たしかに病気もしないしよく働きよく歩いていて、町内では評判であった。百二歳で亡くなった。私の父は山好きだったので、ヤイばあちゃんを百歳になったら立山の頂上まで連れて登ると豪語？していたが、それは果たせなかった。

常隆の「缶詰健康法」のその後の記述には、当時富山県内には百歳以上の高齢者が三人いたが、その三人に聞いてみたところ、高岡市の一人は缶詰を割合よく食べる、小杉町の一人はたまに食べる、大沢野町の一人は大好きとのことだった。令和元（二〇一九）年の敬老の日現在で、百歳以上は県内には八九二人（県庁調べ）に。缶詰の普及と関係があるかないかは別として、五〇年足らずの間に百歳以上の県民がほぼ三〇〇倍になった。ヤイばあちゃんはそれを知ってもたいして驚かないかもしれないが、常隆は驚くだろう。

また、当時の缶詰業界の大先輩として、日魯漁業㈱の社長、平塚常次郎氏やカゴメ㈱社長の蟹江一太郎氏をはじめ、一三人の長老を紹介している。

日本缶詰協会発行の小冊子「缶詰ハンドブック」では、缶詰のメリットを、四点挙げている。常隆も缶詰協会の記述の中に缶詰の特長として同じことを挙げている。

①安全であり、栄養価が高い。…空気・水・細菌が入らないように完全に加熱殺菌し真空にしてあり、殺菌剤や保存料などの添加物は使っていない。ビタミンなどの栄養分は家庭で調理するものより多く含まれている。

②経済的である。…昔は缶詰はぜいたく品のイメージがあったが、最近は生の食品は輸送保管費用や人件費が高く、腐敗や目減りのロスも多く、生産者価格の二倍以上だが、缶詰はむだに捨てられる部分もなく流通時のロスもなく経費は低く、経済的で省エネ的。

③保存性が高い。…中身は腐敗することなく、常温で長期間保存できる。イギリスで一一四年間保存されていた、世界最古と思われる牛肉と野菜の缶詰を開けて試食した記録があるが、香りや味はそれほど悪くなく、十分食べられたという報告がある。しかし貯蔵中の温度等の影響での品質低下は避けられず、食料缶詰の賞味期間は三年が目安。

④利用価値が高い。…多種類で、日常の食事のおかずからデザート、おやつ、非常食まで、何でもそろい、四季を通じて豊かな食卓を作ることができる。またそのまま食べてもよいし、料理材料の素材として手を加えて献立を豊かにすることもできる。

びん詰・缶詰の他に軽くて取り扱いやすく、すぐ温めることができ、簡単に開けられ容器処理もしやすいという特長で、レトルト食品が増えてきている。これにはアルミ箔とプラスチックフィルムを重ねたものと、透明なプラスチックフィルムだけのものがあり、多くの種類の小品が売られている。ただ、賞味期限に関して、透明容器の場合は、光線とごくわずかながら空気を通すものは三～六ヶ月、光線は通すが空気をほとんど通さないものは六～一二ヶ月ぐらいとみられている。

いずれにせよ、今後の缶詰の将来を見守っていきたいもの。

二節　缶詰工場

常隆さんは富山県水産講習所を卒業後、日魯漁業、東京水産講習所や他の水産会社に勤めた後、東京都中野区野方の西武新宿線が裏を走る所に缶詰工場を開いた。町工場風で、当初は橋本缶詰製造所として設立。後には橋本缶詰研究所という小さ目の縦長看板が戸口の脇にかかっていて、工場内には缶詰関係の機械や旋盤、フライス盤、ボール盤などの機械の他にも作業机や関連材料などが所狭しと置いてあり、働いている人は常隆さんと次男、他に作業服姿の数人の男性だった。常時五、六人は作業をしておられたようだ。

後に常隆さんの叙述から、昭和五四年の時点では技術者と従業員が男女合わせて一〇人いたことがわかった。次男の英隆さんは東京農大を卒業後、缶詰工場で三、四年職工として働いた後に常隆さんと共に事業をやり、その頃には工場を主に任せられていたようだ。この年度の売上高が一億八千万円あったことには感心した。

私は昭和四二年頃の一年間だけだが、工場の二階（といっても中二階？）で親戚の学生三人と共同下宿生活をしていた。私の父の話によると、缶詰を作るのではなく缶詰を加工する機械を作ったり研究したりしていて、国内だけでなく韓国や台湾などにも考案あるいは改良した缶詰製造機などを輸出しているというふうに聞いていたが、私には下請けの零細企業という印象しかなかった。私たちは横手の勝手口から狭い階段を上がって出入りしていたので、裏口側の階段から見下ろす程度で、工場内に入ったことはなかった。工場内に缶詰がたくさん積まれているのを見た記憶はないから、当時は缶詰自体を作っている訳ではなかったようだ。親子二人は他の従業員といっしょに余念なく働いていた姿が目に浮かぶ。お昼には二人は線路をまたいで北向かいの自宅に食べにもどっておられた。従業員は工場で弁当を食べていた。仕事終わって工場を閉めた後も、常隆さんは時には夜遅くまで狭い事務室で机に向かっていた。今思うと、それは研究内容をまとめたり、近隣や遠くの缶詰関係施設や学校に出向く際の資料作りをしたりしていたのだろうと推測できる。東京オリンピックの三、四年後のことである。

缶詰工場で行われていた仕事の意味や価値が分かったのは、五〇年近く経った今ごろになってである。常隆さんが歩いた缶詰道の直接の契機が、富山県水産講習所練習船高志丸の乗船実習にあったのだということも。

彼が缶詰工場（橋本缶詰製造所、後に橋本缶詰研究所）を始めたのは戦後まもなくだが、昭和二一（一九四六）年度の日本缶詰協会の懸賞募集「缶壜詰理想工場の設計」で二等に当選し賞金一万円を受けたことも、その開設の契機の一つになっているだろう。

旋盤とボール盤を買い入れて、ホームシーマー（缶詰製造機）を製造し、自宅裏の七、八坪の部屋にカマドを作り、直火式平釜二台を据え付け、最初につくった缶詰は、ポケット缶の牛肉すき焼缶詰である。近所の肉屋から届けてもらったスライス肉を味付けして、墨田区の製缶所から購入したふた巻取りリボン缶に詰め、脱気、殺菌、水冷をしてラベルを貼る。それを六缶ずつ小函（箱）に入れて

できあがり。写真のパッケージから、「海に!!山に!!」とか「美味　上品　簡便」、「御進物用」というキャッチフレーズが読み取れる。箱の横腹の文字が「六個入」しか読めないが、おそらく、上質牛肉缶詰などのように書かれているのではないだろうか。

当時は終戦直後で、デパートでは売るものがなく、三越の食品部に販売を頼んだところ、飛びついてきた。ポケットに入るくらいなので携帯に便利で、巻取りで開けるふたなので缶切りがいらず、三越本店や銀座・新宿支店だけでなく、東京駅の鉄道弘済会、渋谷の東横デパートで飛ぶように売れ、その算段で体がクタクタになるくらいだったとのこと。

これに確信を得て、彼は本式な缶詰製造を決意した。苦心してお金を貯め、それでボイラーに九メートルの煙突を立て、横型レトルトや新しいシーマーや自動スライサー等を購入し、またエキゾーストボックスやハンドマーカー等を手製で製造し、缶詰設備一式を整えた。

二番目に製造したのはスライスハム缶詰。これは日東食品に変わって日本橋食品という新会社ができていたが、その会社名で、橋本缶詰製造所の工場設備を使って製造の馬蹄缶のスライスハム缶詰である。毎日五〇函（一函四八缶入りだ

から二四〇〇缶）ほど製造した。当時はまだ技術が未熟だったので殺菌方法の面で困難にぶつかったが、肉詰前にアルコール分の高い焼酎を用いて殺菌したり、化学変化防止のために硫酸紙を使って肉詰めをしたりして、作り上げている。

　この頃の工場内でのハム缶詰のラベル貼り作業の写真がある（前ページ）。右から二人目が常隆さん。服装や右手前の七輪とヤカンを見ると、寒い時期の作業だったろうと思われる。

　昨今、さまざまな缶詰がある。変わったところでは時計やライター、ベルト、アクセサリー、ドロップや飴玉、涙の缶詰、各種大会の景品や自分の好きなものを目の前で詰めて巻き締めてくれるという商売まで。「ビックリ缶詰」や「花嫁缶詰」（実は福神漬のようなものが入っていた）のように何が出てくるか分からないものもあれば、空気しか入っていないものも。たとえば富士山の空気とか渋谷の空気とかいった類のもの。

　また、タイムカプセル缶詰というものは、自分で中身を入れて蓋をして「賞味期限」、つまり開けてほしい日と開けてほしい人の名を書いておくもの。私は二〇一四年秋に、東京海洋大学の図書館「水産缶詰ワールド」の会場でセミオートシーマー機で一つ作ってもらい、一〇年後に開けてもらう人の所に自分と妻の名を書いた。実は何を入れたかもう忘れてしまったが、振ってみたら何やらからころと音がする。ちょっとしたメモ書きと五百円玉でも入れただろうか。

　あと三年したらプルトップを引き、開けてみよう。実はその時会場で宇佐美昇三さんもいっしょに作られたものを橋本に預けられた。それも手元にある。少なくともそれを開けるまでは、ぜひお元気でいていただきたい。

三節　タラバガニと缶詰

『一生』で常隆はカムチャツカ沖における高志丸でのカニ缶詰実験の様子について詳しく書き残している。一部に専門用語がでてくるが、缶詰製造工程の基本が説明されているので、引用する。

さて、このタラ釣り漁業の合い間にタラバガニ漁業と缶詰の製造を行なったのである。カニの漁獲は本船にドーリを三～四隻積んでいるので、この小舟を漕いでカニのいそうな海底に刺し網を投網し、二～三日おいて揚網するのだが、足を拡げると畳一枚ぐらいのタラバガニが無数に獲れ、これを本船に持ち帰り、網より外して足を両手で持ち、甲羅を足先で押えて除甲するのである。除甲したものは、デッキ上で二斗入りぐらいの飯炊釜で薪をくべて煮熟した。煮熟用水とボイル後の冷却用水は海水を使用し、水切りした後、出刃包丁で肩肉・一、二番肉・ラッキョウ等に身割りし、次にハサミで殻に筋を入れて脱肉するのである。

除殻したカニ肉に付着している豆腐様の脂肪は、海水で丁寧に洗い落し、水切りして肉詰めした。これまでのカニ缶詰製造では、洗浄は真水でなければできないものとされていたが、この時初めて海水が使用され、しかも海水によって製造されたものの方があとで述べるように色沢、香味ともに優秀であることが立証され、これが工船カニ缶詰事業の成り立つ要因となったのである。（波線は筆者）

缶は白缶の一ポンド内嵌缶で、手動式製缶によるものであった。現在のサニタリー缶と異なり、輸入ブリキである九五ポンド程度のブリキを使用し、足踏切断機で銅板を切断、劃線を引いて長手の上下両端にピーターロール線を入れ、両端劃線まで三角型に隅切りしこれを三本ロール機にかけて円形にした後、シーマー（胴付機）に嵌めて銅板の両端を劃線まで重ね、媒溶剤を塗布して斧型のハンダ鏝で胴をハンダ付けして接合したものである。現在のサニタリー缶の胴接合は端折り、潰しによって四重に接合されているが、この時の缶はただ両端を重ねただけであるから二重合せであった。

この缶に、肉詰めする前に先ず缶内に硫酸紙を入れるのであるが、硫酸紙は兵庫県神崎川辺の製造工場で製造したもので、これを一ポンド缶用に截り、湯につけてアク抜きし、乾かして缶径より幾分小さくした茶筒のようなものに巻き、底部を菊模様に折って嵌め込むのである。これに前記のカニ肉を規定量、底部と上部に脚肉、肩肉等の上肉を、内部にソボロ肉等をきれいに詰め、首を出している硫酸紙を底部と同じく菊花模様に折り、蓋を乗せる。蓋は内嵌缶であるから木槌の柄の先に爪のついたものを用いてピーター線まで嵌めこみ、媒溶剤を塗り、斧鏝または槍鏝を使ってハンダ密封するのである。

密封した缶詰は飯炊釜を用いて約九五度、一五分程度の脱気加熱を行なった。脱気方法は加熱された缶を一個ずつ取り出し、錐で蓋の一部に孔をあけて缶内の空気を吐かし、媒溶剤を塗って直ちにその脱気孔をハンダでふさぐのである。殺菌は同じく飯炊釜を用い、沸騰点で一時間ぐらい加熱殺菌し、次いで自然放冷して製了とした。

高志丸における海水使用のカニ缶詰製造工程は、除甲、煮熟、冷却、身割り、脱肉、肉詰め、加熱殺菌、自然放冷となっており、煮熟と冷却の工程で海水を使用するというもので、工船カニ漁業での製造工程の原形がここに見られる。

七年前に滑川高校海洋科資料室を訪ね、清水秀夫主任（当時）から展示保存資料についての説明を受けた後に、高志丸は写真しか残っていないが、呉羽丸の三五ミリフィルム映像をＤＶＤにしたものがあり、缶詰製造工程がわかると言われて驚いた。視聴して貴重な映像だと感じた。「水産局」が撮影したとされるこの映像は九分一二秒のモノクロ、無声のものだが、帆をたたんで凪に浮かぶ呉羽丸の姿、川崎船の刺網を揚げる様子に始まり、甲羅剥ぎ、煮沸、洗浄、肉選り、計量、缶の巻締め、殺菌の各工程の実際の姿がわかる。説明を読んだだけでは理解しにくいが写真や実際の動きによって具体的にわかる。タラバガニの大漁具合や、働く生徒と職員の表情や動き・服装、缶詰製造の機器や船内の構造など、見るごとに新しい発見があり、疑問も湧いた。こういうものがよく残されていたものだ。高志丸はこの原形となる器具を積み、カムチャツカ西岸沖で海水使用によるカニ缶詰製作実験を三年間行なった。

ただ、この映像記録が呉羽丸の九回のカムチャツカ行きのいつのものなのか、知っている者はいないだろうとのこと。

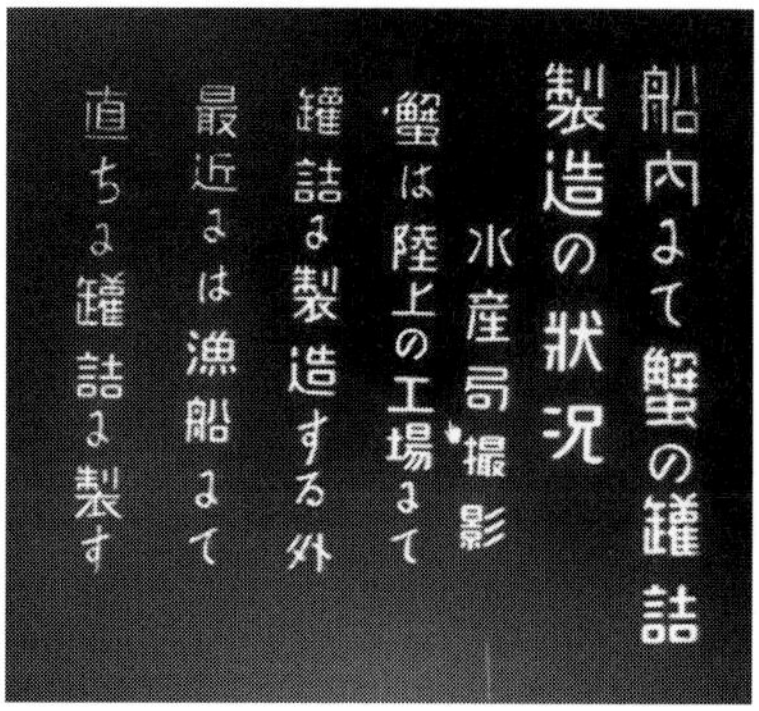
船内にて蟹の罐詰
製造の状況
水産局撮影
蟹は陸上の工場にて
罐詰に製造する外
最近には漁船にて
直ちに罐詰に製す

← 呉羽丸。カムチャツカ半島沖で投錨

← 川崎船で刺網を引き揚げる。11 人の漁夫の姿がある。船内は刺し網で獲れたタラバガニでいっぱい、足の踏み場もなさそう。これを呉羽丸にもどってから網を巻くウィンチで呉羽丸の甲板に巻き揚げる。

← 甲羅剥ぎ＝脱甲の作業。両手でタラバの脚を持ち、片足で甲羅を踏んで力まかせに引っ張る。タラバの大きさがわかる。

中段右は煮沸。中段左は洗浄。下段右は肉選り。下段左は肉計量。

右は肉巻締め。左は殺菌。

ちなみに『発達史』に書かれている「原料処理」の節には、次ページのように工程が書かれている。今見たように、この流れは陸上の工場でもカニ工船でも、人手や設備、機械器具の違いによって多少の相違はあるが、現在にいたってもその順序や原理に大きな差はない。

①脱甲＝甲羅の剥離。刺網からカニを取り外し、腹を上向きにして片足で押え、三脚と四脚を両手で握り引き離す。

②煮熟＝木製か鉄製の煮熟槽に蒸気を導入し、海水を満たして沸騰させ、カニを投入。一〇数分程で上げ、海中に吊り下げて冷却をする。

③裁割＝手袋を使い、包丁（後にハサミ）で一本ずつ足を引き離し外皮を切って、一番脚肉、ラッキョ、二番脚肉、爪肉、ソボロ等の身肉を取り出す。

④洗浄＝カニ缶詰の黒変被害を防ぐため特に必要な作業。海水を用いて好結果を得たので、水槽の中で洗浄、簀子で十分に水切りをする。

⑤選肉＝脚肉を崩れの有無や大小、鮮度、光沢等によって区分し、一等肉から三等肉まで区分し、選別をする。

⑥硫酸紙で内装＝黒変を防ぐためにカニ肉と空缶との直接接触防止用の硫酸紙を使用する。当初は和紙、布片、蒟蒻紙、経木等を用いたが、その後は硫酸紙のみを使用。

⑦秤量と肉詰＝秤量方は脚肉ごとに量り、半ポンド缶と一ポンド缶に分け、一番脚肉から崩れ肉までを所定の容量詰めていく。すべて手作業と分業だが、転送はコンベア。

⑧脱気密封＝脱気函（後に真空巻締機）を用い、できるだけ速く缶内の空気を排除し巻き締める。不十分なら不良判定。

⑨殺菌加熱＝缶内に混入する微菌による内部の腐敗や変敗を防止するために行う。

⑩検査＝真空度を調べる打検法。打検棒を用いる。また、必要に応じて開缶試験を行い、肉詰め状態や加熱程度を検査。

⑩の真空度検査の時に使う打検棒について。『一生』の中で常隆は、昭和の初め頃、水産講習所小田原実習場に半月ほど派遣されて打検検査の仕事をしたが、その時のことを次のように回想している。

其の打検の上手なこと、ポンポンと一秒間に二～三缶の速さ、其れが打検の音響と手に感ずる感触で鮮やかに検査される其の技術は芸術を見ているような見事なものであった。其の時中山さんの話では打検棒は蟹缶の場合金属製よりも木製

（かしの木のような堅木が良い）が良いということであり、使用中の一本をもらい受け、四〜五〇年経った今でも大切に持っている。

缶詰検査技師として長年で培われた手と耳の技術と勘の鋭さを示すエピソードではある。

つまり、高志丸で行われた三年間のカニ缶詰試験製造を元に、工夫や改良はしながらも、カニ工船用の練習船として二代目練習船呉羽丸が計画、建造されたのである。

○タラバガニ

三年前の夏、函館の知人長浦尹利氏からタラバガニが届いた。発泡スチロールの箱に窮屈そうに体を縮めて納まっていた。私はこのような大きなカニを見たのは初めて。何度も脱皮を繰り返してここまで大きくなったのだろう。非常識を承知で発送元の「はこだて朝市」にある広海水産に電話をした。値段を尋ねると答えを渋られたが、調査のためだけなので内々で教えてほしいと無理を承知で頼んだところ、一万五千円だと教えて下さった。発泡スチロールの容器から出して計測してみた。脚の関節を延ばし、甲羅と合わせて一〇七㎝もあった。重さは三kg。

右のハサミは左に比べて大きいが、これはタラバガニ一般の特徴である。タラバガニに左利きはいないらしい。

次節で記すが、戦後になって函館のカニ工船の一隻松久丸に乗って缶詰づくりを体験した一村哲夫氏は、記念に一匹頂き、身を抜き、ベニヤ板大の板に張り付けて持ち帰ったが、汽車の乗り降りに往生したと話してくださった。オーバーな話かと半信半疑だったが、その大きさもうなずける。

いっしょに入っていたパンフレットには、タラバガニの知識として、「・・・成熟するまでは一〇年もかかり寿命は三〇年に達する。水深二〇ｍ〜四〇〇ｍ、水温一度〜三度の海底に棲み甲幅は二〇㎝以上、脚を伸ばすと一ｍ以上になります。味は遊離アミノ酸が多く濃厚なうまみがあります」とある。

このタラバは、カニ専門店の広海水産のものだが、後に私は新潟からのフェリーで早朝ちょうど夜明け時に小樽港に着き、北海製缶の工場長とお会いするまでの間、保存されている運河沿いを散歩していて、運河の倉庫群の一つに偶然、広海水産の旧倉庫を見つけた。赤煉瓦ではなく、ブロックのように大きな石を積んで造られていて（明治二一年の木骨石造り）、奥行きも深くいかにも堅固な外観。小樽市の歴史的建造物に指定されている。福井出身の海運商広海二三郎所有の建築物であり、当時、つまり埋立前はすぐそばまで鉄道の引込線があり、荷物の搬出入に便利だったようだ。北前船の船主であった北陸人の成功の一例である。

ところで、カニというものは、ハサミを別にすると足が四対八本と相場が決まっている。ところがタラバガニは、脚が三対六本しかない。カニではあるがヤドカリ類だからである。

『漁業生物図鑑北の魚たち』（北海道立水産試験場著、北日本海洋センター発行一九九一年）には「タラバガニ漁業は、カニ缶詰事業とともに発展した。明治時代、タラバガニはタラはえなわの混獲として漁獲されたものが大部分で、操業は磯舟で行われていた。大正時代に入り、缶詰製造が行なわれ始めると、漁法も刺し網に変わり、漁船の大型化、漁場の拡大に伴い、漁獲量も急増した。一九二一年には工船によるカニ漁業が始められ、一九三〇年にはアラスカ海域まで出漁するに至った」と書かれている。

しかし、終戦により千島列島を失い、北方四島ももどらない現在の日本では、オホーツク海と北海道東太平洋、北部日本海でわずかに漁獲されているにすぎず、近年は一〇〇〜三〇〇トンという僅かの漁獲量で、貴重品である。

頂いたものを家族でたらふく食べたがやっと半分。残りは翌日かに玉になった。このような味の濃いおいしいかに玉は食べたことがない。たぶん、もう二度と食べることはないだろう。

欧米ではタラバガニはロブスターと似た味だということで、代用品として日本のカニ缶詰は珍重されよく輸出されたのだが、缶詰自体は、元々はナポレオン時代の遠征の兵糧としてであったり、日露戦争の際の生産であったり、戦時の需要として発展したという面もあるが、タラバガニのおいしさは格別で、往時の量産は欧米人でなくても肯ける。日本国内では当初は食べられる習慣はほとんどなかったようである。

タラバガニの缶詰は、現在はレアものとまでは言わないにしても、貴重品。富山大和で見つけたが、かなり高価だった。他のカニ缶とは別枠の場所に置かれてあった。

ここでタラバガニ自体を見たことがないという人は少なくないと思われるので、その生態について少し述べておく。

タラバガニについて分かりやすく知るのにかっこうの絵本がある。安藤美紀夫著、おのきがく絵で一九七九年に福音館書店から発行された『たらばがにのはる』。

主人公のタラバガニのお母さんは、暮らし慣れた静かな深海から、初めての産卵のために遠くの浅い海へ向かう。水ダコの攻撃を避け、川へと回帰するマスたちと出逢って会話をし、遅れて追いついたお父さんガニに付き添われ、歩き続ける。ユラユラ揺れる藻の林をくぐったり大きなオヒョウを踏んづけて驚いたりしながら、ようやく産卵に適した水温の海へとたどり着き、岩陰で産卵。そして無事に孵化して、チリのように跳ねる無数の子どもたちを見ながら脱皮に入る。それを手伝い見守るお父さんガニ。その時やってきたタラが一匹、二匹、三匹。お父さんガニは足を立てて両方のハサミを振り回して必死にタラを追い払う。そのおかげでお母さんガニの新しい甲羅は固くなり、今度はお父さんガニの脱皮の番。お母さんガニはお父さんを守り、春の最も大切な仕事を終えた二匹のカニは深い海の底へ帰っていく、というストーリー。

実際のタラバガニたちにとってはこんな幸福な筋書き展開にはならず、函館から、根室から、あるいは東北や北陸から、春四、五月を待ちかねて出帆したタラ漁獲船・カニ工船に一本釣りや底刺し網で捕まってしまうのが多い。雌ガニが約一〇ヶ月抱いていた卵を産むために、三月中旬ごろから浅い海にいっせいに移動するからである。

さて、すでにタラバガニのことについて少し書いたが、ここでその生態についてもう少し深く学ぼう。

そもそも名前の由来だが、北洋遠洋でのタラ漁獲の際にいっしょに網や釣針にかかってきたが甲羅や脚はトゲトゲで、漁民からは邪魔者扱いにされていたのでその名が付いたが、茹でると、ヨーロッパやカナダ、アメリカ人の大好きなロブスター料理とそっくりな味だと分かり、大正の初め、高志丸と呉羽丸の海水使用缶詰化成功後、工船カニ漁業は急速に発展、高級ロブスターに比べ日本のカニ缶は安くて新鮮ということで大量に輸出され、生糸同様、日本の外貨獲得に大きく貢献するようになったわけだ。戦前において最高の生産輸出量は年産五〇万箱だった。一箱は四八缶入りだから二五〇〇万缶ということになる（その反面、当時、国内ではほとんど食べられなかった）。水産王国日本の華だったが、敗戦という歴史の転換により、千島列島がソ連領となり、その生産の八八％を失った。『蟹工船』が書かれたのは昭和四（一九二九）年だが、その中で小林多喜二は、カニ工船博光丸が「人間の五、六匹」よりだいじな川崎船を捜索するのに、北緯五一度五分の所まで捜索したと書いている。その川崎船の乗組員は別の川崎船に乗り移って命は助かっているのだが、船体が必要で北緯五〇度を超えた領域まで蟹工船を進めていたのだろう。

英語名はレッド・キング・クラブあるいはアラスカ・キング・クラブ。ロシア語名はカムチャツスキー・クラブ。北海道では一般に「タラバ」と呼んでいる。写真はカムチャツカ州の州都ペドロパブロフスク・カムチャツスキーで買ったタラバガニ缶詰のラベルだが、まん中に書かれているキリル文字は「カンセルヴィ・

クラブ・カムチャツスキー・ナトゥラーリヌイ」、訳すと「タラバガニの缶詰、天然もの」となる。

英語・ロシア語名で察することができるように、アラスカ沿岸の北極海とベーリング海やアリューシャン列島・カムチャツカ半島、千島列島のあるオホーツク海と北太平洋、そして日本海に分布する。

北海道水産試験場が昭和二四（一九四九）年に発行した『水産科学叢書第四輯　タラバガニと其の漁業』には研究成果がかなり詳しく発表されている。学術的に初めて採取されたのはカムチャツカ半島で、一八一二年である。水温は摂氏一〇度以下の冷たい海底に分布が限られ、一〇度以上の海では住めない。だから夏が過ぎ秋から冬にかけては深い海にもどる。一日の移動距離は七海里（一海里とは波打ち際から見える水平線までの距離で一八五二mだから、七海里は約一二km）という記録もあれば、〇・二九海里という記録もありはっきりしない。それに、タラバガニは泳いで移動するといわれたりもするが、泳ぎは不得手で、垂直移動以外はもっぱら歩いて移動するといわれる。私たち人間の一歩の歩幅は平均六〇cmだが、タラバガニの場合はその倍である。さらに人は二本脚歩行だがタラバガニは六本脚を使って歩く。しかも浮力がかなり働き、あの六本の脚でゆうぜんとしてけっこう遠い道のりを歩いている姿を思い浮かべることができる。独特な〝タラバ歩き〟だ。

また、絵本の通りまず雌が脱皮をする。あたらしい甲殻はまだ柔らかく、二、三日過ぎると少しずつ硬くなって歩けるようになり、一〇日前後でほぼ元の甲殻の硬さになる。そうすると今までそれを外敵からガードしていた雄ガニが脱皮に入り、雌ガニがそれを防御する。脱皮は成人、いや生殖可能な大きさになれば、一年に一回である。幼ガニ・稚ガニは脱皮の時間も早く、回数も多い。だから、一般的にはタラバガニは一生の間に何十回も脱皮を繰り返している。

ロシアの沿海州やカラフト、千島沖合の二〇〇mから三〇〇mの深い海が、特に好漁場となるが、アジア大陸側での範囲は北緯三六度の島根県隠岐島沖合付近までである。分布海域はこのように広いのだが、日本の海岸では乱獲が影響し、ほとんど獲れなくなっている。また、タラバガニの産卵や脱皮・成長の過程は長く複雑なので、現在にいたっても養殖・栽培漁業は困難とされている。

刺し網以外の捕獲法には、現在カニ篭がある。鉄線で編むようにつくった（もとは竹製）直径七、八〇㎝ほどの篭にエサを入れて沈め、その中に入った篭を引き上げて獲るというもの。これは昭和三七年に魚津市の浜多虎松が考案し、富山湾を代表する味覚のベニズワイガニはこの漁法で捕獲されている。カニ篭は改良が重ねられ、瞬く間に全国に広がり、今では世界的なものになっているとのこと。滑川漁港では現在カニ篭による捕獲は四隻の船が許可されている。

戦前、エトロフ島年萌（トシモエ）で少女時代を過ごした阿部いち氏は、前記『ヒトカップ湾の想いで』の〔たらば蟹〕の項でタラバガニとのつき合いを書いているので、紹介する。

以前は、かにの缶詰工場から、貰ってくるか、時化の海から拾ってたべる程度だった。日本軍が入って来てからは、家業の海苔とりも出来ない。昆布拾いも出来ない。勿論離れたフノリ小屋へも駄目だった。住民の生活は、軍と共にあった。女の人は弾丸みがきに動員された。男の人は、軍へ納める魚や蟹等を獲ることだった。あまり沖へは出られない。ヒトカップ湾へも敵の潜水艦が来るようになった。

祖父は、小さな自分の磯舟で蟹獲りを始めた。蟹は毎日よくとれた。井戸の側に、ドラム缶の切ったのを据え付け、カニをゆでてから軍に納める。ゆであがったら水に入れる。このようにすると、殻から身がするりとはなれてむきやすい。

大きくて、いい蟹だけ、軍のトラックが来て積んでいくので、雌がにや脱皮のかには残る。ほしい人に安く売ったり、近所や顔見知りの兵隊さんには、呉れてやったりする。

蟹は、そと子と中子があって、そと子は、大きめのパラパラした卵が枝のようなものに付いている。中子は、なめらかな細いつぶで、丁度ウニの身のように一つのかたまりをしていて、それが二十ヶ余りもかたまってある。甲らの中にである。塩辛にすると濃い紫色に変って、珍味である。最高級品でなかなか手に入らない。すり鉢であたって卵焼もいいが、甲らのみそ焼きはたまらない。

かにさしは、乱菊の花びらのように開きます。足の太いところ、一の身といいます。殻から、まきりで身をこそげ、冷たい水に入れると、パッと透き通った身が、美しい形になるのです。あまえびを何匹も一緒に食べているような味ですが、もっと歯ごたえがあります。近所の人は、蟹にあたったらこわいからと云って、食べませんが、我が家では、毎度、一番大きくて生きのいいのをたべました。

雄がにには褌がある。分厚い身がたっぷりあって、脚とは違う味で好まれる。はさみもまたしかり、平たい石の上で、小石を持って叩くと、ポロポロとしたみは飛んでしまう。かにのみを干しておくと、大変なだしが出る。くせが強いので汁のだしにはむかないが、退屈しのぎに、口に入れると、かんでも、かんでも、おいしさがぬけない。半日ぐらいは、口の中にだしが残って平公（ママ）する。

そして最後に次のように結んでいる。

ソ連軍が来てからは、小舟も海へ流されてしまった。島のことを思うとき、蟹のことが一番鮮明である。それは、終戦まで続いた生きる活であったからであろうか。

四節　カニ工船と戦後の労働体験談

(一) 一村哲夫氏

ところで、高志丸で試験され、呉羽丸で確証され、和島貞二の俊和丸によって企業化され大正末から昭和にかけて大きく発展した工船カニ漁業のカニ工船とはどのようなものか。次のように言えるだろうと思う。

カニ工船＝底刺し網で獲ったタラバガニを海水使用で加工して缶詰にする、移動缶詰工場のような船のことであり、「カニ缶詰製造工場船」の略ともいえる。母船式カニ漁業の母船のことを指し、一般に揚網に従事する数隻（八隻～一〇隻）の川崎船を搭載している。川崎船は当初は無動力だったが、後に動力船になる。そして独航船は母船一船に対して二、三隻配属されていて、これは動力漁船で、漁場の探査や投網作業、その他缶詰や漁具の運搬にあたる。川崎船も独航船も五〇トン前後の小型発動機船である。

カニ工船つまり工船カニ漁業事業化の最初は大正一〇年、和島貞二の動力付き小型帆船（喜多丸、喜久丸）だったが、翌々年には二〇八〇トンの俊和丸や一二九二トンの肥後丸のような大型汽船が着業し、その後は徐々に大型化して五〇〇〇～八〇〇〇トン級の大型汽船が登場する。北原ミレイが歌う「石狩挽歌」の一番の歌詞に「沖を通るは　笠戸丸　わたしゃ涙で　にしん曇りの空を見る」とあるが、ニシン漁の番屋から見えた笠戸丸は六〇〇三トンのカニ工船である（小樽郊外のニシン御殿内になかにし礼作詞、浜圭介作曲の「石狩挽歌」の歌碑がある）。着業使用されたカニ工船の中で最大のものは大北丸の八〇〇〇トンである。

常隆と高志丸に同乗した練習生一村与三松（よそまつ）氏の次男哲夫氏は三年前に逝去されたが、生前に自宅を何度か訪問し、時には奥様も交えて話を聞くことができた。戦後、哲夫氏自身もカニ工船に乗って労働体験をしたが、そのことも含めた概要を記す。

当時、私の父親の与三松は、富山県の西は氷見から東は朝日町までの各漁業組合の組合長クラスが寄って、北洋漁業協同組合というものをつくった。滑川の水産講習所の同窓会、富水会の会長を長いことやっていた。それと、大敷網をおろす場所を設定するのに、けんかをしないように、要するに各漁業組合で漁をするにつけてもめごとを起こさないように調整するが、その海区調整委員に父親はなっていた。

終戦後、北洋漁業組合をつくって、蟹漁が復活することになったものだから、当時農林水産大臣だった河野一郎（河野洋平の父）に蟹工船の陳情に行かんまいかということになった。これは私の父親の話で、本に書いてあるものを読んだわけではないのだが、口述というものか、それによると、私の父親が団長になって東京に陳情に行った。富山県では、蟹工船というものはこうこうこうで滑川の富山水産講習所が草分けだと、これを開拓したのは水産講習所の高志丸であって、こういう歴史と伝統があるから、蟹工船の船団をたくさんほしいとこうなった。当時、日本の水産会社は日水、日魯、まるは大洋漁業といって三代漁業会社があった。日水とは日本水産㈱、日魯漁業㈱・・・。後から分かったんだけれど、河野一郎は農林水産大臣だったから先ずその人に陳情した。陳情資金というものを出さなければならないので、その時にどれだけいるのかと政治家だから・・・。これは親父の話ですよ。そうすると二本指を出された。当時の金だからね、今の金ではない。そうすると早合点したんだろう。資本金は二百万だったので、でかいなと思ったが、仕事をもらうのでどうなる、資本金丸々出さんならんとなって、色々と苦労して全部寄せ集めて二百万円用意して一郎のところへ渡しに行った。そうしたら、二千万やと言う。（大笑い）これが政治家なんだ。だからそこで確かめなかったということは、親父たちは甘かったということだ。商売人でないということだ。なぜ確かめなかったのか。その時に二千万と言われればやめてしまっているのに。政治家だから初めからやる気はない。要するに彼は日魯漁業出身で、だから日魯の番頭だといわれる。

そういうことがあったもんだから後でやっぱり日魯の番頭だけあって色々お金が細かいと言って批判したんだ。こっちがうまくいかなかった腹いせもあろうけどね。事実彼は日魯漁業の代弁者であったということになりましょう。初めからやる気はなかったんだと富山県の者は批判している。

政界というものはそういうもんだ。（途中省略）見ていると昔も今も変わらない。

お願いに行ったけど蟹工船は駄目だった。初めは大手三社といっていたが、日魯という名前は聞かなくなった。まるはと合併したんだね。ともかく親父は交渉の窓口になってあたっていた。事実私はその時フラフラしていたものだから、蟹工船に乗って勉強して来いと言われて、行ってきた。その時の船団長はここに出ている近堂源太郎（近堂兵次郎は大正四年に本科に入った同期生）さん、本の『一生』七ページ七行目に出ている、ここには日の丸化工の社長と書いてあるが、この方だ。ともかく私が乗った船の船団長は近堂源太郎船団長で、これも水産講習所を出ているが、たぶん柳田という人だったと記憶しているが、その人には一、二度しかお目にかからなかった。

私が結婚したのは三〇年秋だが、昭和三一年の四月に函館を出航している。一〇月に函館に帰ってきた。息子が七月末にできた。帰港して函館で一泊して、あくる日だったか二日後だったかに給料を払うということだった。私は息子の顔を早く見たくて、日本水産の函館本社か支社か知らないが大きい会社があって、たくさんの人がいたが、そこへ乗り込んでいって、俺は少しでも早く帰りたいものだから一日早く金を出してくれないかと言って従業員の女の子とやりとりしたが、規則でそういう訳にはいかないと言う。そこへ近堂船団長が入ってきた。何をうるさいことを言っていると言うので、この人が今日中に金を出してくれと言われる。そしたら船団長が「すぐに出してやれ」と。ご威光で、鶴の一声ですぐに出してくれた。私はその後函館の青函連絡船へ行き、一人早く乗った。

それから面白いことがあって、今でも忘れないが、連絡船に乗ったら、部屋の者が何十人皆見送りに来てくれた。ありがたいことだなと思ってうれしくて、ありがとうありがとうと手を振った。その時津軽海峡は一〇月一五日、寒かった。船というものは風を切ったら寒いもの、それでなくとも寒いのに。今でも忘れない。皆手を振って初めはうれしかったが、寒さが身にしみて。船が岸から離れていい加減に船室に入って温まろうと思うが、見送りがどれだけ経っても動かない。連中が帰らないもんだから俺はどうして帰られる。頼むこっちゃ、いい加減に帰ってくれと思うが、誰も行かない。その内に離れて見えなくなってしまい、やっと室内に入った。そこに入ったら、機関室の上だったのか、パーッと温かい風が入って、生き返ったと思った。今でも忘れない。

青函連絡船は事故があって、転覆してからなくなった。

労賃は皆、月々家に送っていた。最後のものだけは、契約終わるので手渡しで本人に渡すことになっていたのか。私も金がほしくて行ったのだから。船降りたらお金渡しますよということだった。船を降りてから学生たちと一杯飲んで歩いた。

家へ帰ったのは一〇月一五日。なぜ覚えているかというと家の秋祭りの日。

（奥様と一緒にアルバムを見ながら、）

近堂兵次郎は同期生の人や。この常隆さんという名があるが、あんたの大叔父の人や。何で橋本さんの写真が剥れているのかと思って不思議でかなわんで、考えてみたら思い出した。日本水産は岩手県の山田というところに缶詰工場をつくって持っていた。親父は俺に仕事をさせようという下心があったのか、勉強して来いと言うので、工場へ行っていた。それで、その帰りに又東京へ、橋本常隆という人が缶詰をやっておられるから、そこへ行ってちょっと話を聞いてこいと言われた。その時の事を忘れてしまっていたけれど、親父は写真を取って、何か紹介状を書いたんだと思う。だからこれが抜けている。代わりに、どういうわけやらあんたの大叔父さんのが大きいのがもう一枚後に貼ってある。（二、三ページ後を開いて）これ、これだ。ほぼ全身の写真。同期生がこれとこれ、私の父親（与三松）はこれ。明治三四（一九〇一）年の生まれ。だから、もし今生きていたら一一三歳。（次ページ写真はアルバムを開いて思い出を語る哲夫氏と奥様）

工場には行っていないが、お宅へ訪ねていったのを覚えている。親父に聞いた話だけを頼りに行ったが、常隆さんが留守で、奥さんがおられた。朝ご飯をご馳走になってきた。ご本人がおられないから、仕事の話を何も聞かずに帰ってきた。アルバムを見ていて何で写真がないのかと考えていて、思い出した。西武線の電車とか工場のことは覚えていない。若い時のことで、もう五〇年経つだろう。蟹工船の前だと思う、二〇代だったろうか。

じゃあ、高志丸もついでに見せましょうか。これは私の祖父與三右衛門です。水産業をやっていた。事業家水橋の網元もやっていたし魚の販売などもやっていて、かまぼこをたくさん樽にとって。「一ヨま」のかまぼこといったら今の人は知らないが、当時の人はみんな知っておられる。当時の全国博覧会か展覧会があって何かの表彰もらっている（帝国勧業共進会弐等賞銀杯、大正四年）。派手にやっていた。その長男の与三松が家業を継ぐ意思があったのか水産講習所の方へ行ったわけだ。

（『八十年史』によると、与三松さんが亡くなられた時の喪主が次男になっていますが・・・）それは私です。長男は戦死した、特攻隊で。昭和二〇年の四月七日、戦艦大和が沈没した日に沖縄へ突っ込んでいった。当時兄貴は戦闘機乗りではなく、中攻といって六人乗りの中型爆撃機だった。これは爆撃から魚雷から機銃もやる。要するに大東亜戦争が始まった時に一二月八日にハワイでやった。その他、マレー沖海戦でイギリスのでかい不沈空母といわれるプリンスオブウェールズやレパルスを撃沈させたのが、一式陸攻といって、でかいやつ。支那でトリオ爆撃機といって重慶などが爆撃された、零戦を連れて、それが中攻という。中型攻撃機のようなもの、それに乗って一九歳そこそこで死んだ。俺が次男だったけど跡継ぎになった。

山本五十六がゼロ戦六機に護衛されてブーゲンビルに視察に出て撃たれたが、それが一式陸攻。皆死んだかと思っていたら、参謀の宇垣纏がどっこい生きていた。靖国神社へ行ったら宇垣纏が厚木航空隊の？？になっていた。終戦の八月一五日。その写真たるや、まるで隣の家に行くような格好でやあやあと挨拶をしている。責任をとらんならんと思っていたので。その時に零戦が、司令官もいくのなら俺たちもと、たくさん行ったようだ。一番機に乗っていた山本五十六は死に、宇垣さんは二番機に乗っていたものか、推測だが。その人の経歴を読んだら、そこへ行ったが、救い出されたということだ。

なぜわかったかというと、話は余談になるが、予科練一二期生の生き残りの人が集まって一年に一度ずつ供養をしている。鹿児島海軍航空隊一二期生ということで。その時私の親が行っていて私は出たことはなかったが、親が亡くなって私が行かなければならなくなって、私もいろんな書類を持っていって話をしていたら、生き残りの人が、厚木から出た人が私の横に座って二村という人だが、名古屋にいて??の商売をしていて富山のデパートに卸しに来ていた。司令が行くもんだから俺たちも勇んで行った。どうしていたのかと聞いたら、沖縄沖へ行って沖縄の魚と遊んでいたと言われる。何のことはない、弱気になったのか最後に気が変わって不時着したものか。その後遊んでいたということを見れば不時着しているものだろう。鹿児島の海軍の飛行場は鹿屋。陸軍は知覧。兄貴は鹿屋へは行っていない。甲飛で予科を受けて、上海の??へ行って、??練習をしてそれから昭南島へ行った。今のシンガポールへ行って、実践と訓練を兼ねて日本の船団を敵の潜水艦から守るために護送して歩いた。ところが戦局が険しくなり、昭和一九年一〇月の特攻隊が設定されて大西瀧次郎中将が指揮していた。

マレー半島のペナンの向かいに何とか

いう訓練所がある。そこで訓練を受けていた。これも不思議な話で、私も会社から昭南島、マレー半島へ一週間遊びに行っていた。ペナンで二泊していた。ペナンの向かいに海軍の飛行場があった。保養所で景色のいい所で、朝早く散歩をした。そしたら二ヶ所からサーチライトで俺をパーッと照らした。要するに観光客の安全を守るために警護をしている。俺は何も悪いことしていない、こいつはのんきな奴だ、間違いないということで帰っていった。見たらすぐ海岸にマレー半島の本島があり、そのすぐ向かいに海軍の飛行場があった。どうしてわかったかというと、兄貴が死んだという遺品も何も来なかった。当時、神風特別攻撃隊という本が出た。猪口力平という人と中島正と二人が書いた。読んで、これは兄貴がどうしているか、消息が分かるかもしれない思った。何も帰って来ず、何も分からない。葬式だけ出したのだから。私は猪口力平と言う人に葉書を出した。私の兄貴はこうこうこういう訳で、分からないのだと。遺骨はなく戦死広報だけ来た、もし消息が分かるなら教えてくれと葉書を出した。そうしたら猪口さんから葉書?が来た。今は分からないけれど、舞鶴鎮守府へ照会を出したから、そこから便りくる、しばらく待ってくれと。（それを出してくれ、兄貴のが書いてある、と奥様に言われる）

兄の名は与志夫。話はそれたけれど不思議な縁だったということ。飛行隊長が又手紙をくれた。それを見て初めて分かった。戦闘詳報は又別の人が見つかったと言ってくれた。帰ってくる時、証拠隠滅だといって皆焼いてしまったが、その時点で残った物の中で見たらあなたのところの名前があったから持って来た、と京都の人で届けてくれた。消息も皆出ている。四月七日と出ているでしょう。鹿児島は予科だから練習で基礎訓練を受けて、本当に飛行機の訓練を受けたのは上海の飛行場でしょう。

一九年一〇月に神風特攻隊というのができて戦果を上げた。そしたら特攻作戦に切り替わってきた。戦闘機ばっかりやっていたが、中攻が五〇機ほどいた。田中とみおというのかこの人が飛行隊長で手紙をくれた。「一等飛行曹長一村与志夫」とありましょう。ペナンの向かいに特攻の飛行場があった、アエルタワルという小さい。私がサーチライトに照らされて見ていたのがちょうどここにあった訳だから、いやあこれは仏さんが引き合わせてくれたと思った。富山で私しか見ていないのだから。その時は何も知らない。そのあとでこういう手紙をくれて、ありゃりゃそれならこないだ見ていた所と一緒だと、こうなった。ペナンは当時からもう観光地だった。

四月七日に飛び立ったのは台湾の台南市から。その時そこにいたが戦局が厳しくなったら、特攻しなければならんということで、零戦ばかりでなく中攻までそういう命令がかかってきた。そうしたらその日、みよしわたるという司令が書いているのには、親父が手紙を出しているのだが、「ペナンの対岸アエルタワルの飛行場に、沖縄県に参加いたす飛行員整備員共に相対して残留員一〇〇余名が整列致し、別れの杯を挙げ、天皇陛下の万歳を三唱し、雄々しく出発致した様が目に浮かびます。黒点の一点となり、消えるまで一同飛行場に立ち、武運長久を祈りましたが、後に告げられる知らせは、悲報ばかりでした。飛行隊長と分隊長は台湾に渡りましたが、小生と飛行長は残留組に回されましたので、遺憾ながらご子息最後の模様をつまびらかに致しませぬ次第です。ご子息・・・」後はいいとして、この時、五〇機が最後に一機になるまで私たちは見送った、暗くなったと、そう書いてある。基地は台南にあった。

（話し戻って、高志丸の写真ですが、・・・。アルバムを翌日まで借りるお願いをする）

兄貴の帰ってきたときに写真。葬式はそこの照蓮寺で。墓はここにはない。

蟹工船はそういうわけで親父の筋で日本水産の松久丸というのに乗った。その時二隻出た。私たちのオリュートルスキー湾へ向かっていくのと、もう一隻光洋丸、カムチャツカの他の所へ行くのとあった。相手の船の漁の按配がこちらに伝わる。光洋丸はこれだけ製造したぞ、お前たちも頑張れという意味でしょう。今思い出したが、オリュートルスキー湾へ我々は行った。北緯五五度よりまだ北。白夜で、日が沈まない。行った時は、オットセイか何かが氷の上で「あんにゃらっちゃ何して歩く」という顔をして。流氷はどんどんどんどん流れている・・・。えらい所へ来たなと思った。函館を出発してから、一週間か一〇日だった。函館までは汽車で行き、それから連絡船に乗って行った。水橋からもう一人、呉羽の方で親父の同級生がいた。その人も船団長を頼りに行くことになって、親父がそういう情報を持ってきて、その人も一緒に行くことになっていたが、いや、俺一人でいくわ、一人の方が気楽でいいわと。お袋は、知らんところに行くのに連れおると心強いのに何で一人で行くのかと言ったが、私はそういうのは嫌で。

蟹工船の知識とか技術とか何もないが、私は病気してから仕事がなくてブラブラしていた。結核よ。専門学校があったが、その時昭和二七年の学区編成で大学に編入になり、で編入試験で身体検査を受けたら、結核だとなり、一年遊んでいろということになり、・・・。入院していた仲間が、療養所に入っていて蟹工船に乗るとは聞いたことがないと。（笑い）

私のは古傷だ。だから検査を受けた時に、有名な荒尾の胃腸外科へ四人連れられて行ってきた。そうしたら私の番になって先生が「あんにゃ、今までよう生きとったのお」と言われた。「いや、先生どういうことですか」と聞いたら、「ここに白い物があろう。ここにもあろうがい、ここにも。」と。「それは何ですか」と聞くと、「あんにゃ、知らん間に結核になって、知らん間に治っているがだ」。私はそういう訳で大学の編入ができなくなって、ふるさと保養所へ入れられてしまった。そしたらストレプトマイシンが最先端の薬だった。皆それを飲ませられて、それから白い空洞のあるやつ・・・、そこに薬詰め込んで、絶対安静にして、(聞き取れず)・・・、私はそれも該当せず。放りっ放し。そうやって二年して迎えに来た。

その後、たまたま蟹工船の話が出て、ちょっと行ってみてこられたというふうになった。昔の蟹工船は小説にまでなったくらいで大変だったけど、戦後の蟹工船は又違うからね。私らが行った時は全然。ましてや松久丸の近堂船団長は、将来の日水の幹部職員を養成するのか、当時の日本中の水産学校の生徒を募集して集めて、そういう学生部屋というものがあった。そこへ私らは入れられた。親父と近堂船団長のコネで私と水産高校の〇〇と、近堂船団長（と私の親父）の同級生と、私ら所帯持ったそれだけ三人。船は戦前のものと違い大きい、千トン単位のものだった。ちゃっかを両舷に積んで、この連中は朝三時位になると起きて降ろした。今言われて思い出した。川崎船は正式な名前だろうけれど、わたしらは「ちゃっか、ちゃっか」と言っていた。時間になったらちゃっかを降ろして行って、帰ってきて、一日置くか二日置くか知らないが、日を改めて網を獲りにいく。私ら漁業科は関係ありません（知りません）から、私らは製造の方で、缶詰をつくる方だから、夜中に出ているのはわからない。かかった蟹を、船首の方、中甲板で煮沸する。それを私たちは缶詰の機械があって、一ポンド缶と言ってた。「これつぶすと一ドル損するんだ」と言われた。あの頃一ドルは三六〇円だった。それがパーッと速く回ってくるものだから、トラブルがあった場合はパッと止めてなるべく被害少なくする。油断しているとベルトコンベアのチェーンが回ってバババババと。見ていてトラブルが起きると、後続いてきているものだから・・・。一つ間違うと一缶一ドルだからでかい数字になって・・・。

そしてはっきり言えば三段階ある。煮沸する、それを中甲板で缶に入れる、硫酸紙を敷いて下にフレーク入れて（私らはそう呼んでいた）、ばら肉を入れ、最後上だけ体裁のいいすねとか、腕二本と爪を一本乗せる。そして蟹も三段階あり、銭になるのはここだけ。ここから下は皆捨ててしまう。皆れっこ、れっこ。れっことは捨てるということ。私らは娑婆へ出てから（蟹工船やめてから）はそういう言葉使ったことがないけれど。

又余談になるが、一週間に一度、手当てとして酒一合と羊羹一本あたった。さっき言ったように所帯持ちが三人いてあとは皆学生。それで羊羹一本と酒一本とを交換をする。函館のもう一人の仲間の連れがいるが、引き連れて、他の部屋からも嗅ぎつけて寄ってくる。そして一杯飲むわけだが、少しでもほしいものだから、羊羹を食べたいのだけれど酒の方が優先だから。その時に暇なものだから、缶詰の仕事をやっている訳ではなく、その工程終わって　その時にオヒョウ、大叔父が書いておられた畳一枚ほどでかいものではないが、そいつを船の上看板に出たことはなく中（甲板）ばっかりだが、上看板に出て、糸にれっこの身を付けて、餌にして垂らしておく。朝・・・前に。そして行ってみたらオヒョウがかかってくる。お昼。みびき(刺身にするカレイ)のでかいやつだ。このあたりでは見られない。何となく、子供みたいなもので、遊び心で、釣れようと釣れまいと関係ない。暇があるものだから何か釣れようというようなもので、簡単なもんだ。そして、ほんとか嘘か知らないが、これを食ったらあたるが酒飲めばあたらないといわれていた。話が弾んで面白くなるものだから、酒が足りなくなってくる。そしたら悪がいて、「よそまや、おまえは近堂船団長と同郷だろう。一升もらってきてくれよ」と言う。私は一杯飲んでいて勢いがいいもんだから、「おお、わかった」と言って、前をはだけて、船団長は個室のいい所、一等上にいるが、尋ねあてて行って、「いやあ、船団長、甲板で一杯飲んでおられるのですが、一本お願いできんでしょうか」と。「おう、わかった。持ってけ」　助かったわ。いい人だったわ。（「私の家にも一度来ていかれた」と奥さん）　昔の人は同郷の者はかわいがった。

（函館の息子、近堂俊行さんにその話を手紙で伝えます、と言ったら）

そうけ。書かれて、もしかして親父さんが伝えていれば知っとる。伝えていないかも知れん。そりゃわからん。だけど船団長は詳しい話を知らない、私たちが何をしていたか知っているわけもないので、ただ私が酒一本無心に来たと言うことは知っている。船団長のところへ酒無心に行くような者は、娑婆広くてもおらんと思うよ。（笑い）そういう訳で私にすればあの人には思い出がある。帰りに給料、まったなしで、おいすぐ出してやれと一言で、・・・だ。（聞き取れず）

四月、函館に行ってすぐ出航。函館を出てオリュートルスキー湾へ直行した。光洋丸もその時に出たが出航は別々。一隻だけで出たのは覚えているが、見送りは派手だった。多いと皆手を振ってくれて見送りは良かったのだが、帰りは、光洋丸は量があった。「光洋丸はさんごおぜろさん」といって出る。いちいち報告が入ると、私たちは大笑いで、負けておられるか、光洋丸は早く帰られるのぉ、羨ましいのぉと言っていた。コンマゼロまで出てくるものだから。量の早い遅いが出てくる、魚場によって、相手はタラバガニ次第。私たちのオリュートルは初めての所、誰も経験せん所へ行っているので、あるやらないやら。ところが光洋丸が行った所は当たった。私らは、うらやましいのぉ光洋丸は俺たちよりだいぶ早く帰られるのぉと言っていたら、案の定早く帰ってしまった。その時、あとで聞いた話だけれど、光洋丸の時は出迎えは賑やかだったそうな。要するに量があるからね。ところが俺たちはもたもたしているものだから、時期も遅れていて二番煎じでしょう。そしたら出迎えは寂しい。それでも小さい迎えの船、発動機船が来ていて、ご苦労さんとか何とか言って私たちの船の手前まで迎えに来た。だけど港に着いたら人がいない（大笑い）。仕方がない。目標の量まで達したかどうかは、私らは幹部ではないから知らない。私らは製造だから。缶を函に入れて、みんなアメリカに行くのだ、日本人の口には入らないのだと話しているのは知っていた。一缶は一ドル三六〇円なのだって。その時日本は貧乏だったから、これで外貨を稼いだ。外貨獲得だ。日本人の口にはとてもじゃないが入らない。こんなでかい缶は日本では見られない。

（写真はカニ工船下船解散会。全函水産高生と函館料亭にて。昭和三一年一〇月一五日）

あの時日本が外貨を稼いだのは、生糸は昔から。日本は戦後は蟹工船は大事な産業で、外貨を獲得した。

船倉は上中下はなく、そこへ積む。そしてある程度詰まったら、中積み船といって函館から荷を引き取りに来る。函館から故郷の便りを持ってきたり食料を積んできたりして、帰りに荷を積んでいく、そういうのが二回ほどあった。私たちは、今日は中積み船来るぞと見ているが、海の彼方にチロッと煙突の先が見える。おお、来た来た来たと手を叩いていた。あの時初めて地球が丸いとわかる。

お土産として缶詰はもらえなかったが、記念として標本にするのに蟹を一杯だけやるというので、こうするのだということを教えてくれて、私も最後の方だったが、一杯もらって、大きい板一枚と、蟹の身を抜いて腐らないようにニスを塗って、ベニヤ板みたい板に結わえ付けて、苦労して持って帰った。東京か、汽車から降りるのに難渋したことを覚えている。人に触らないか、壊れないかと思って。それであっちの部屋に長いこと飾っていたが、素人のやることだからでしょう、腐食してきてしまった。友達が来て標本を見て、「これを俺にくれよ。小学校に寄付して飾りたい」と言ったが、簡単にやれないと思い、やらなかった

（函館に戻られたのはいつかと聞いたら）一五日に連絡船に乗っているのだから、逆算すればわかる。一四日に函館に泊まっている訳だ。一〇月一四日に函館に入ってきている。半年ほど。胸は何ともなかった。あの時、たまたま六・三・三・四制の新制大学になったから、ひっかかってしまった。もし何もなかったら私は知らないまま何ともなく通っただろ

う。今思うと、引っかかってよかったと思う。親父もそう。水産の学校に行っていてそのつもりだったが、・・・(聞き取れず）土木の方へ行って林建設さんと組んで、親父は軍属でボルネオまで行っている。ボルネオの造船所へ行って（アルバムを見ながら、各地の貯水池や水力発電所、ケソン、愛本橋など）。それで学校を続けないで土木の方へ行って何で良かったかというと、外へ出て力仕事をした。外の空気を吸って測量して歩いたり地図を書いたり力仕事をしたものだから、お天とうさんと仲良くしたということで、結果的に、もうちょっとで八四歳になるが、元気でおれる。

㈡ 内山勇氏

　滑川の富山県水産試験場副所長、内山勇氏を訪ねた。この方との出会いは水産試験場が初めてではなく、奇縁な出逢いがあった。それは、大正六年前後の富山水講の「報告」がどうしても見つからず、二〇一四年三月三一日に、ほぼあきらめがちに県庁の農林水産部を訪ねた時のこと。部屋は戸が開きっぱなしになっていて入りやすかった。失礼しますと断って恐る恐る入室し、用件を伝えようとするが、部屋の職員で座っている人も私に応対してくれる人も誰もおらず、出入りにすれ違っても一切私と目を合わせようとしない。室内を見渡すと、ちょうど正面奥に座っている人が一人だけいた。上座のようだが仕方がない、思い切ってまっすぐ進みその方に声をかけ、用件を話した。すると、それは相当古い書類なので県庁には保存してない、とのこと。ただ、私は明日から水産試験場に行きますので調べてみましょうとおっしゃる。一瞬、意味が分からなかったが、この日は三月三一日で年度末勤務の最終日、だから職員の皆さん、慌ただしく行き来し、書類ファイルや段ボールを運んでいたのだ。うまい具合？に翌日から、他でもない県の水産試験場に転勤になる内山氏だけが私に応対してくれた訳だ。昨日なら他の職員で「門前払い」だっただろうし、翌日なら各課間のあいさつ回りや荷物整理でなおさらのことだっただろう。

　数日後に滑川市の高塚にある県の水産研究所（水産試験場に隣接）を訪ねた。内山氏は研究所の副所長になっておられたが、書庫に案内していただき、水産講習所報告が保存されているスチール棚に案内してくださった。高志丸が初めて海水によるタラバガニ缶詰製造を始めた大正六年前後、つまり五年から一〇年までだけが抜けていた、その前後は全てあるのだから、誰かが持ち出したとしか考えられない。自分は一一年と一四年の報告も見つけられずにいたので、お願いをして、コピーして頂いた。翌日だったか翌々日だったかにお礼に、内山氏に伺った折に、大叔父常隆の話とカムチャツカ沖合にできれば行ってみたい旨を話した際、彼は実は自分も若い頃に海洋観測の実習で西カムチャツカに行き、カラフトマスを獲ったことがあると言う。私はこの偶然の幸運に驚き、また数日後、内山氏の勤務時間外にお会いし、北大水産彙報三一という資料のコピーを見せていただき、話を伺うことができた。四〇年近く前のことだが、思い出しながら話してくださった。

　内山氏は北海道大学水産学部の出身だった。北大水産学部は函館市港町にあった。練習船北星丸と調査船親潮丸で、一九七二（昭和五一）年から一九七六年まで、つまりソ連の二百カイリ水域設定で中止になるまでの五年間、ほぼ同じ時期の同じ測点で「無選択刺網によるカラフトマス漁獲調査」を行なった（一次は千島沖太平洋で六月に。二、三次は西カムチャツカ沖で七、八月に）。内山氏は一九七六年、三年生の時に北星丸に乗った。北星丸は二五〇トン、一九五七年に竣工し、彼が乗った翌年に最終航海をしているが、ちょうど二〇年稼働した。

　網目を選ばない調査用刺網を使って漁業実習＝採集調査をするのだが、北星丸の船長は山本昭一。〇〇が一八人、△△が一五人が乗船。

　網は一八〇反、一反が五〇ｍだから全部で約一〇㎞。夕方、船をゆっくり動かし動かして後尾から網入れをし、一八時から二〇時頃船を停める。明け方四時頃に網を引き揚げる。ピンクサーモンが一四一七二尾獲れた。オショロコマは海に下って大きくなる。観測点に着いたらワッジ（当直）、見張り、舵とりと漁労作業などを、三班、八時間三交代で行なう。夜中は〇時から四時まで。四時からは四時間休み。朝は二時から三時より先に起床。ご飯は交代で食べて、網にかかった魚を処理した。種類、匹数、体長、重さのデータを調査する。停泊中には講義もあり、レポートも提出した。

　土産は魚が一〇本、サケマスの氷漬けで。ベニザケ一本、ギンザケ一本、シロザケ三本、マス五本。それとイクラ（筋子）一包み。

　内山氏の卒論は「北海道噴火湾のスケソウダラの調査」。一年生は札幌、二年の半ばから函館に移った。兵庫県尼崎の出身だが、父の転勤で青森県八戸へ。

　写真は一九七七年に退役した北星丸の最終航海でのもの。上はカラフトマスの大漁、下は傷のついたサケを炭火で焼いて食する学生乗組員たち。いずれも一九七七年七月撮影。内山勇氏提供。

三章　〝越中もんの歩いた後にわら屑も残らん〟

北方領土歯舞群島志発島の缶詰工場で働く女工たち（黒部市生地の漁業資料館展示の写真）

3章〜6章に関わる北海道の地名と位置

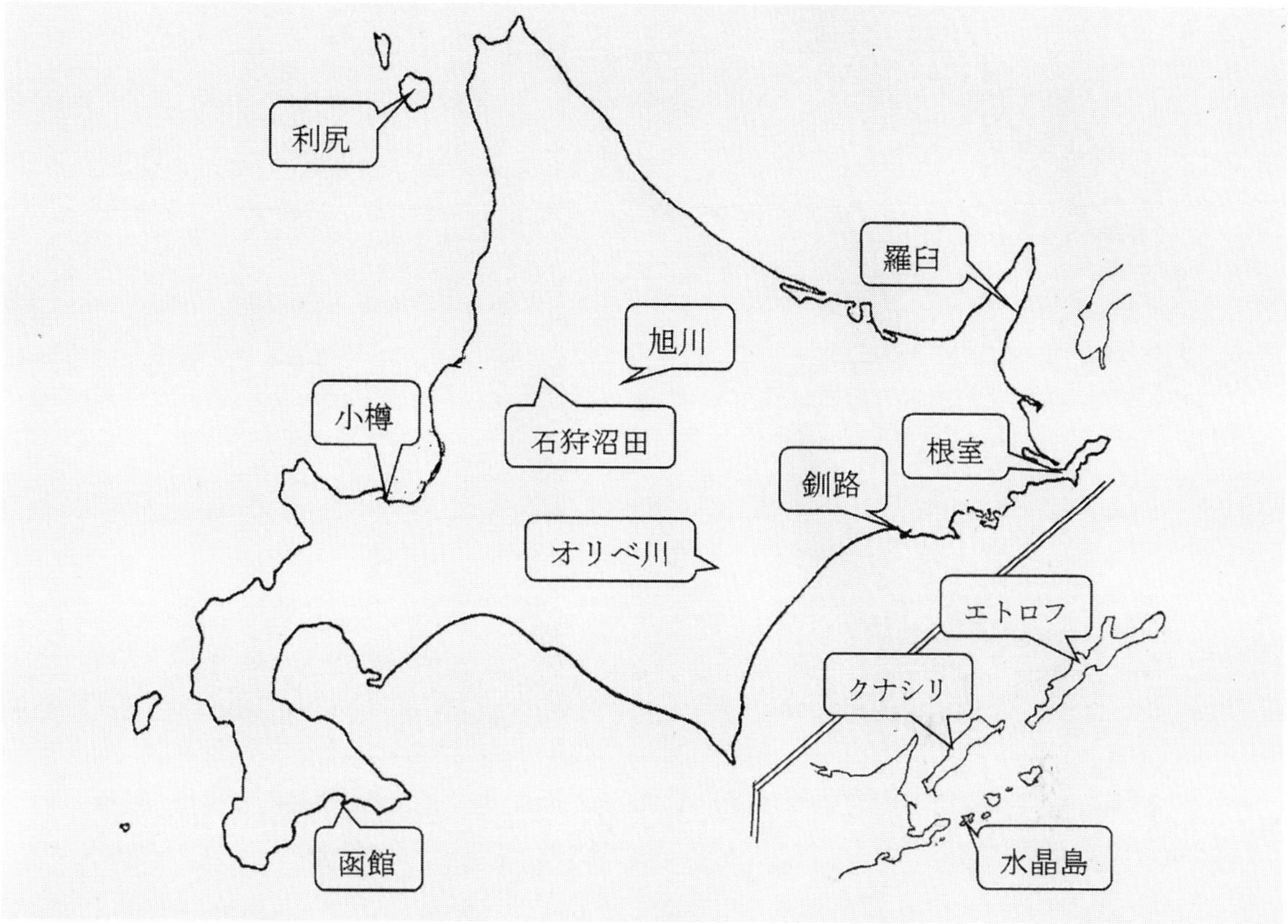

一節　北の新天地へ

㈠北方領土水晶島の昆布

○北の空を自由に渡るエトピリカ

　絶滅危惧種であるこの北洋の鳥は、和名ではマダラガモ。北方領土返還運動の「エリカちゃん」というイメージキャラクターになり、活躍している。切手にもなり、郵便屋さんと一緒に全国の宛先に飛んだ。ロシアとのビザなし交流船は、ふるさと四島の空を自由に行き来できるという願いをこめて「エトピリカ号」と名付けられている。

　黒部市在住の吉田義久さんに聞いた。色がきれいだから、「おいらんかもめ」と呼んだ。水晶島に住んでいる時、大人たちは「おいらんかもめ来た、おいらんかもめ来た」ってね。島に常住ではなく、暖かくなったら国後、択捉島の方へ飛んでいく。根室の岬の周りにいる。

吉田さんが言う「根室の岬の周り」とは、根室の南にあるユルリ島とモユルリ島の断崖のことだろう。エトピリカの繁殖南限地である。

函館中央図書館で読んだ「色丹紀行㈡」（函館の文芸誌「海峡」所収）の中で渡辺熊四郎は次のように書いている。

此の島に来て、時々エトピリカの飛んで来るのを見かける。私の勤務地、得撫島の岩見浜にある二子岩では、此島が幾千とも知れぬ集団で、断崖に巣を造って居る。

胴体は烏の様に黒いが、頬と顎は白く、頭には黄色い羽根を冠り、眼の縁と嘴と脚は、眼さむる程の朱色である。

エトピリカと云ふアイヌ語は「美しい鼻」と云ふ意味だそうだが、北海道では「おいらん鴨」と云ふ。（一部略）港丸の船員達は此の鳥を「フノリギッチョ」と呼んだ。八戸あたりではそう言ふのだろうが、その語源については、我が海の男達は「知らない」と答へた。

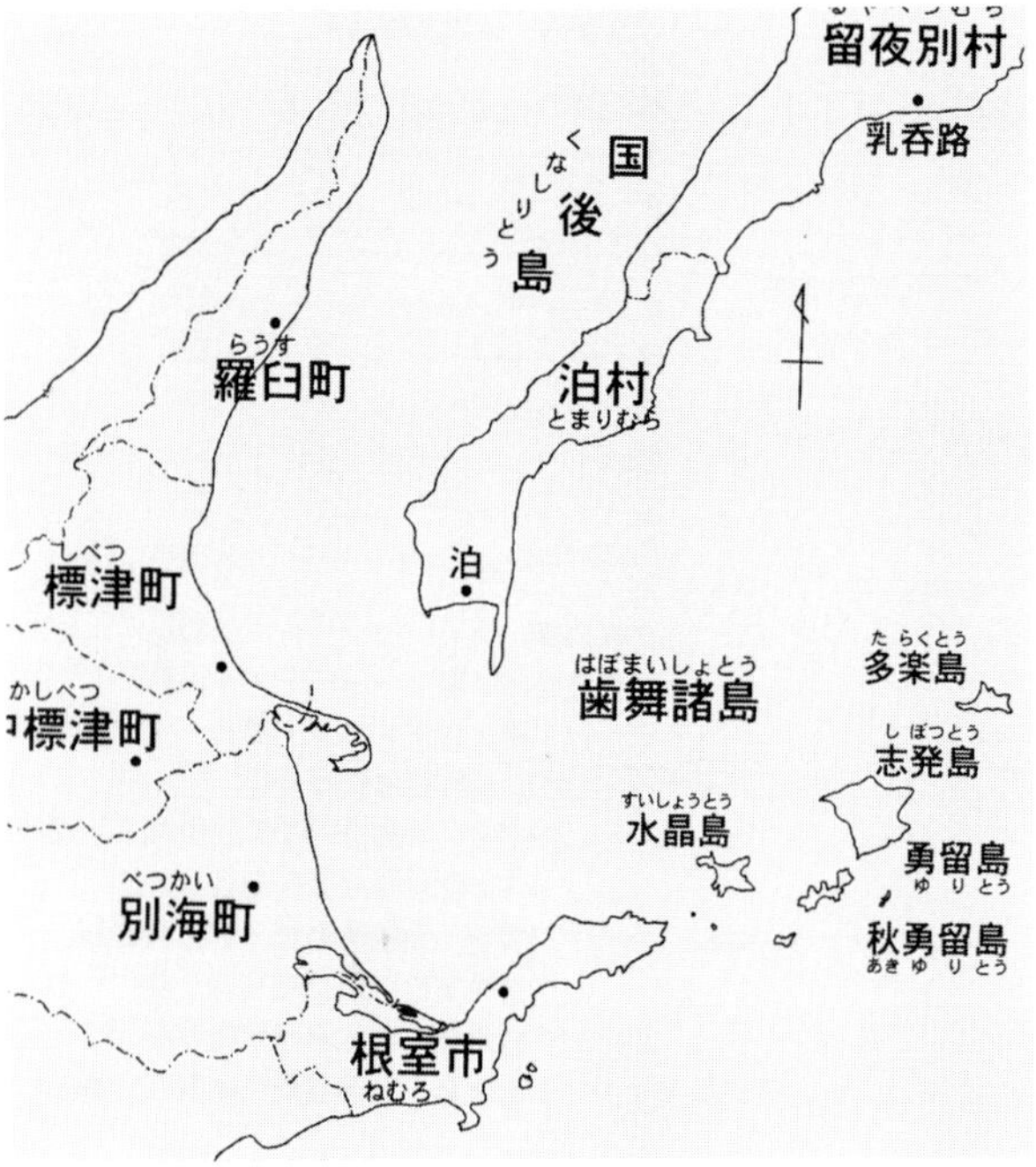

○北方領土とは？

黒部市役所企画政策課でお借りしたDVD「知っていますか？北方領土」はわかりやすいナレーション入りで、元島民の証言、歴史と国際的な決まりについて語っている。富山県は北方領土からの引き揚げ者が北海道に次いで多い県だから、広く富山県民に視聴してもらいたい。

北方領土とは、北海道の根室半島に連なる歯舞（ハボマイ）群島、色丹（シコタン）島、国後島、択捉島の四つの島嶼を指す。水晶島はその歯舞群島の中の一小島である。ここから北東に広がる海は、暖流と寒流が交わる世界三大漁場の一つになっており、サケやマス、タラやタラバガニ、昆布やホタテなどの豊かな水産資源に恵まれた、北洋漁業の宝庫である。（『地図は根室・千島歴史人名事典』より）

一八七五年の千島樺太交換条約で日本は樺太と交換して千島列島を得たが、第二次世界大戦後のサンフランシスコ条約（一九五一）で千島列島を放棄した。しかし一九五六年の日ソ共同宣言には歯舞群島と色丹島は日本に引き渡すと書かれている。

○水晶島での昆布採り

吉田さんに初めて会ったのは七年前、黒部市生地（いくじ）の漁業資料館を訪ねた時。その後何度もお会いし、サケマスやタラバガニ以外でも多くのことを学んだ。九歳まで過ごした水晶島の生活と昆布採り作業についての概要を問答（Q&A）形式で書く。（甥の吉田実さんも話に加わり、教えてくださる）

Q：そもそもいつごろ富山の人が行かれたのですか？

A：明治の初め（一八七五）。生地の漁業が不振だから蝦夷地に行って働いた方が金になると、北前船でここへ寄港した船乗りから聞いたということです。

Q：吉田さんのご先祖の方は、いつ頃どういうきっかけで向こうに？

A：父は明治三五年生まれ。生地の辺はほとんど学歴よりも体で働く第一次産業。ここでは湾が深く北西風が強く当たる。相乗効果で波が高くなる。今は防波堤だが、昔は海から出る砂で高台になっていた。五、六m、時には一〇mの波が立つ。すると家から何から全部流される。生地はそういう非常に荒れる所。海が荒れないと、今度は黒部川の氾濫。昔から黒部四七ケ瀬といい、流れがよく変わる。急流で距離が短く勾配が強いから滝のように流れ込む暴れ川です。

親は漁師。ここで子供は養えない、歯舞群島は開拓が遅いが、出稼ぎで択捉とか北千島の方に雇われて漁に行った。シュムシュにもサケマスとかタラ漁。四月頃に行って、八月お盆に一度切り上げてくる。そして秋と。大正初期まで。収入はあり、現地根室で金を残し定住した。黒部の人がルーツだが、そこで定住した人が根室を開拓した。漁場・漁業開拓は誇り。

Q：どうして水晶島に住むことになったんです？

A：雇うのは根室の親方。当時は越中、特に生地近辺の人が多く雇われた。大正初めまで無人島だった。アイヌ人が先に住んでいたのは択捉、国後。水晶島は歯舞群島の無人島で人が住める環境でなかった。ほぼ平地で山も川もなし。強風で樹木も生えないが昆布は採れた。毎年流氷が一二月から三月まで押し寄せる。ロシアの凍結したアムール川が流れてこっちに来るから、プランクトンが豊富。流氷が昆布の磯、浅瀬を年に一度、全部きれいに掃除してくれ、新しい胞子が岩に付く。翌年春、非常にいい昆布が生える。

Q：お父さんの代は根室へ季節労働で行き、そして水晶島に家を建てられた？

A：大正一〇年位に根室の親方に資本を提供してもらって、独立した。その前にこの吉田実さん（甥。本家）の家は色丹島で漁師で、一緒に働いていた。色丹島は昆布よりタラ漁の方が主力。歯舞群島は浅瀬があるから昆布。択捉、国後、色丹はタラ。初めタラをやっていたが、大正初期から戦争が起き兵隊が大陸に送られて、昆布がなく栄養が偏り、ミネラル補給として昆布が必要になった。それと、昆布にはヨード、カリ成分があり、火薬の原料や色んな化学薬品になるという話を、根室の親方から聞いた。昆布が高騰し、歯舞群島にいい昆布が繁茂していると、一気に島へ押し寄せた。

タラ漁は北千島の方に行き、危険な上に長い間家を空ける。それより、近くで昆布の値が高騰している所へ家族で行って働く方がいいとなった。タラ漁は資本がいるが昆布なら家と舟だけ。親方から借金し、秋に昆布採れたら清算。結局、金は要らなかった。

Q：羅臼昆布は高級品のイメージだが、羅臼より歯舞の昆布の方が質がいいのですか？

A：そう。今は羅臼昆布が最高だと思う。返還運動で島を返せと我々は言うが羅臼の人は少し消極的かな（笑い）。本にはあまり書いてない話。

Q：色丹島も水晶島も、元々は誰の土地でもなかったんですか？

A：元は国のもの。それを根室の親方が払い下げを受けた。私たちの親が干場を借りる時に金を持っていき、そうして千坪～千五百坪とか借りた。

入植当時は草とハマナス、大変な作業だった。浜へ行きハマナスのきつい根っこを引き抜く。お前おっじゃ（次男、三男のこと）ならここで自分の浜持つ、だから一生懸命草むしって根を取れ、と親たちからよく言われて育った。茎に硬い針のような棘（とげ）があって、血が吹き出てもそこをなめながら、一本一本草

抜いていった。

　根室の親方にしても、男の子が余計いれば将来の働き手になるから、何でも貸してくれた。自分の浜をその子に貸してやれば、また金になるんだから、好循環。

Q:夏に採る昆布ですが、秋にどうやってお金にするんですか?

A:根室に生産物を集約する問屋が何軒もあった。初めて仕事する人はそこへ相談すれば、番屋と舟と資材がいるからお前にはいくら貸してやると、仕込んでくれた。番屋とは家と作業所。立派な物じゃなく、丸太を四本立て屋根を葺き、周りに板を張り、草の塀。

Q:昆布干しは三日間も干しておくんですか?

A:昆布は生だと腐るから完全に乾燥させなきゃ。天気のいい日は三、四日干せばパリパリ。夜、今度は外の夜露にあてる。でないと甘みが出てこない。白い粉を噴いてカビのように見えるが、マンニット(アミノ酸等の甘み成分)という。乾かして次は寝かせる。夜二時間。大人は触ってみて「シメリ(湿気)入った。もう入れよう」と。

　他に夜の仕事は、倉庫に整理してある昆布を結束梱包すること。上やミミを切って整形して束ね、親方の所へ納入する。親方は浜賃、浜を借りていたお金と、持っていった米、味噌、菓子など帳面に付けてあり、一一月頃清算。そしてこれだけ残ったよと渡す。仮に昆布一五〇段、一段は八貫目、三〇kg。長さは一m二〇位。荒縄(富山から持っていった。現地では高い)で結束して積んでおく。蒸気船が来た時、全部運んだ。

Q:親の代で水晶島へ行かれ、その場所はわりと良いところだったのですか。

A:岩礁地帯は採り易く、砂地は採り難い。信用のある人はいい場所を提供してもらえる。昆布の胞子の付き易い所と付きづらい所がある。砂利浜は、草さえむしれば砂付かず昆布採れる。いい場所もらえない人は、他の海岸から砂利を持ってきて、砂地の上に撒く。

　越中衆はそこまでやり、浜作りからかかった。考えて、考えて、働いて儲けた。

　家は入り江の岩場で、昆布は採れる場所だけれど、島の中心部まで距離があった。近くには八軒、生地の人が大半で二軒は他地区の人。島全体が共同体、集落全体が親戚のよう。でないとやっていけない。遅れている所はお互いに助け合って生活した。協力しない人たちはしばらくするとおれなくなる。色々なケースがあった。

Q:里帰りというか、たまに生地に戻られたりとかしましたか?

A:正月です。一二月から三月まで雪の中、仕事できない。納屋の昆布を整理しながら冬を越すという方法もあったが、こっちから行っている人の大半は、寒いから早く片付けて家へ帰ろうと。向こうでの暖房費考えると、交通費入れても帰った方が安くつく。(次ページの写真右から吉田義久、吉田実、資料館管理人舟川各氏)

Q:シュムシュ(占守)島とかホロムシロ

（幌筵）島とかには、終戦直後にソ連軍が来たけれど、水晶島や色丹島の人たちは上手に脱出できた、ということですか？

A：シュムシュ島には日本軍守備隊がいた。水晶島とか色丹島には多少はいたけど警備隊だけ。正式な軍隊は国後島とか択捉島とか色丹島にいた。

Q：脱出する時は舟をすぐ調達できたのですか？

A：ロシア兵が九月二日上陸して、これは危険、と近所の舟に相乗りして、根室に上がってきた。ポンポンポンっちゅう焼玉エンジン。恐かったね。村の長がソ連兵来る前に一時島を退去しようと言って回るから、一週間ぐらいだろうと。根室に行って、私と母親と姉と弟とそれにおか回り（昆布整理の女衆）二、三人と根室へ引き揚げたのです。

Q：避難された後は、しばらく根室に暮らしておられたのですか？

A：根室は七月一七、一八日と空襲で約八割の住宅が延焼、ほとんど家らしい家がない。浜小屋を借り生活したが食う物が何もない。これは大変、越中へ帰ろうと。父と兄はそのまま残って家を片付け、借金返済や清算などを済ませて一〇日頃に生地へ帰って来た。

Q：それは国鉄で函館まで行くのですか？

A：根室から帯広経由、小樽回りで、室

蘭本線はなかったから函館本線で函館まで行く。それから連絡船で青森まで行き、奥羽線、羽越線通って北陸線。一週間近く。汽車でいい所が見られるから子供にすれば楽しみ（笑い）。

Q：こっちへ戻られてまた漁業されたのですか？

A：そう。帰ってきて一年ほどかな。漁業に従事したけどやっぱり生活できない。それで次の年、五月にもう利尻に出稼ぎに行っているんです。

Q：そういえば利尻昆布も有名ですね？

A：利尻の方はこちらから船を出して漁業に行っている人がいた。昆布は北海道と縁が深い。利尻に新湊という地名があるんです。地元で生活できなかったから、どんどん開拓の精神で利尻へも行ったんじゃないかね。

Q：戦後落ち着いてから、ビザなし交流で水晶島には行かれたのですか？

A：二回行った。しかし私の家は運が悪くて丘の草原の所、すぐ横の方にロシアの国境警備隊の官舎があり、自分の家の跡地へは行けない。やっぱり行ってみたいですね。

Q：ロシアは昆布を食べないと聞きました。昆布採りはやっていないんでしょ？

A：最近はメタボ対策としてサハリン、樺太の方でやっているというニュースは流れていますけど、わかりません、大変ですから。昆布漁というのは体を使う仕事、ロシア人には中々。一つの製品に仕上げるまで並大抵な苦労ではない。

　決まった時に決まった量が平均して採れ安定した生活が出来るのが昆布漁のいいところだが、重労働。採ってきて三日干して手を加えて、それから倉庫で寝かせ、また夜に湿り入れてまた寝かせ、そして整形して梱包して検査。昔は荒筵（むしろ）の袋だったが、わしらの時は荒縄で縛って梱包し、そのまま積んで検査受け、船が来たら積みこんだ。一等は紫、二等は緑、三等は赤。検査員がハンコ持ってきて、昆布を並べて見て、はい一等、これ二等とか。ポン、ポン、ポンと木槌みたい感じで。検査員が来ると飲み屋でいっぱい飲ませて一等もらう（笑い）。どこも一緒（大笑い）。

　等外もあり、これは無検査になってね。天気よくても急に雨降ってきたりとか、霧がかかって干せなかったりする。そうすると等級が落ちる訳。

Q：同じ昆布でも世話一つによって違うんですね。

A：砂一粒でも違うんですよ。浜づくりもしなきゃならない。草生えた所に昆布を干すと露が残るでしょ。「越中衆の後に草も生えん」、「越中もんの歩いた後はわら屑も残らん」というのは、そこを言うんです。越中衆は草が生えてる砂利を見て、自分のはもちろん隣近所のもむしる。自分が都合悪くてできない時、隣の人が草むしってくれる。お互い様と助け合っている。普通の人が受け取ると、殺伐として何でも根こそぎ持っていくという悪い意味にも受け取られるようだけどね。

　三、四年で家が建つ。家族全部で一年行けば七、八百万は残った。普段は金を使わず、自給自足。生活に必要な米（二〇俵ほどを船に積む）と味噌と醤油と油だけ持っていけば後は要らん。富山の人たちは米食っているけど、他から行った人たちはじゃがいもと麦。一二月に終わると米が残るから、近所に分けてやる。越中米はうまいと言ってみんなに喜ばれるのです。それも大きな貢献だと思います。

Q：今、昆布はほとんど北海道なのですか、他の所では採れるのですか？

A：三陸から函館までは昆布やっていますが、味でいうと道東とは違うようだ。利尻、日高、知床羅臼、歯舞と、四ヶ所でしょうね。今でこそ昆布のかまぼこは知られていますけど、以前は県外の人はこんなもの見たこともないと言う。昆布じめとかもね。

Q：昆布について認識が変わってきました。歯舞の方にカニ漁はあったのでしょうか？

A：タラバガニとか花咲ガニ。輸出のドル箱だったんだから。当時の奴はこんな大きい。子供なら三人で足一本食べる。船で昆布採りに行き、たまにタラバが付いてくる。お八つに腕一本もらえばもうお腹いっぱい。

多楽（タラク）島にはカニ缶詰工場はあった。水晶にも山崎缶詰という工場あったかな。（写真。「大山崎缶詰工場」と手書き文字。出所不明）

歯舞群島はタラバを刺し網で獲って、網から魚をはずすのに朝から晩まで一生懸命。ベテランになるとサッササッサとうまくはずす。網の目をちょっとはずして広げてずらすと、ポイと取れる、特別な技術があった。朝から晩までカニをはずすのに一生懸命だった。夏は三時位から九時ぐらいまで明るい。こちらよりも一、二時間早い。

㈡〝越中衆が八割〟羅臼の町と生地衆

○羅臼昆布で有名な目梨郡羅臼町

富山から北海道に渡った人々は、出稼ぎ者・定住者を含め「越中衆」、あるいは「越中もん」と呼ばれた。北方領土だけではなく、沿岸・遠洋漁業あるいは農業開拓に刻苦、身を粉にして働き、産業を興し生活を築いた。たとえば羅臼では——

羅臼は知床半島東半分を占める町で、以前は植別（ウエンベツ）村といった。

北海道の地名は、文字を持たないアイヌ語に漢字を当てたものが多い。知床はシルエトク（地の果てる所）というアイヌ語が由来で、羅臼はラウシ＝熊や鹿などの臓腑や骨を葬った所という意味らしい。私は六年前の冬、中標津（ナカシベツ）から阿寒バスで羅臼に行き三泊した。往きのバスで目が覚めた頃、キツネが二頭バスの前を横切った。船見町の民宿の女将は、最初の夕食に居間兼食堂で「何もありません」と言いながら、ワンカップ大関を出し、「富山の人たくさんいるよ。四十物（あいもの）、万屋、・・・、富山県人会もある。漁協の前に銅像だかあるよ」と話してくれた。

翌朝、港に歩く。鼻水が凍りそう。宿に戻り手の指の痛みが取れるまで数分かかる。朝食。隣に座ったおばさんが私に話しかける。

「おじさん、富山から来たんですって。八尾、わかりますか。やち。母方のおじいちゃん、獣医で動物病院やってました。建物まだあるはず」と言い、スマホで住所を探す。「谷内（やち）」だった。橋本の以前勤めていた地域内で、古い病院らしい無住の建物があったのを思い出した。彼女は現在、道の駅「知床食堂」に勤めておられる。

四十物武吉は黒部市生地出身で、タラ・オヒョウ・ニシン・サケ・マス漁業に従事した羅臼漁業の先駆者。明治四四（一九一一）年に植別村漁業組合を設立した。根室方面に進出した越中衆の中で生地出は「生地衆」と呼ばれた。港を歩き、武吉の顕彰碑を見つけた。裏に置かれた

八角形の御影石のものは何か。漁協や役場、図書館の人に尋ねてもわからない。漁具だろうか。

『知床のすがた』（村田吾一著、一九七二年発行）で辻中実義（八三歳）の語る「知床夜話」には、羅臼町産業開発の中核は富山県人で、大正年間までは越中衆が八割を占め、他の地域から来た人が「旅衆」と呼ばれていたほどだと書かれている。越中衆の特徴は、①勤勉でよく働く、②内緒話をする、③信仰があつい、④調度品や仏壇にお金をかける、⑤義理にあつい、など。

○小学校の副読本にも

羅臼公民館内図書館にあらかじめお願いをしておいたので、多くの資料を閲覧できた。『羅臼町史』には、植別村が急激に発展した理由として明治二一年からのタラ・オヒョウ漁の成功と、二五年の越中地方からのタラ釣業者の入り込みによってであることを挙げ、裸一貫で根室に渡り、漁夫として働いたあとに独立する者は主に越中衆が多いとしている。その他、『羅臼町百年史』や『羅臼町漁協50年史』、『根室市史』、『銀の海峡　魚の城下町らうす物語』など多くの資料に富山県人、越中衆の出稼ぎと定住により産業発展に貢献してきたことが書かれていた。『百年史』に目梨大漁節が載っていて、その二番には「越中たら釣り万両船（ドッコイ）」という歌詞。図書館の女性司書の内、一人は富山県高岡市出身だった。

副教材「知床学」小学校三～六年生用の部七八ページでも、**「それまでサケとマスだけでしたが、一八八八年（明治二一年）ごろには、タラ・オヒョウも獲りはじめ**

ました。このころ越中地方（今の富山県）から多くの人がきて住みつくようになりました」（ルビは省略）とある。

○羅臼神社から湊屋清さん宅へ

公民館隣に羅臼神社。四十物武吉は神社創設発起人である。参道の鳥居を潜るのにわずかの坂だが凍って滑る。社務所で宮司の奥様に挨拶。どちらからと聞かれたので応えたら、「いとこの家は代々富山です。町長で、そのひいおじいさん（曽祖父）が富山の出身」とのこと。町長のお父様が御健在ならお会いしたいと頼んだら、親切に道順と電話番号を教えてくださり、「私からも電話しときます」とおっしゃった。

動物作家戸川幸夫の小説『オホーツク老人』は森繁久弥が扮して映画化されたが、その像がある潮風公園を過ぎ、共栄町の湊屋清さん（写真）宅を訪れて話を伺い、その後手紙のやり取りで学んだことの一部を載せる。

祖父は貞次郎。富山の生地出身。明治一九年頃、根室に出稼ぎ。五、六年、富山と根室を行ったり来たりしていた。鱈の延縄漁をした。オヒョウが凄く獲れた。根室で父の弥惣吉（次男?）が生まれた。根室には仕込み制度があって、親方から資金の他に資材や食糧も借り、魚を獲って、それを買ってもらう。

明治二五、六年ごろ船で家族一緒に羅臼に移った。羅臼の方が浜がある。生活物資は定期船で運んでいた。母親は根室出身。

父の代になり、独学で定置網をやった。動力船を早く入れ、定置網免許を取得、鮭だけを獲った。春は鱒、秋は鮭。操業期間は九～一一月で、その準備期間は五月から。ここは富山湾と同じで急に深くなっている。私は一〇人兄弟の下から二番目。

黄色の日の丸旗が、お金を払って二百海里安全操業ができる舟の印。一九トンが二〇隻。平成二年からはかまぼこの原料スケソウダラがたくさん、七万トンから一〇万トン獲れていた。ロシアが大船で何千トンと獲り、スケソがいなくなった。今は一〇分の一ほど。

海洋深層水を沖から汲む。水温が二、三度と低く、雑菌が少ない。ミネラルが豊富。市場は深層水を使ってきれいに洗っている。息子の稔が水の会社を一〇年やり、今は町長になったので他の人に任せている。深層水から「グランブルー」という名の焼酎も作っている。

開き鱈もたくさん作っていた。戦時中、赤く染めて干していた。春四月五月に鱈の天日干しをするために、干場（かんば）の雪投げを皆でやった。雪目になるのでサングラスをして。石の上に干す。その後、すだれに干す。休む暇もなかった。「ざんぱ」といって、魚の頭や内臓、骨を粕にした。昼は干し、夜入れる（包む）。粕は肥料にする。

昆布は七、八月。半島の番屋へ家族みんなで仕事をしに行き、そこで寝泊まり。船外機を付けた動力船に曳いてもらって。今は陸路が出来て、車で行けるので、泊まり込まない。

昭和四〇年に四・六突風があって、八八人が海難事故で亡くなった。慰霊碑が近くにあるが、若い人はその場所も知らなくなってきている。

生地には湊屋姓は何十軒もある。祖父母の墓が生地の専念寺にある（写真）。祖父は、最初は故郷に帰るつもりだったが帰れなくなったのではないだろうか。私は町議会議員を一〇期四〇年務めた。最後の二期は議長。

一二月八日、羅臼浜で三度目の朝日を拝んだ。目と鼻の先にクナシリ島。爺爺（チャチャ）岳などの稜線が見る間に鮮やかなサーモン色に染まる。奥にエトロフ島があるはず。山本五十六司令長官の命を受けて大分県佐伯港を出撃した日本海軍連合艦隊機動部隊はエトロフ島ヒトカップ湾に一一月二三日に投錨。極寒の北太平洋へ。そしてこの日、空母から飛び立った戦闘機・爆撃機・雷撃機が日曜朝のハワイ真珠湾を急襲。戦死兵の中に一七歳の少年航空兵、武田友治（富山県出身兵で唯一の戦死者）もいた。七八年経たが彼の遺体も機も未だ不明。私は毎年、友治の命日一二月八日の朝に婦中町で彼の墓参をするが、この時は羅臼の浜辺でエトロフ島の方に向いて合掌。

その日の午後、熊の湯に入ってきなさいと民宿の女将さんに勧められた。この寒いのにとは思ったが、女将が軽トラで送り迎え。雪の露天風呂。裸の男たちに「済みませんが写真を一枚撮らせて下さい」と頼むと、「一枚じゃだめだ二、三枚にしなきゃ」、「チンチンは出した方がいいな」、「お尋ね者が一人いるから、そいつは背中だけにしてくれ」、「ブログに載せなきゃ、いいすよ」。地元の常連風七、八人と言葉を交わす中で、祖父が富山の入善町芦崎出身という人がいたし、後に入って来た一

人も祖父が芦崎地区の出身と言われ、その偶然性に驚き喜んだ。温まっては上がり、寒くなっては湯に浸かって、と繰り返し、偶然の出逢いを肌で感じた。

民宿最後の夜。羅臼深層水焼酎グランブルーを酌み交わし同宿の工事人夫風の連中と話そうと食堂兼居間に入ったが、女将は橋本さん部屋に帰ってと言う。何だか合点がいかないが、仕方なく部屋に戻る。女将が御膳を運んできた。イカ、エビ、刺身、すき焼、そして広い皿に大きな金目鯛が乗っている。私にグルメ嗜好はまったくないが、このキンメの焼き魚は極上だった。他の人たちと差をつけたので、部屋食にしたということだった。その心がふりかけのように感じられ、澄んだグランブルー（深層水焼酎）といっしょに味わいながら、全部平らげた。

翌朝は、軒下に吊るしてある鮭とばを脚立（きゃたつ）に上って取って束ねて、さらにイカの沖造りも冷凍にして土産に持たせてくれた。私は沖造りとは何かさえ知らない。家でいただいた。こんなに柔らかくてうまいイカは初めて（で最後?）。

羅臼町水産商工観光課が発行している「羅臼の水産」を開いてみると、平成二五年分の羅臼の魚種別水揚げ高は二四五一六トンで、数量も金額もトップ。

(三) 利尻島にも〝新湊〟が?

三年前の六月一日、「夢の浮島」利尻島は晴れ。気温一五度。残雪の利尻岳が凛々しい。

ハイヤー運転手浜田さんと話す。新湊はアイヌ語でビヤコロ(美也古呂)。祭りは沓形（クツガタ）と別々のお宮でやっていたが、若い人が減り、数年前からは合同でやっているとのこと。

バス出発。八重桜が満開。新湊を通る。おばあさんが二、三人乗り降りした。

ホテル利尻の前のバス停で下車。交流促進施設「どんと」の一階に図書館。富山の橋本ですと言ったら、お願いしていた本を含め準備した資料本『利尻町史』『利尻百年物語』、『小学生交流の思い出』、『利尻富士町史』、『利尻の語り』の関係記述箇所に付箋を付けてくださっていた。閲覧し、必要ページをコピー。富山の新湊小との「交流の思い出」の残部を求め教育委員会に行くが、「平成五年発行ですからないと思います。私、まだ生まれていませんから」。

くつがた荘着。夕食時にご膳に乗った「そい」という刺身魚は初めて。ご主人（八〇歳）から夕食時に少し話を伺えた。

新湊は八割が富山県出身だった。沓形にも一、二軒。ホテル利尻の支配人根塚さんも。（朝日新聞連載記事の中の根塚浅夫さん。当時五九歳。富山県立水産高校卒業）時々富山弁が出た。「退職したら富山に連れていって案内してやる」と言っていたが、一〇年余り前六五、六歳で亡くなった。翌年、後を追うように奥さんも亡くなった。

富山県では黒部だけでなくあちこちから来ている。黒部という名字の人も来て風呂屋をやっていた。新湊の名前の由来は、「新浜藤七の湊（みなと）」という説がある。

夜九時、ホテル利尻に行き、事前に電話し約束をしていた守衛の新浜勝司さんから話を伺う。

藤七のことは親戚だがよく知らない。大安寺なら石碑のことも知っているだろう。

ニシン漁で越中衆が新湊に住み着いた。他に青森衆、福井衆もいた。ニシン漁で一気に人口が増え、島全体で二万四、五千人いたが、今は四千人位。タラ漁も盛んだった。親も漁師で、ニシンや昆布が多い時は何百万円にもなり出稼ぎは行かなかったが、少ない時は冬から春まで内地（東京、大阪）へ建築人夫として行った。大阪万博の時も行っていた。

ウニ漁は六月一日から。本家はビヤコロの新浜秀一。だが自分の家は本家ではないと言っている。漁師で、旗が上がれば六時～七時半までウニを獲り、その後、家の倉で皮を剥ぐ。今、電話しても寝ている。殆んど家にはいないな。明日は波三ｍだから、漁はない。旗は一・五ｍになったらダメ。ベテランが決める。ノナ（ムラサキウニ）、ガンゼ（バフンウニ）だ。

昆布漁は七月から。今は養殖昆布。一年昆布をロープに縛って一年間育てると大きくなる。それを二年昆布という。昆布は生きている。

富山弁は越中弁という。ビヤコロの年寄りは皆丸出しでバンバン使う。「あがれっちゃ、なごまれ、なんやらだちゃ、何やっとんがよ、と」。薬売りも来た。行李を自転車に着けて「越中富山の反魂丹、鼻くそまるめて万金丹・・・」と言って。今でも赤い箱は家にある。

六月二日（土）。沓形の海浜公園。模型のようなカモメがラジコンで操られるように岩の上を遠くまた近く飛んで行く。エゾカンゾウが咲き始めていた。熔岩の岩間で紫のチシマフウロ、黄色のハクサンイチゲも強い潮風に煽られながら、よくまあ咲いていること。カニ缶詰工場について調べたが、島の反対側の鬼脇に集中していて、こちらにはなかった。当時の鬼脇その他利尻島での缶詰製造については『蟹缶詰発達史』に詳しい。

朝食。ストーブがついている。八月以外は年中ストーブを焚いているとのこと。

宿を発ち大安寺へ。早霧の中を五分歩くと、右手石塀越しの碑に「浄土真宗大谷派大安寺」の文字。土屋嘉次短編集『したき』には、大安寺は禅寺と書かれていたが。

新浜藤七の石碑は、数段の石段の上の礎石に、道路を見下ろすように建っていた。約束時間少し前なので、写真を撮りメジャーで測っていた（石碑高一二〇㎝、礎石四〇㎝）ら、ちょうど住職が出てこられた。

「橋本さんですか」、と桂励（かつらつとむ）住職。若い。碑面の上の横に大きく彫られている文字を指し、『七』という字だけはまちがいなく読めるでしょう。『吉』ではないです」と、さっそく私が手紙に書いた疑問の一つに答えてくださる。これで『町史』の「藤吉」はまちがいだと確かめられた。「下の文は潮風に当たって削れてしまい、読めません。どうぞ中にお入りください」。

新浜藤七は明治一〇年頃富山県下新川から出てきた。その後、藤七を頼って富山から大勢来た。昭和の初めに港が整備され、藤七の没後に記念碑ができ、八〇～九〇年経っている。なぜ碑が大安寺の前にあるのかについては、『利尻百年物語』に書かれていた。大安寺開基の住職が島に移住の際に草鞋ぬぎをした場所だからとのこと。以下、住職の話。

石碑の裏面は潮風が当らないのではっきり読める。『世話人　園家智祐　大門次郎　神田甚三郎　越勝次郎』。園家智祐という人は、生地の大泉寺という寺の住職だったと伝わる。下新川出身漁業家の人心安定を願って移ってきたようだ。大泉寺を弟に継がせてこちらにやってきたかも。新浜藤七が故郷大泉寺から呼び寄せた可能性も。他の三人の世話役は檀家

私は五三歳。大安寺は祖父、桂南桂（なんけい）が開いた。南桂は富山県立山町の光明寺という寺から来た。今でも付き合いがある。聞くところによると、富山の薬売りが南浜（島南部の集落）に入ってきて寺に泊まっていた。富山に戻って立山町光明寺に行った時に、利尻の沓形に空き寺があるぞと伝え、それが契機に

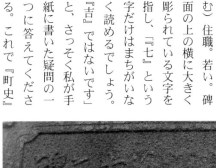

なった。だから南桂は光明寺の次男か三男だ。

（現住職の奥様の祖父も富山県射水郡大門町二口村から旭川に移住されたと後に聞く）

富山の人は本当に働き者で勤勉。命より金の方が大切という位。島でも『新湊から嫁にもらうのはいいが、新湊へ嫁には出すな！』と言われる。働き者だから来るのはいいが、仕事（漁業）がきついので嫁にやるな、ということ。

富山弁は少なくなったが、八〇歳以上の人は皆使っている。

ビヤコロ（美也古呂）はアイヌ語。ビヤは岩石。コロは場所。新湊には七つの区割がある。越中方は北の方（新浜）に多い。

昆布は一番手間がかかる。利尻昆布といっても、利尻産と礼文産と稚内産をいう。主に関西（京都）方面に出荷される。

お土産に下さった物。①天然岩のり…火で少しあぶるときれいな緑になる、②ふのり…おつゆに放すといい香りがする、③根昆布…高血圧にいい。「有難いです。妻の血圧がやや高めですから」と言ったら、台所らしい方へ行き、ビニール袋にまた詰めてこられた。「こんなにたくさん！」、「頂き物です」と奥様。よい土産ができた。

新湊で何ヶ所か寄りたかったので利尻ハイヤー三五〇〇円、少しの贅沢だと思い切った。沓形を出発し、運転手さんにお願いをし、写真を撮るために停まって降ろしてもらう。①「新湊郵便局」の文字 ②富山の人達が獅子を奉納した広嶽神社（富山県出身者結束のシンボル） ③小学生が減少し廃校になった新湊小学校校舎 ④新湊漁港 ⑤コンブを吊るしてある民家。

(四) 石狩沼田を拓いた喜三郎ら

利尻島を離れてから新千歳経由で中標津（なかしべつ）に寄った。六月三日の町の様子について少しだけ記したい。

中標津の街自体は道幅が広く、車も少な目でゆったりしているが、裏筋に入るとけっこう飲み屋、水商売の店がある。古くてやっていないのも多い。以前は鉄道も走り、どの店も成り立つほど賑わっていたのだろうが、廃線の影響を受けたのだろうか、不思議な気がする。中標津の街はライラックやツツジ、マリーゴールドやオダマキなどが花壇、庭先などに植えられ、とてもきれい。おまけに風がさわやかで空気も澄んでいる。

街の中央辺りになる文化会館の横はシルベット広場。脇の時計台のベンチに荷物を置いて、休みがてら開館を待つ。デジタルの温度計が少しずつ上がり、二七度近くにもなった。少し汗ばむくらいだった。ベンチ周辺に白い粉が散っている。見上げたら白い花、産毛のような花先。ハンノキだった。立山や、後述するシュムシュ島のハンノキは地面を這っているような印象があるのに、ここのハンノキは大木になっているので、驚いた、風に乗って音楽が聞こえてくる。小学校か幼稚園の運動会練習らしい放送。こんどの土日が本番か。

ゆっくり歩いて交通センター（中標津駅のあった場所）にもどり、道標の写真を撮っていると、一〇人ほどの高齢者が来てシャッターを押してくれと言う。どちらから来られたのかと聞くと、摩周湖から三泊四日で歩いてきたと言われる。気が遠くなるほど驚いた。何とかトレイルと書かれた標柱を囲んで並び、シャッターを押す。

町立図書館の玄関は文化会館の裏手だが、その前に清原日出夫という人の歌碑が建っていた。「産み月に入りし若牛立ちながら涙溜めいること多くなる」と刻まれている。母になる牛を愛情、慈しみをもって見つめている作者の気持ちが伝わってくる。

文化会館内の町立図書館に手紙を出しておいたので、司書が参考資料を準備していてくださった。『中標津町史』、『根釧開拓と移住研究』、『牛群雲の如し　根室酪農の歩み』、『歴史探訪　北海道移民史を知る！』、『北海道植民状況報文根室国』を閲覧させてもらい、一部をコピーしたが、富山県からの移住者に関する記述は少なかったので、略す。酪農に入った県人は少ないのか。ていねいに調べる余裕がなかった。

函館の長浦さんから沼田喜三郎について教わっていたこともあり、今回の調査旅行に石狩沼田訪問を入れた。現地を歩いた記録の前に、北海道雨竜郡沼田の地を拓き、町の礎を築いた喜三郎の出身地である富山県小矢部市津沢町西新にある沼田家の墓の脇に最近、石狩沼田町の人々の厚志によって設置された石碑文により、喜三郎の業績と生涯についてまず知ってほしい。

沼田喜三郎は天保五年（一八三四）砺波郡津沢町新西嶋村に甚三郎の三男として生まれる。十二歳で大工の弟子に、十四歳から奉公生活に入り、農業、商業、土木、染色工などを経て商売の心得を会得する。

明治十五年、喜三郎四十九歳、大志を抱き北海道小樽へ移住する。喜三郎は、当時、東北や北陸から米が運ばれていたことに着目し、精米業を開始。

明治二十四年、北海道初の株式会社「共成」を設立し、小樽市街の精米の六割を手がけるまでの規模拡大を果たす。当時の本社社屋は現在も小樽オルゴール館として現存している。

本州米を精米しているうちに「北海道でも稲作をしたい」と考え、社長の座を後進に譲り、華族農場用地の貸し下げを受け開墾委託株式会社を設立、現在の沼田北竜に開拓の鍬を入れた。明治二十七年、喜三郎六十三歳の春である。

喜三郎は、製材会社や亜麻会社、精米会社を設立。国鉄留萌線の誘致等、多くの事業を手がける。明治四十年、留萌線が現在の沼田の地を通り、駅前市街地が形成されると、進んで道路、神社、寺、学校などへの用地の寄付を行い、現在の沼田町発展の礎を築いた。質素な身なりに、腹八分目、富を得ても贅沢はせず、正座のまま農民と夜を徹して語り合う、その実直さは人々から慕われた。

しかし、大正二年の大凶作で資金難に見舞われ、全財産を投じて借金を返すとともに事業の多くを手放し、以後道北で材木業に携わる。

大正十二年（一九二三）八十九歳でその生涯を閉じるが、北海道開拓の最大の功労者として称えられ、町の発展の礎を築いた功績からアイヌ民族の言葉に由来する地名が多い北海道にあって、「沼田喜三郎」の姓を以って「沼田町」の名が残されている。

ここに沼田町民は、沼田町開拓百二十年を迎えるにあたって、その功績を偲び、出生の地であるこの碑を建て、永く後世にこれを伝えるものである。

設立　平成二十七年(二〇一五)四月吉日

さて調査の旅にもどる。

新千歳にもどり、札幌へ。地下鉄南北線で麻生（あさぶ）へ行き、知人の新琴似に住む内野智恵子さんと会って一時間話す。彼女の話の一部。

琴似は会津藩の入植地。新琴似には富山や福井からも入っている。私の母方の祖母は山形出身。白瀧（根室管内）は富山から酪農で入っている。父方の祖父は広川（名字）と言い、東京の両国で風呂屋をしていたが、空襲のため岩内に疎開した。・・・孫が大学を卒業し中標津の中学校に初任になった。中標津には中学校が二つあるが、空港に近い方。

そういえば、バスで標津川を渡った辺りに、部活をやっているらしい中学生の姿があり、元気な声が聞こえた。

また札幌までもどる。この日の内に石狩沼田まで行ける列車はないので、深川で一泊しなければならない。一八時発の特急カムイで深川へ。停車駅は江別、岩見沢、美唄、砂川、滝川、深川、そして旭川と、川が付く駅名が多い。石狩川を指しているのだろうか。

カムイ号内のアナウンスは日本語の外に中国語でも。アイヌ語はない。岩見沢駅停車で、向こう側のホームに馬ゾリのブロンズ像があったので、慌てて写真を撮った。

美唄駅過ぎた所に、線路に沿い四、五ｍの高さの金属柵が続いたので、柵が切れる所で振り返ってみたら、黒い山が隠れていた。石炭のようだ。粉塵を防ぐための柵か。

一八：〇〇　砂川駅。西の空に赤い夕陽。それが目に入る直前に石狩川を渡った。水田が広がる。田植えが済んでいる。

一九：〇五　深川駅着。あちこち歩く。予約の深川イルム館は駅から二分とあったが、まずその場所を確かめる。北海道はだいたいそうだが、道は縦横に広く整備され、落ち着いた街並みの印象がある。食費を節約してきたが、今晩は最後なので千円位のとんかつ定食でも食べたいと思っていたが、それらしい大衆食堂も見当たらず、一九：三〇に中華料理屋に入った。ご飯物はなくなったとのことで、酢豚とギョーザを頼んだ。時間がかかった。メニューを見たら八五〇円と五五〇円。高いので失敗したかと思ったが、酢豚はこってり、ギョーザはジャンボだった。ゆっくり食べた。

二〇：二五　イルム館に入る。フロントも

何もなく、食堂らしい所に入る。高校生が一人夕食をしていた。奥の賄の所に声を掛けた。通じた。入れ替わりに高校生がまた一人来て食事を始めた。合宿でもないだろう、今日はウィークディだ。部屋は二階。階段登った両側に五、六室が並ぶ。古くはないが、下宿屋の風情がある。トイレ、洗面、風呂共同。

荷物を部屋に置き、腹ごなしに散歩。あまり明るくない街を三、四〇分歩いた。駅前大通りの突き当りに石狩川、深川大橋と読める。薄暗くて少し怖いので渡らずに折り返す。

二二：〇〇　テレビを消して寝る。

六月五日（火）、五時半前に目が覚める。昨日のメモをまとめる。石狩沼田への往復の間、荷物を宿に頼んで預けようと思う。

六：三〇　朝食。階下に降りて行ったら、準備ができていた。御膳が七つくっ付いて並んでいた。自分が一番。おばさんもいないので食べる。二人目が来たが愛想なし。三人目、ブレザーを脱いで自分の向かいに座ったので、話しかけた。バスの運転手だった。

釧路から来た。釧路は十何度で涼しいが、内陸部は暑い。一〇度ぐらい違う時がある。うちの会社でも三週間前バス事故があって、人身。一人死に、大変だ。今回のバスの客はコテージ泊で自分だけここに泊まった。これから旭川に行く。

席を立ってすぐに玄関を出て行ったので、これから客を迎えに行って運転だろう。無事故で安全な運転をと後姿に願う。

若めの女性が厨房の奥で椅子に座っていたので、荷物を一〇時半まで預かってほしいと頼むと、誰もいなくなるからその辺に置いといてくださいと言うので。食事の間の隅に置いた。

七：二〇　深川駅着。留萌線。石狩沼田は深川から四駅目。普通列車一両編成。ここが始発なので、早くから六番線に入っていた。

八：〇四発　次の駅は「きたいちやん」、変わった名だ。「北一已」と書き、ワープロで打ったらすぐ出た。次は「ちっぷべつ」（秩父別）。ＪＲの駅名は全部ワープロに記憶させてあるようだ。高速道路が左手に並行して走っている。雨竜川を渡る。沼田町はたしか雨竜郡だったはず。

八：二〇　石狩沼田着。運転手が切符を受け取る。駅舎はあるが無人駅か、と思いきや奥に女性が座っていた。切符窓口の掲示を読むと、ＪＲ駅員はいないが町民に委託して業務を行っていると書かれている。記念入場券一七〇円で販売と書いてあるので、購入しがてら声を掛けた。

「石狩沼田という名前は、沼田喜三郎という人の名前からついたそうですが・・・」

「ええ、そうですよ。私はここではなく〇〇（よく聞き取れなかった）出身ですが、子どもが小学校の時、喜三郎さんのことを勉強していましたよ」

「その授業の時の副教材があれば見てみたいのですが、役場に行ったら資料がありますか」

「役場より図書館に行ったらいいと思いますが・・・」

「図書館は一〇時にならないと開かなくて。自分は一〇時一〇分の列車で深川に戻らなきゃならないもので間に合わないんです。教育委員会はどうですかね」

「教育委員会なら役場と道をはさんだ隣の建物の中ですよ」

「それと、喜三郎さんを顕彰する石碑をご存じですか」

「さあ、それはちょっと、わかりません」

役場や小中学校の場所を聞いて駅を出る。出たとたん正面に横長の大きい看板が目に入る。勇壮な夜高あんどんの写真と文字。もしや・・・。

駅前正面の大通りを信号二つ歩き、右に折れたらまもなく役場が見つかる。庁舎の手前右に顕彰碑があった。見上げる。礎石を含めると七、八mはあるようだ。裏面には沼田町（村）の歴代首長の名が刻まれている。逆光でしかもたくさん書かれていて、字がよく読めない。役場に入り窓口の若い男に、沼田喜三郎の資料と顕彰碑の文字全文が書かれているものはないかと聞くと、図書館か隣の生涯学習センターへ行けばわかるかもしれないとのこと。奥の課長席らしい人に相談に行った。課長?が出てきた。「読めませんか」と言いながら、碑の所に来てくれた。「『沼田喜三郎』とここに書かれていますね」と一行目下の方を読む。そしてコンクリートの礎石に登った。「私、読めますよ」という。慌ててメモ帳を取出し、「済みません、読んで下さい。自分は目が悪いもので」と頼んだら読み始めた。よく見ると自分にも読めそうだったので、しばらくして止めてもらって、お礼を言った。碑文の最後には「本碑を建てその功を偲び事績を録し之を永久に傳う　昭和二十九年八月建立」とあった。

『沼田町史』に書いてあるかもしれないと言われたので、隣の生学セに行く。一階右に町教委があったので、ちょうどよかった。七、八人の人が打ち合わせやデスクワークをしていた。九時少し前だったがいいだろうと思い、聞いた。

若い人が応対してくれ、上司と相談しながら『町史』も小学校の社会科副教材も見せてくれた。副教材『わたしたちの沼田』はコピーしか見せてもらえず、売ってはもらえない。窓口脇の椅子に座って読ませてもらい、必要ページのコピーをお願いした。『町史』には沼田喜三郎のことがかなり詳しく、逆に小学校副教材にはかんたんに分かりやすく書かれている。

夜高あんどんのパンフレットも一部くださった。彼らは「よたか」と言わず「よーたか」と言っている。もらったパンフにも「ようたか」とふりがながついている。伝承のうちに読み方は変わっていったのか。夜高節の一題目、「沼田乃夜高（ようたか）穂に穂が咲いてヨ　石狩雨竜のササ名物ヨ　サッサドッコイサノサ　ヨイヤサノサ」、またパンフの夜高あんどんの由来の伝承の項には**「当町の開拓者沼田喜三郎翁のふるさと（現在の富山県、小矢部市）の松本市長と津沢の有志の方々により、沼田町の開基八十年（昭和四十九年）を喜縁に伝承したものです」**と書かれている。小矢部の祭り文化・伝統がここに伝播し、継承されている。

たしかこの年は八月四、五日と駅前の看板かどこかに書かれていた。北海道三大あんどん祭りの一つと、観光協会のパンフには書かれている。

農協や保育所、小中高校、沼田自衛隊、商工会などがあんどんを出し、太鼓と踊りで練り歩くよのだが、特に役場製作のものが大きく勇壮な感じだ。駅前の看板（写真）。喜三郎の顕彰碑の前や、家があった駅の所には、ヨイヤサヨイヤサと必ず行くと思う。喜三郎さん、驚いて目を覚ますだろう。

時間があったので、小・中学校まで歩いた。

一〇：〇〇　少し前に駅に戻り、窓口業務の女性のガラス越し写真を一枚撮り、沼田喜三郎さんの家はここにあったそうですよと言ったら驚かれた。いつかそういう風に多くは忘れ去られていく。『町史』に沼田家の写真があったが、せめて記録に残っているといい。

一〇：一〇石狩沼田発→深川一〇：二七着。イルム館に行き、荷物を取る。案の定無人。
　深川駅で札幌→新千歳のＪＲ切符が買えた。
一〇：四九発のライラック一八号が旭川の乗継がらみで五分遅れ。札幌では元々乗換え時間が一〇分しかないので心配したが、車内で駅員に聞くと、「大丈夫ですよ。一二：〇五発のエアポート一二〇号には間に合いますよ。一番線に着き、六番線発車です」と言ってくれ、少し安心。
一一：五六　真直ぐな鉄路を走る。運ちゃんは遅れを取り戻し、一分遅れで札幌駅着。

　調査旅行、少し戻って、利尻島に渡る前の六月一日(金)小樽の越中屋泊、五：三〇起床。

六：〇〇　散歩を兼ねて、沼田喜三郎の建てた共成会社（オルゴール堂一号館）界隈へ歩く。うまくいけば水天宮にもと思う。

　一〇分で変則六叉路の向こうのオルゴール堂に突き当たる。手前の筋向いに当たる所に旧中越銀行（北銀）。その手前に上谷社長が言っていた建物、旧戸出物産。その向かいに戻ると、ルタオと木村商店倉庫跡。これは富山ではない。信号を見ながら道路を行ったり来たりして写真を撮る。

　掲示板の地図を見ると水天宮が近い。そこには石川啄木の歌碑もあったはず。掃除を始めたおばさんに道を確かめると、「きつい上り坂ですよ」。間もなく急な階段を登る。古い石段を数えたら一二〇段余り。休みの日にはここを田口タキと連れ立って小林多喜二も登った。啄木歌碑もあった。小樽の街、港、埠頭が一望できる。

　七時、宿着。昨夕と今朝に少しの時間歩いただけだが、越中屋旅館、沼田の共成会社、中越銀行、戸出物産。至近距離に越中富山人の足跡が今も残り、建物は今も使われていることを実感した。

　小樽の越中屋旅館については次節で述べる。


　沼田町の開拓者喜三郎の遺骨は沼田町郊外の墓で永眠しているが、富山県小矢部市津沢にある「沼田町開町の祖沼田喜三郎累代の墓」には、北海道からの訪問・墓参者が今も多いと聞く。また、喜三郎に連れられて渡道したおいの田島五三郎は、後に静内で求めた馬一三頭を水かさの増した雨竜川を渡って沼田にもどり、献身的に開墾を進め、それに因んで「田島公園」ができ、子どもたち、町民の憩いの場となっている。

　函館の長浦尹利さんからのお便りで、ご主人の祖父の方が富山県出身の「越中もん」だと教えていただいた。お名前は源蔵。明治四〇（一九〇七）年に西砺波郡梅原村より北海道上川郡和寒町川西に移住、開拓を進め、六五歳で亡くなられた。その後、昭和四三年に旭川に移られ、奥様は八四歳で亡くなられたとのこと。ＮＴＴ電話帳には長浦という名字はなかったが、源蔵さんの故郷（現在は南砺市梅原）に家あるいは墓が残るかも知れないと思い、過日に沼田喜三郎の事を調べに行った折、行って探したが、わからなかった。

○土建屋地崎宇三郎

　同じく長浦さんから、越中富山出身で北海道に出て成功し、建築業界で名を挙げた地崎宇三郎という人物を教えていただいた。『地崎工業百年史』という本を見つけて、調べた。彼は明治二（一八六九）年に富山県砺波郡に生まれ、渡道した人で、土木建築請負業の地崎組を設立した人。二代目宇三郎は北海タイムス社長も兼ね、衆議院議員も務めた。現在は三代目宇三郎。

　（次ページ写真は馬上の初代地崎宇三郎『地崎工業百年史』より）

○〝鶴じい〟こと山崎定次郎

　また、釧路湿原には現在では約千羽の丹頂鶴が生息しているが、昭和の初期に

はこの丹頂鶴は多くの入植者の開拓と田畑の耕作、そして心ないハンターの捕獲によってその優雅な姿が見られなくなり、絶滅の危機に瀕していた。富山県の貧農小作人の末っ子として生まれ、北海道に移住、旭川からさらに阿寒へと移動した開拓農民、山崎定次郎は、ある雪の朝偶然に裏の枯れたトウモロコシ畑に舞い降りた丹頂を発見、そっと雪原にトウモロコシを蒔き続けた。

丹頂は昭和二七年、特別天然記念物に指定された。また昭和三九年には北海道民の投票によって「北海道の鳥」に指定された。

八五歳になった〝鶴じい〟こと山崎定次郎は入院中の病床で雪混じりの風の音の中で「鶴だ、鶴が鳴いている」とはっきりと言い、付き添っていた家族は窓の外を見るが雪の原だけしか見えなくて、ベッドを振り返った時には鶴じいは静かに息を引き取っていた、というエピソードが残る。

では、多くの開拓農民や出稼ぎ・移民漁民、漁師たちの越中富山での集結点、つまり出発港ではどんな様子だったのだろうか。また、汽船からから降り立ち、最初に踏んだ地の様子はどうだったのだろう。

二節　函館と小樽

㈠ 伏木の港町に軒を連ねた移民宿

常隆らを乗せた高志丸が出帆した伏木港は、明治から大正にかけて富山から北海道に渡る人々が故郷に別れを告げて船出する「最後」の地として、二月から六月にかけて賑い、特に三～五月に集中した。砺波・小矢部地方の貧しい農民とその家族、あるいは下新川地方の零細漁民や出稼ぎ人、炭鉱へと向かう人々であるが、生活の場を新天地北海道に求めざるを得なかった人々ばかりではなく、それに関わる商業・金融業者や土建業者、さらには布教を目指す宗教者や売薬業者など、進取の気風に富む人々もいた。

また初期には屯田兵としての移民もあった。貧窮士族救済のための屯田兵募集は明治八（一八七五）年に始まったが、明治三二年に打ち切られている。応募戸数は石川県が第一位。

伏木出港北海道行き蒸気船の上陸先は函館と小樽だった。伏木に集結し船を待つ彼らの泊まる旅館が特に湊町通りと中道通りに並び、伏木の人々はそれを〝移民宿〟と呼んでいた。現在も旅館の建物が残っている。写真は旧松岡旅館。向かいには洋風土蔵造りの旧伏木銀行（後の高岡商工会議所伏木支所）があった。その建物も現残している。

「北陸は北海道にとって重要な移民のプールだったのであり、そして、それらのほとんどが乗船していった伏木港は、北海道移民開拓史上重要な位置を占めていた」と『伏木港史』（一九七三、伏木港史編さん委員会発行）には書かれている。

伏木港は富山・石川・福井の北陸三県移民集合地となり、北海道開拓使が北海道庁となった後には、道庁から移民事務遂行のための専任事務員が伏木に派遣され、明治四三年には、移民取扱事務所という道庁の出先機関が湊町に設置されたくらいである。

さらに政府が北海道を新開地として移住奨励することを受けて北海道庁拓殖部が発行した「北海道移住手引草」（大正四年のもの、乃南あさ著『地のはてから』上巻より）には「伏木は北海道移住民協立組合・・北海道廳移民取扱事務所の指揮を受け世話を爲し居るに付安全なり」と書かれている。

「手引草」の文章の漢字にはすべてふりがなが打たれている。小学校の就学率もまだ十分ではなく、識字率は低く、漢字が読めない人も多かったからだろう。また政府や道庁は、移住の覚悟・決意のある個人や家族に対して移動途上や到着移住地での生業と生活についてのさまざまな便宜を「手引草」に示している。移動の資金援助の種類は五つあり、①旅費、②家具、③農具、④小屋掛、⑤食料である。旅費の補助は距離にもよって違うせいか、「割引あり」としか書かれていない。そのせいか伏木ではさまざまなトラブルが起きている。たとえば伏木から北海道への船賃は半額になるのだが、それが書かれていないため、旅人宿の中には移住者には三割引きだと言って二割の差額をだまし取っていた例が『伏木港史』に書かれている。また、旅人宿の宿泊人数は多い時で明治三〇年三万九千人、三一年二万五千人であり、伏木駅を降りたとたんに数十人の客引きによる客の奪い合いが始まり、人力車夫には一〇銭～五〇銭の酒代をはずんで客を取り合う始末となったことが紹介されている。また各宿は、売薬さんと同じようなきれいな引き札（現在の高級チラシのようなもの）を関係先に発行し、自宿の宣伝をした。

明治中期から大正にかけて小矢部・砺波地方からの北海道移住者が多数に上ったことには、それなりの背景があった。明治二九年の台風と小矢部川の氾濫、三〇年にはウンカの大発生による甚大な被害、三二年には陸軍第九師団の演習地造成による該当地農家の立ち退き、さらに三八年から三年連続の暴風雨と洪水、それによる病害虫発生などである。もともと山裾の少ない耕地面積だったところに、明治三八年の日露戦争勝利による国威発揚と移民奨励の機運が後押ししたのだと考えられる。『福光町史』下巻（一九七一年、福光町史編纂委員会発行）には、移住する人々と見送る人々との悲しい別れの場面が載っているので、引用する。

また移住した人たちが現地へ渡っていくまでの決心と、その道中は大変なものであった。当時の福光には汽車も自動車もなく。小矢部川を笹舟で下って伏木港に着き、そこから汽船に乗って、海路を渡り、小樽港に上陸したのである。故郷との別れも哀切であった。福光橋下の小矢部川堤防で、親類や村の人人と水盃をして別れ、涙もて郷里を離れていった。本田栄三郎氏の回想によると次のようである。

一般の人びとは、そのころの北海道という土地を、無期懲役の犯罪人が移されていくところと思っており、農業開拓移住の重要性を理解することができなかった。見送りにきていながら、出発まぎわになって、

「北海道行きをまだ思い切る気はないかい。」というものさえいた。

最後にはあきらめて、

「それじゃとうとう蝦夷ガ島（当時はまだ江戸時代の呼び名の習慣がとれなかった）へ行かっしゃるか。これが娑婆での見おさめかの。」とオイオイ泣き出す始末だったという。

また舟が動き出すと、老人や女子供たちは、手拭いを振り振り、

「おうい、達者でいらっしゃあ」と呼びながら、小矢部川堤防沿いに何百米も追いかけていくものもあった。

海路の旅も楽でなかった。一五〇〇トンぐらいの小さな汽船は、波が荒れるとひどく揺れ、時には佐渡ガ島や航路近くの港に避難しなければならなかった。函館では船の乗換えをした。伏木港から約一一、二日ほどかかって、ようやく小樽についた。そこで初めて見た汽車に乗り、現地に向かったのであった。

行李に「移住案内」と「手引草」をたいせつに差し入れて故郷を出立した人々は、一人残らず、前途への大きな不安と、そしてそれに押しつぶされまいとする気概を胸に秘めて、日本海を見つめていたことだろう。

次ページは、『中越商工便覧』（川崎源太郎、一八八八年発行）より、当時の伏木港中道町通りなどにあった移民宿を選び出して貼り合わせたもの。各宿では宿泊業務の他に回船問屋、北陸と北海道を結ぶ汽船船切符の販売や荷物の取り扱い、荒物雑貨販売などの業務を行っていた。店先は行き交う旅人や人力車、郵便配達夫などで賑わっている。

下段の「川キワ」の水戸半右エ門の汽船宿は木造三階建ての立派なもので、どの階にも客の姿がある。また、軒下には汽船や回船会社の名の看板やや「軍用旅舎」と掲げられていたりし、関係業者との提携・契約関係もあったことが窺える。

二〇一六年の秋、砺波郷土資料館で「砺波にルーツを持つ人々～砺波から北海道へ～」という企画展が開かれた。砺波から北海道各地に入植した人々の事が詳しく、具体的にわかる展示だった。翌春に

図録ができているので、感心のある方は購入・一読をされたい。

　なお、砺波郷土資料館の建物は旧中越銀行、後の北陸銀行砺波支店を移築したもの。展示物や展示内容もさることながら、玄関を入った館内の造りなどは建築学的にも価値の高いものだろうと思われる。

㈡函館の街と北洋漁業

○二つの「北」銀

　北陸銀行は前身が十二銀行や第四十七銀行、中越銀行などの富山の地方銀行だが、「北陸銀行手帳」（二〇一九年発行）によるとその支店数は、北陸三県を除けば北海道に一番多く、一九支店（出張所を含む）ある。小樽の街を歩くと「北銀」が二行ある。北陸銀行と北海道銀行。しかも写真のように隣り合わせ。明治三三（一九〇〇）年に「北海道ノ拓殖事業ニ資本ヲ供給スル」という目的で北海道拓殖銀行が設立されたが、北陸銀行の第一号店である小樽支店は数ケ月先んじ、その前年にできている。そのこともあり、

北海道民は北陸銀行のことを「北銀」と略して呼び、北海道銀行は「道銀」と呼んでいる。

　北海道に富山の金融機関が多いのは、北前船による結びつきと北陸地方特に富山からの出稼ぎ者・移住者が多かったからである。富山の農山漁村の厳しい暮らし向きに立ちいかない人々は、北海道へ行けば土地がただでもらえる、土は肥えていて肥料いらず、その上徴兵は免除される、ニシンがヤマほどとれる、という話を聞き、新開地を夢見て集団で渡った。明治二五（一八九二）年から大正一〇（一九二一）年までの三〇年間では移住者総数は一八九万人だが、その約七割の一三二万人が東北、北陸地方（新潟県を含む）の出身者だった。（『新北海道史』第四巻通説三）また、明治三二年から一〇年間では北陸は移住者数の上位であり、中でも富山県は全国第一位を占めた。

　小樽に北銀一号店ができたのにはそういう所以（ゆえん）がある。

○高志丸の函館寄港

　大正六（一九一七）年五月末に大叔父らを乗せた富山水産講習所練習船高志丸は伏木港を出帆、函館・小樽に立ち寄り千島列島最北の幌筵（パラムシル）島、そしてカムチャツカ半島西岸沖合に向かった。しかし大叔父は『一生』には寄港地函館と小樽については、立ち寄ったという記述以外に何の説明も書いていない。関連部分の一部を抜書きすると――

　さて、高志丸は塩蔵タラ・カニ缶詰製造用の資材として食塩・空缶・硫酸紙・包丁・ハサミ等のほか、全員の食料、飲料水を積みこんで富山県伏木港を出帆した。エンジンのない帆船であるため航行中潮流に流されたり、あるいはジグザグコースを辿ったりして、途中函館港、小樽港に立ち寄りながら千島列島の北端村上湾に入港したのは6月初旬であった。北洋の航海は濃霧がひどく、船のデッキの上でも1間先にいる人が見えないことが度々あった。勿論航海中は他の船も見えない目くら航海である

　ここでもわかるが、すでに高志丸は所期の目的の一つとして海水による蟹缶詰製造の準備をして出帆している。三年後の呉羽丸が初めて成功したわけではない。ただし空缶は富山からではなく、函館あるいは小樽に寄港した際に上陸して積みこんだ可能性が高い。

　また、高志丸乗船遠洋漁業科二年の写真は『一生』にあったし、同級生の一村与三松氏の残したアルバムにもあるが、それには「佐渡紀行記念（高志丸）」と

付記されている。「紀行」は「寄港」の誤りだろうが、まちがいなく佐渡に寄っている。最北へ向かうことを考えると、写真にある生徒・職員の服装は肯ける。伏木帰港の途次ではないだろう。

当時、高志丸はどこで空缶を積んだか。大正六年現在で空缶を製造している工場はどこにあったのか。先ごろ糸魚川で大火事があったが、昭和九（一九三四）年の函館大火は二四時間で二二ヵ町四一六ヘクタールを焼きつくし、一一一〇五棟二二六六七世帯が焼き払われ、罹災者一〇二〇〇〇人、死者二一六六人という大被害となった。富山大空襲のありさまを想起させられる。大火前の函館市街主要図を、現マルハニチロの元社員猟古嘉市郎氏（守衛業務中にお邪魔した時の写真。函館在住。父親が富山県魚津市出身）から頂いた。それをつぶさに調べると、函館港西側の函館船渠（ドック）手前に日本製缶がある。また、その西側には日魯漁業台場町工場がある。日本製缶は大正一一（一九二二）年に北海製缶と東洋製缶を合併いて設立されたが、『日魯漁業経営史』を開くと、堤商会（日魯漁業株式会社の前身）は函館市の台場町に製缶工場を設けて大正四（一九一五）年から稼働して、自家用並びに外注に応じていたことが書かれている。高志丸が大正六年に函館で空缶を積みこんだのだとしたらここだろう。

択捉島水産会の駒井惇助氏（次ページ写真）にその場所に案内してもらう。空缶工場跡地自体は、今は更地となってトラロープが張ってあったが、岸壁に帆船高志丸が接岸している姿を想像できた。

駒井氏は択捉島水産会の代表だが、事務局は末広町の当時と同じ場所、現在は函館市地域交流まちづくりセンターの三階にある。後にお会いしたり電話や手紙で様々なことを教えて頂き、知己の間柄になったようにも私の方では感じている。

なお、前記したが北陸銀行（当時は十二銀行）函館支店は、高志丸が寄港した同じ年大正六（一九一七）年の一一月、地蔵町で営業を開始している。小樽、札幌に次いで北海道三番目の支店であり、建物は現在も残る。前記市街主要図にはこの地蔵町の支店と末広町の出張所の二つが書き込まれている。だから五稜郭支店と合わせて、函館には二支店一出張所があったことになる。

○択捉島水産会駒井氏から北洋漁業を学ぶ

富山の人たちは明治時代の後期辺りから入っている。その後昭和二〇年終戦の時に引き揚げてきた人たちは、二世の代になっている。富山県選出の宮腰衆議院議員には、何度かお会いしている。富山県の出身の方という関係もあり、国会議員の中では北方領土問題に取り組んでくれる第一人者。私たちが何か陳情とか相談事があると、北海道の代議士さんよりも宮腰さんに相談する。熱心で、あまり政治家らしくない、いわゆるソフトな学究肌の方。富山出身で歯舞・色丹の方に行っていた方々との付き合い、コミュニケーションを始終取っているようだ。エトロフには富山の人はあまりいないが、私の知っている方では高岡の小板さんという方が、今付き合いしている方の先代の方がエトロフ島へ行って漁業もしていた。北陸はわりに富山、石川、新潟の方が、北千島はもちろんだが、いわゆる四島を含め千島列島に行っている。福井はほとんどない。富山は、北海道本土はもちろん、千島とかなり交易があった。いわゆる北方四島を含む千島列島に、漁業関係で経営者にしろ従業員にしろ、行っている。

何回かエトロフ島にビザなし交流とか墓参で行っているが、去年七月はようやくヒトカップの方を回る班に入った。一隻も船はいなかった。だだっ広い、すごく大きい湾。日本連合艦隊が何十隻も入れる大きな湾で、湾という感覚よりも外海のよう。日本の船はもちろんいないし、ロシアの船も一隻もいなかった。海が静かで、これがヒトカップ湾か、と思った。函館湾と比べてずっと大きい。

私はエトロフ島に住んだことがない。私の父（駒井弥兵衛）だ。当時エトロフ島にはもちろん先住民がいた。いわゆるアイヌの人。元々がアイヌ人の土地だったから。高田屋嘉兵衛が寛政年間にエトロフ島を開拓した時は、函館を根拠に、店（大町）を構えて、周辺から漁民を連れて行ったり現地で漁民を雇ったりした。島に資材などはないから、全部函館から持っていった。高田屋嘉兵衛が函館を開発して以来、函館とエトロフ島とのつながりが深くなった。それで幕末の頃から漁業者が進出していた。私の曽祖父は岩手県宮古の出身で、一八六二（文久二）年に一七歳で宮古からエトロフ島に渡った。島には住み着かないで（住み着いていた人はアイヌの人ばかり）、漁期が終わると函館にもどって住んだ。明治一〇年、三〇歳の時に、貯めたお金で独立した。独立しようと最初から思って行ったのだろう。エトロフで当時の政府から漁場の払い下げを受け、経営したのが始まり。だから元々が曽祖父の時代から函館に自宅と店を構えた。函館には駒井の家のようにやる人が何人もいた。

漁期が始まる五月に函館の自宅から行き、一〇月末ぐらいになると帰ってくる。向こうでは冬は何にもできないから。祖父、父の代まで三代そういうことをやっていた。ところが昭和二〇年、終戦になって出漁できなくなった。当時のソ連に取られたから。その時私は函館の小学校六年、まだエトロフ島で働けるような歳でなかったから、行ったことがない。親父は、私がせめて大学を出てから島へ連れて行き、自分の漁場を覚えさせようと思っていた。父親のように大学を出てから島に行って、魚場の経営に携らせたかった。島には中学も大学も当然なく、小学校しかなかったから。

エトロフ島ではサケマスはいくらでも獲れた。ところが販売先は限られる。島だけじゃせいぜい人口は当時四千人か五千人だから、島の人間を相手にしても事業にならない。当時は高田屋嘉兵衛の時代から函館は海産商がさかんだったので、有力な海産商は函館にたくさんいた。根室にもいたようだが、やはり函館の海産商の方が力があった。私の家も含めてエトロフの大きな漁業家は、獲ってきて運搬した魚をほとんど函館の海産商に売った。函館の海産商も仕入れる物がなければ商売にならないので、魚、サケマスをどんどん買って自分たちの販路で本州方面へ、日本本土ばかりではなく中国大陸、上海だとかそっちへも。エトロフ島でつくったサケマスの缶詰も函館の海産商が（家は缶詰工場持ってなかった）、当時は当然欧米にまで売っていたそうだ。エトロフ島の漁業家は、漁撈は一生懸命、獲った物は函館の海産商に販売した。

中には青森から氷を積んだ冷蔵船（当時は冷凍船はない）がエトロフ島に来て魚を積んでいき、青森へ持って行き売っていた。腐るから塩蔵にする。保存方法は当時、塩蔵しかなかった。魚の腹を割いて内臓を取り、筋子は筋子で加工。内臓の取った腹の中に塩を入れる。函館や青森まで運ぶ時は塩蔵したのをさらに冷蔵船に積む。

函館からエトロフまでは、船はだいたい一八ノットぐらいのものだが、今でも根室から行くと、朝の八時ごろ出て翌日の朝七時か八時ごろ。当時は函館からだと、もう二日ぐらい。函館から行く時はまず船が根室に行く。根室で乗る人もいるし、そこで少し水を補給して行った。当時は今のように早い船でないからもっとかかった。一昼夜ぐらいかかったかも。一八ノットというと時速三〇キロぐらいか、自転車よりは速いぐらい。青森はもっとかかる。それに五、六時間プラスしないといけない。だから青森からも魚買いに来た、それから逆に買いに来ない場合はエトロフの我々のような漁業者が自分で船を雇って函館に送ってあげる。

お土産はない。島から持ってくる物は何もない。都会なら土産もあるだろうが。

産業は魚の他に昆布、海苔の海草。魚はサケマスが主。一ヶ所だけだがマグロの魚場があった。家の漁場はマグロやってなかったけれど。エトロフ島は紅鮭の南限で、一ヶ所紅鮭の魚場があった。紅というのは北の方でないと生息しないが、エトロフが南限で、高い、今でも。今はどんどん外国、ロシアやアラスカから入ってきている。ロシアといっても元々日本の領土。要するに橋本さんの大叔父さんたちが行っていた北千島とかカムチャツカの方で紅がたくさん獲れる。今は北洋漁業やってないけど、北洋の船では紅をたくさん獲ってきて、おいしいので高く売れた。ふつうのサケマスの一・五倍から二倍近くで売れる。

タラバはどこから函館に入ってくるのか、おそらくロシア産。樺太やカムチャツカから。北海道では今はほとんど獲れない。ロシアもかなり密漁にうるさくなった。三年ぐらい前までは、ロシアの漁民が獲る密漁はロシア政府はあまり取り締まらなかったが、最近資源保護がうるさくなり政府自体がロシアの漁民のカニの密漁を取り締まっているので、入ってくるのが少なくなっている。だから高い。それでも密漁で来ているのがある。どんなルートで来ているのか。

タラバもおいしいが、毛ガニの方がおいしい。高い。寒くなるこれからだ。

これはエトロフ島の地図だが、私の所は蘂取（シベトロ）という、ここ。それから紗那（シャナ）でもやっている。昔の地図だから右から読む。この辺のチリップ。そこでもやっていた。あとは留別、その三ケ所。親方（経営者）が行って漁夫と一緒に寝泊りする。倉庫は、船が来るまでの間、魚を入れとかなきゃいけない。漁業資材も入れとかなきゃなら

ない。番屋（ばんや）と倉庫は必ずどこの漁場にもあった。定置網。写真（前ページ）はエトロフ島の駒井漁場のようす。背後は番屋と倉庫。

　サケマスは川でも獲れるが、海から産卵のために川に上がってくる。それを獲っちゃだめ、産卵するのだから。わんさと上がってくるから川の河口で獲っても、たとえば一万匹上がってきても全部獲れるはずないから、そこで網を張っていても精々半分ぐらい獲って、大ざっぱに言うとあと半分は上がっていく。そしてそこでも産卵するから。河口で獲ることは当然、漁業免許で許されていた。定置網というのは河口の近くに立てる。サケが上がってくるから、川の中では孵化をするための魚だけよりは、獲っては駄目。釣りする程度なら今でもいる。その程度ならいくら釣っても百匹も獲れない。それくらいは見逃す。稚魚の時に川から出て行き、三、四年で生まれた所に戻って来る。不思議。生まれた所に戻って来て産卵し、その卵が又大きくなって、の繰り返し。ご覧の通り島にはたくさん川がある。

　ここがヒトカップ湾。大きい。天寧（テンネイ）という所に飛行場があった。今でもある。地図で見ると湾に見えるけど、行ってみると湾というより海。ここに日本連合艦隊が三〇隻集結した。ここから真珠湾攻撃に行ったのだと言うと、ええ、そういう所ですか？と言う人がいる。当時軍事秘密で、攻撃した後に初めて発表したから。一二月八日のかなり前から集結していた。いっぺんに三〇隻来ないで、ボツボツと行ったそうだ。ここに住んでいた島民の方々が、朝起きたら軍艦がゴッソリいてビックリしたと言っている。ここから出撃、「ニイタカヤマノボレ」だ。

　富山に水産講習所があったそうだが、岩手県にも海に面した所にあった。大叔父さんがいらっしゃった北千島というのは、ここ。昔はエトロフ島以南を南千島って言ったが、今は南千島という言葉は使わない。なぜかというと、サンフランシスコ条約で日本は千島列島を放棄したと書いてある。そうすると、千島という言葉を使うと、日本は千島列島を放棄したからこれも千島で放棄したということになる。それで北方四島という言葉を使う。それは私のような立場からするとあまり言えないのだが、本当は通じない。言い逃れみたいだが。

　千島列島の中で人口が一番多かったのはクナシリ。面積はエトロフの方が大きく、沖縄の二・六倍。だいたい三一〇〇平方㎞。クナシリは沖縄の一・五倍。だが人口はクナシリの方が多かった。やはり根室に近いからだろう。クナシリは、晴れた日に根室からはかすかに見える。一番見える所は羅臼。近いのでよく見える。納沙布からは歯舞群島がいくらか見える。（地図を見ながら）これが色丹島。これが歯舞群島。この歯舞群島の中に富山から行った人が多い。色丹もいたそうだが、主に歯舞群島で、水晶島だとか志発島、多楽島、秋勇留島、それらの島々に富山の人が行っていた。主にその島々は昆布漁。

　北陸銀行は昔、この辺にあった。北陸から漁業関係で函館に住み着いた人が多いし、函館に海産商が魚をあちこちに売っていた。仮に海産商が富山だとか金沢、福井だとかに魚を取引きしていれば、当然北陸銀行を使っている。昔は三店舗あった。今でも北陸銀行、青森銀行とかがある。札幌にもあるが、当時は札幌よりも函館の方が経済は発達していた。なぜかというと函館は、エトロフばかりではなく、大叔父さんの関係ある北千島、カムチャツカ、そういう所と函館の海産商が取り引きをしていたし、日露漁業の本拠がここにあり、終戦までは函館の方が経済力も人口も多かった。当時はそういう島々で仕事ができたし。

　小樽と函館は海産商の取り引きがあっ

た。北海製罐は小樽だが、日魯の子会社だから函館にもあった。二〇年ぐらい前になくなったが、すぐこの近く、港に面したところにあった。西の方、函館ドックに近かった。

当時、エトロフは通称函館市択捉町と言った。それだけ関係があった、エトロフが函館の経済圏だったということだ。ふつうの人は、根室の方が地理的に近いから根室とエトロフの方がもっと深いつながりではないかと思うが、根室はクナシリと歯舞・色丹につながりが多かった。

橋本さんの手紙に書いてあったけれど、エトロフ島はカニが獲れなかった。食べるくらいは獲れたけれども、資源的には、事業として缶詰をつくるほどのカニは獲れなかった。サケマスの缶詰工場は（藤沢さんが写真パネルを持ってきて）、この辺に紗万部（シャマンベ）、大きなサケマスの缶詰工場があった。パネルに「缶詰工場の黒煙」と書いてある、沖には魚を積みに来る船がけっこういる。岸壁がなかったから、はしけで運ぶ。たくさんあったけれど、主なもう一ケ所は、紗那から離れて、小さい字だが、乙今丑（オトイマウシ）、ここにもあった。

エトロフ島全体で、五月～一〇月くらいの間の漁期になると漁業・水産関係者が二千人ぐらい働きに行っていた。北陸・青森・函館。そして一〇月ぐらいには皆帰る、土産魚を持って。

滑川の水産講習所卒業後の大叔父の勤め先は、樺太の日魯漁業カニ缶詰工場だったが、函館仲浜町に本社があった。奇しくも大叔父は、再度函館の土を踏んでいた。その辺りの経緯を『一生』より転記する。

大正七年一月下旬、私が勤務することになった当時の日魯漁業株式会社は、大阪の島徳蔵という方が社長であった。勤務場所がカラフトの南端、能登呂岬灯台の下南白主村にある蟹缶詰工場であることは、函館の仲浜町にある本社に行って初めて知ったのである。

函館で、現地で使用する一〇トン位のカニ刺網漁船川崎船を小樽丸という船に積み込み、途中小樽港、海馬島を経てカラフトの真岡港に入港したのは二月初旬であった。丁度厳寒の時期で、真岡港は一面に氷でとざされていた。

沖合で川崎船を降し、私もともに下船して約二〇日間ほど真岡本町にあった香深館という旅館に宿泊し、おろした川崎船に池貝鉄工場製の一二馬力焼玉エンジンを据付けた。据付けには機関士と私の二人が当ったが、私は機械については何の知識も経験もなかったので非常に苦労した。

しかしどうにかエンジンが働いて船が走るようになったので、その船をカニ缶詰工場に回航すべく、カラフト西海岸に沿って航行し、三月初旬、本斗を経て目的とする日魯漁業南能登呂カニ缶詰工場に着いたのである

※筆者注　川崎船とは蟹工船に搭載されている船のことで、刺網の投下と引き揚げをするもの。夜明けとともにダビット（巻揚げ機のこと）で母船から降ろされ、作業が終了すると母船に引き揚げられる。ふつうは九～一〇隻が搭載されていて、一〇トン型二五馬力が標準。波に強くエンジンは扱いやすいことが必要。

宮城県出身作家、熊谷達也の短編小説『川崎船』は、鱈漁の本場である青森県下北半島脇野沢村が舞台だが、そこで川崎船を操って暮らす父を継ごうとする栄二郎に、父は学校に上がれと勧める件があるが、それは富山の商船学校だった。私は大腸がんの術後入院中、偶然この短編集を休憩談話室で見つけ、読んだ。

○オヒョウのこと、あれこれ

大叔父がオヒョウのことについて書いている部分を抜き書きする。

タラのほかに大鮃（オヒョウ）の畳一枚ぐらいのものや、タコ・タラバガニ等

がかかることもあった。これらの魚の種類は引揚げる前に、喰いついた引張り加減の手の触感で知る事ができた。当時のオホーツク海は如何に魚が豊富であったことか。釣針を海に投げこむと、おもりがタラの頭にぶつかるのが手に判るほどであった

オヒョウとはカレイ科の魚で、ヒラメ、カレイ類中で最も大型。だから漢字で大鮃（大きなヒラメ）と書くわけだ。だが、いくら何でも「畳一枚ぐらい」はオーバーな表現だと思った。しかし、県内の年配漁業従事者や北海道の関係者に会う度に聞いてみて、オーバーな表現ではなく事実であることが分かった。択捉島水産会の藤沢さんがインターネットで引き出してくれた写真を見ると。漁師がえらに手をかけてオヒョウを持ち上げているが、半身も持ち上がっていないように見える。キャプションには「択捉島蘂取村ウェンモイ沖漁獲オヒョウ　昭和一二〜一五年頃」とある。釣り上げるのにどれほどの怪力が必要か。二人、三人がかりで引っ張り上げたものだろう。

　左の写真は『羅臼町百年史』より。昭和二五、六年頃獲れたオヒョウ。二人がかりで竿ばかりを担いでいる。また、『羅臼町史』には、「植別村が急激な発展をみせたのは明治二十一年からの鱈、大鮃漁の試みの成功と、明治二十四年における鰊建網漁業、翌二十五年より越中（富山県）地方より鱈釣業者の入込みによってであることについては間違いのないところであって、これら業者の定着過程をみても知ることが出来る」（植別村は現在の羅臼町）とし、その素因の一つに「裸一貫で渡根し、漁夫として働いたあとに独立漁業に着手する者、主に富山県出身者（越中衆という。）に多い」と挙げている。「渡根」とは根室に渡ること。

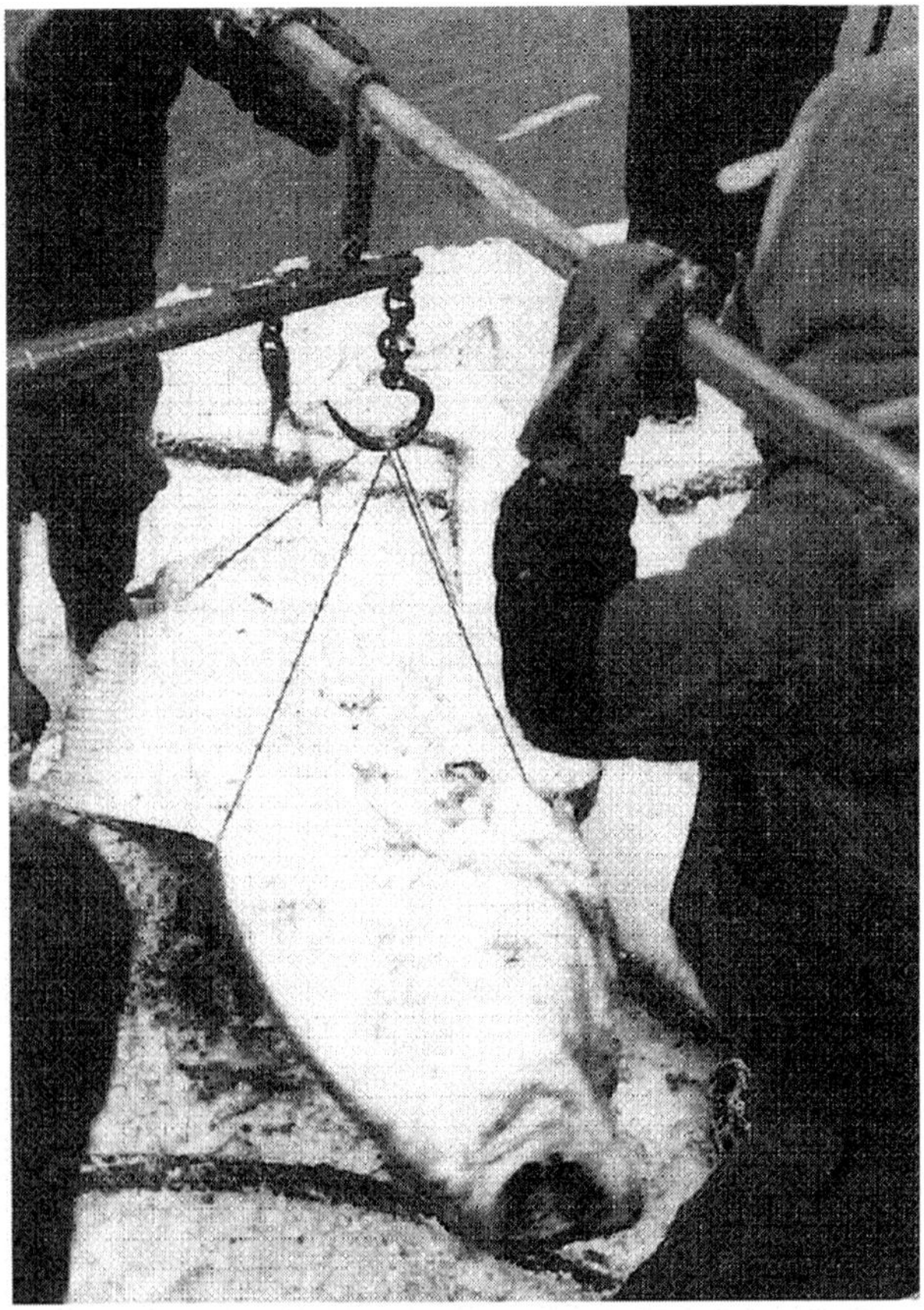

大鮃・棒ハカリがなつかしい（昭和25・6年頃）

　実際、羅臼船見町の民宿「野むら」の女将は、「そのくらいはあったよ。でも最近は四〇センチほどのものしかとれない」と。乱獲のせいで大きく育たなくなったのだ。

　明治中期に北見地方でオヒョウ漁業が始まったが、当時は交通の便が悪いため漁獲物は肥料として利用されていた。だが明治末期になって氷蔵による本州各地への搬出が始まり、オヒョウ漁業が脚光を浴びるようになったと『北の魚たち』（北日本海洋センター）にある。体長について、「一歳で約九cm、二歳で二三cm、五歳で五七cm、一〇歳で九一cm、二〇歳で一七〇cmになる」とし、北海道周辺の

記録として、一九七一年三月に留萌管内苫前沖で二四〇cm、一五〇kg、翌年に紋別市沖で底引網で獲られた二一〇cm、二〇〇kgなどとある。大叔父らが高志丸で釣ったのはオホーツク海の北千島からカムチャツカ西岸沖合であるから、時期や場所から考えると、もっと大きく育ったものでも不思議でなく、「畳一枚ぐらい」という表現は納得できる。

ちなみに、沖縄に配備され、時々墜落した戦闘用垂直離着陸機「オスプレイ」とは猛禽類に似ているから付けられた英語名だが、やはり米海軍の兵器で、「ハリバット」という巡航ミサイル積載の原子力潜水艦がある。これは日本語では大鮃、オヒョウのこと。halibutと書き、holy（神聖な）とbutte（カレイ・ヒラメ類）の合成語で、かつてholiday（神聖な日）に食べられたことに由来している。しかし米兵器ハリバットは煮ても焼いても食えない代物だ。

○函館北洋資料館にある呉羽丸の模型

函館駅から市電に乗り、五稜郭公園前で降りる。歩いて間もなく五稜郭だが、その手前、通りをはさんだ所に函館市北洋資料館がある。函館と北洋の結びつきの歴史、母船式のサケ・マス・カニ漁業のことが立体的な展示から学べる。函館の長浦さんが、そこに呉羽丸のミニチュア模型があることを教えてくれた。そのことに関して手紙を出し、すぐそばの函館中央図書館へも行きがてら、北洋資料館に訪れた。

写真のような呉羽丸が展示されていた。学芸員の方に調べてもらったが、いつ頃どのような経緯で展示するようになったかわからなかった。模型前の説明には**「呉羽丸　富山県水産講習所の練習船（一七五トン）。大正九（一九二〇）年、カムチャツカ海域において、海水を使用したカニ缶詰の船内製造に成功。母船式カニ工船漁業発展の起因となった」**とある。一章でる述べたように、これは正確な説明ではない。**「カムチャツカ海域において、海水を使用したカニ缶詰の船内製造に成功」**したのは初代練習船高志丸である。その成功の結果、確信を得た水産講習所と富山県は工船蟹漁業中心の実習船呉羽丸を建造したのである。

大正六〜八年に高志丸でカムチャツカ西岸沖で、海水によるカニ缶詰を製造してきた水産講習所の職員や大叔父ら実習生にとってはその事実が評価されていないことは残念なことであり、呉羽丸の隣に高志丸の模型と説明書きが並ぶのがていねいで正しいと私は考える。

㈢越中宮崎から函館山の海崖に

橋本さん、博物館の企画展反省会で聞いたことなんですけどね。富山の人が、明治の頃に函館山の裏、平地が少なく崖下で人がほとんど住めない場所へ入植して住んでいた。漁業と畑だけの自給自足で、寒川という集落です。多い時で五、六〇人住んでいたらしいです。終戦後まであったんですが、台風被害で生活ができなくなって、函館市の指示で最後は全員市内に引っ越し、今は誰もいないんです。親から孫と三代くらい続いていたはずです。昔は吊り橋を渡って行けたんですが、今はなくて、とても行けないんです。連絡船からは遠目に見えましたよ。私も少し調べてみますがね、富山の方でも調べれば何かわかるかも知れませんよ

三年前の一〇月、択捉島水産会の駒井惇助さんから、こんな内容の電話が入った。驚くような話だったが、記憶の隅に何か引っかかるものがあった。しかし曖昧なことも言えず、お礼を言い、電話を切った。越中人の足跡が思わぬ所にも。調べようと思った。

数年前、何かで見たぞ。手元の『富山県史』、『新北海道史』、『函館市史』をめくったが、書かれていない。だが、七年前に函館駒場町の古書店で買った『函館大正史郷土新聞資料集一』（元木省吾編昭和四三年発行）の中、函館日日新聞昭和二年五月二二日付「寒川を訪う記」を、とうとう見つけた。その一部を写す。

「寒川は緩傾斜の崖上僅か八戸で、南と東に分かれ、東に、学校の建物と外三棟がある。

その中央に村長格の国岩武次郎（七四才）が、二七年も住んでいる。人口は四十九人だが、現在男は全部千島樺太カムチャツカに出稼し、七十四才の二老人と、女と子供が残っている」

「函館要塞の土地を借りて、農作物は自

（『地図で見る百年前の日本』（上野明雄編著、小学館、1998）より

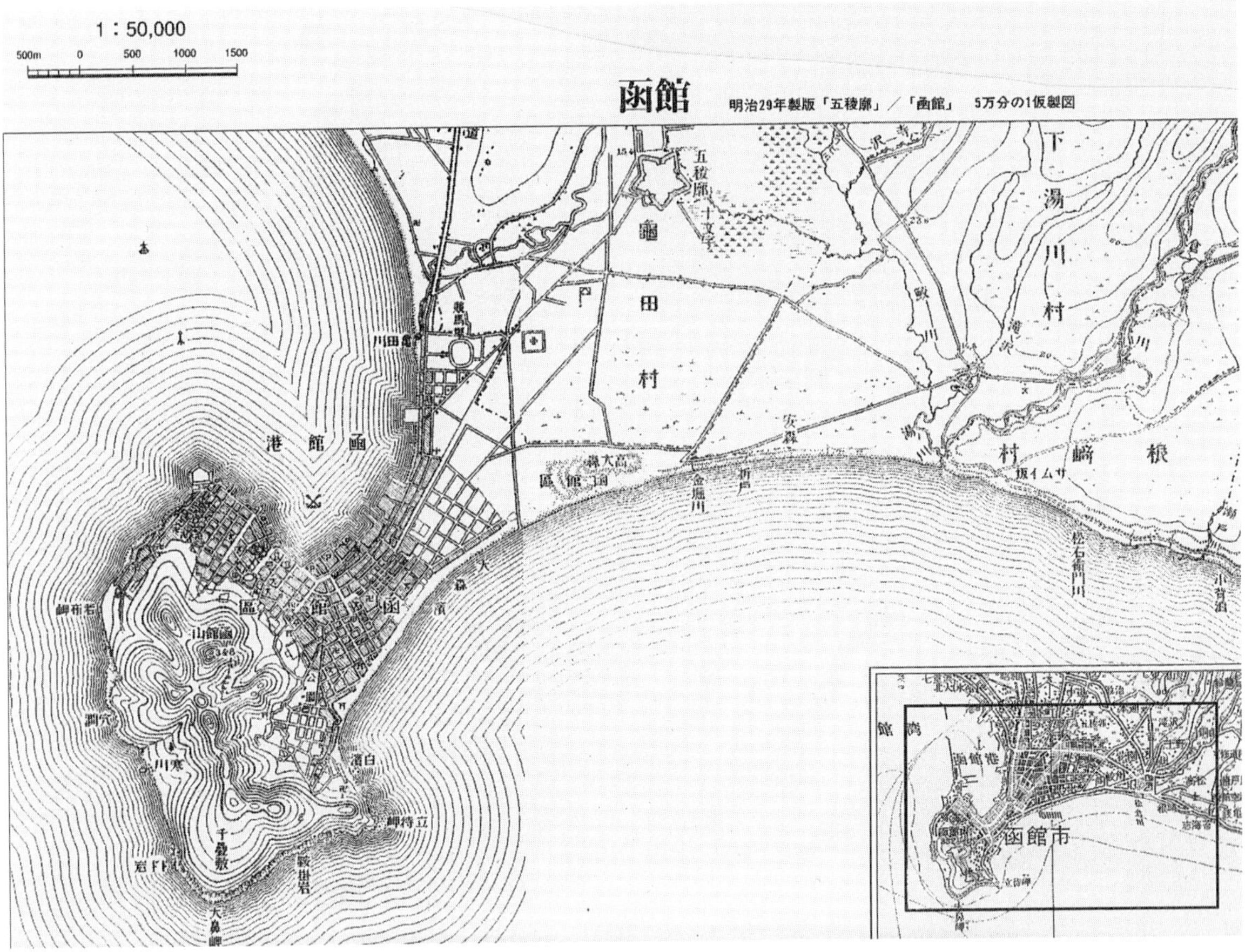

給自足、海草も不自由しないが、舟がないので魚はとれない。一昨年架けた穴澗の橋も、三月九日の大時化で流されて、針金でとめてある」

「(郵便)配達の水島家でも、親方が漁場に行っているので、妻のお糸さんが九月までは、三日毎に風呂敷包みを背負って函館本局に来て、差出したり受取って皈(かえ。ルビ橋本)る」

「この村は代々越中の宮崎村から移住して来た人ばかりで、同姓国岩が多い。九月には氏神鹿島分神の祭礼が、出稼の皈って来るのを待って、盛大に行われる。年に一度の村芝居や仮装もある」

国岩武次郎。計算すると明治三〇年代には寒川に住んでいたことになる。国岩姓が多いとあるから、函館市内に今もあると思い、富山市立図書館へ行き電話帳を調べた。だが函館市にはこの姓は一軒もない。札幌に出たかと推測し調べたが、札幌にもない。富山県朝日町の電話帳にも国岩はない。口岩姓は五軒ある。口岩姓は富山県内の電話帳を全部調べたが、宮崎にしかない。資料集はまちがいか。現物資料そのものに当たろうと思い、函館市中央図書館にお願いしたら、道外の方の場合、コピーは江別市の道立図書館北方資料室に頼んで下さいとのこと。指示通り申請書とコピー代送料代を送る。二週間後に届く。やはり「国岩」ではなく「口岩」。大正資料集、あるいは函館日々新聞記事のまちがいだった。

富山市立図書館に出かけて『朝日町誌』と『宮崎村の歴史と生活』を開いたが、寒川の記述はない。後者に、明治中期の大火で多くの村民の生活が困窮したが北海道の浜益地方の鰊(ニシン)漁のことを聞き、渡道する漁民が増えたとあるが、寒川のことではない。

地元の図書館で調べよう。宮崎村は朝日町に合併している。朝日町立図書館に電話をし、尋ねた。数時間後に返事がくる。翌日、伺う。七種類の資料を閲覧。内容が同じものもあるが、函館在住の水島政治(まさはる)という人が折々、寄贈したものか。緑色表紙九三ページの冊子『穴澗　寒川』が一番新しい。読んで、政治氏は函館資料集に載っていた郵便配達人水島竹松・いとの孫(養子)であることがわかる。六歳まで寒川に住んでいた。後に来函した折、政治さんと電話で話ができた。

インターネットで函館寒川を検索したら、意外にもいくつか載っている。年代や人数、移住動機などにあいまいさや食い違いはあるが、概要はつかめた。明治一七(一八八四)年に富山県宮崎村から水島和吉ら六戸(か七、八戸)二〇人が入植、二七、八年にも数家族で移住してきている。最盛期(昭和一〇年)には三〇戸が軒を連ね、六〇人以上が暮らし、学校(幸小学校の分教場)もあった。昭和二九年の洞爺丸台風の大津波で被災、その三年後までにすべての住民が離村し、無人となっている。

昭和四〇年までは寒川海水浴場への定期船があったようだ。秘境ツアーと名うって渡船、上陸し調査した記録や北側から穴澗海岸沿い、吊り橋を渡って辿る例、山越えで危険な斜面と崖を降りた例もある。現在は海岸一帯が笹薮で、居住跡を見つけるのは難しいとか。吊り橋が落ち、海からか山越えでしか入ることができず、岸沿いコースも山越えコースも「危険のため通行禁止」の立て札が立っている。敢えて行くなら自己責任での探険になる。

座学はできた。だが、寒川行きはもしかしたらここから始まるかもしれないという予感。

第一歩。私は、その年九月八日の函館博物館での「北海道の昆布が支える日本の文化」という研究報告会に聴講申し込みをしていた。長浦さんや駒井さん、それに猟古さんにも会いたい。ジパング倶楽部でＪＲ切符を予約。二つの新幹線を乗り継ぐと、新函館北斗まで六時間半で行ける。九月六日、朝一番の北陸新幹線に乗ったその日の未明に大地震。道内全域停電のブラックアウト。北海道新幹線は新青森でストップ。電話も函館にも小樽（越中屋旅館に行く予定だった）にも通じない。新青森での宿も一杯で取れず、弘前まで行き、翌日まで様子を見たがだめ。山形に回り長男に会い、函館と小樽に渡す予定だった土産を三つとも渡して帰富。

まもなく長浦さんから、停電で函館の夜空の星がとても美しいとＳメールが届いた。

中止になった昆布文化報告会を一一月三日（土）に実施との案内があり、〝捲土重来〟と宿直のアルバイト仕事をまた交代してもらい、計画した。雪が降るかもしれないが、長靴を履いていくのも街歩きには憚られる。でも幸運な条件がいくつか重なれば寒川跡地に行けるかも、と五千円で防滑防水靴を買い、慣らし散歩をした。

第二歩。友人四人で有峰を散策した後、大山歴史民俗資料館に寄ったら、駐車場に函館ナンバーの乗用車がある。館内に入ると若者が一人。見学を終えるのを待って彼に話しかけたら、函館から調理の仕事で富山に来ているとのこと。寒川について聞いてみると、行ったことはないが、小学生の時、母親と函館山に登り、裏（海）側の崖下にそんな名前の村があることを教わったような気がすると言う。私の心が波立った。折があったらお母さんに聞いてみてください、と彼に名刺を渡した。

二日ほど後にメールが来、母は行ったことがないが詳しい人に聞いてみるとのこと。数日後にまた連絡があり、木村マサ子さんという人を紹介される。電話で連絡を取ると、山越えは道が崩れていて行けない、立ち入り禁止になっていて監視カメラがあり、入れば私たちにわかるようになっているとのこと。函館に来るのならお話ししましょうと言われるので約束した。だが、結果的には前々日携帯電話が入り用事ができて会えないとのことだった。後で別の人から聞いたことだが、木村さんは、「ぶらタモリ」というテレビ番組で函館山の紹介の時に出演し、タモリをタジタジにした人だとか。

第三歩。一一月二日午後、函館市中央図書館に着き、事前に依頼していた寒川関連資料を研修室で見せて頂く。地元の新聞記事や冊子など興味深いものがあり、必要部分をコピーした。宮崎正孝の「炎の山」という寒川について詠んだ詩も見つけた。猟古さんも来て下さり、新聞資料のコピーを頂いた。図書館保存新聞記事を二人で見ていると彼が、これ私も行きましたよと写真を指差す。「秘境・寒川集落を訪ねて」という一五年程前の函館新聞の集合写真に帽子を被った猟古さんがいた。「巨岩、奇岩、切り立ったがけ・・・厳しい環境」というサブタイトル。水島政治さんに連絡してみたらどうかと、猟古さんは言う。

第四歩。夜、宿に戻って水島さんに電話。山越えは難しいが、舟でなら行ける、四日なら知り合いの船頭に何人か当たってみるとのこと。しばらくして電話が入り、釣り客の予約が入って皆駄目だとのこと。橋本は一一月二四日に択捉島水産会の依頼で講演することになっていてその時また函館に来ることを伝えると、舟を手配してみると言って電話を切られた。結果的には二日後に電話でその日も二五日も借りられなかった。水島さんが発行された『穴澗　寒川』の冊子を富山の朝日町の図書館で読ませて頂いたと言ったら、五〇部作ったがあと一冊残っているから差し上げます、八時頃あなたの宿に持っていきます、とのこと。代金を聞いたらいらないと言われる。あと三〇分ほどあり、せめてお礼に酒とつまみでもと思い立ち、近くのコンビニに行き、買って帰ったら、入れ違いで宿のフロントに冊子を預けていって下さった。

第五歩。三日、地域交流まちづくりセンターに行き駒井さんと会えた。横内さんという人（地元函館のフォーク・シンガーだと後で知る）が探された資料で寒川の地番入りの古地図を見せて下さった。「山背泊字寒川」とあり、海と崖に挟まれた、垂木、いや昆布を伸ばしたみたいな細長の地に、一五までの地番と各坪数が書き込まれている。おおよそのイメージは湧く。だが行くのは難しいだろうと言われる。

第六歩。寒川現地行きはあきらめる。四日の昆布研究報告会は午後一時から五時までなので、午前中はゆっくりしようと決め、三日の晩は眠った。朝目覚め、どうしようかと思案。犬も歩けば棒にあたるかもしれない。函館山を歩こうと決めた。運があれば寒川を知る人に出逢えるかも、などと微かな期待を持ち、肩掛けバッグに飲料と非常食、軍手、タオルを詰め（ロープを宿に置いてきたことを後で後悔する）、靴紐を強く締め、帽子を被って宿を出た。

ゴンドラ乗場を右に見て少し行くと管理棟らしき建物があったので寒川について尋ねたが、行けない、道も分からないとのこと。ジグザグ風の旧登山道に入る。日曜、人が歩いているのに出会う。少し先にも、私よりもやや齢上らしい男がザックを背負い、杖を持って登っている。ほどなく小休憩。彼が早くも休み、何やらメモをしている。挨拶だけと思い、声をかけたら彼が、まあどうぞ、と言ってベンチの席を空ける。無下に通り過ぎるのも失礼なので、座る。

彼が言うのはこうだ。私は、今日ここに来る予定はなかったんだが、昨日かみさんにキノコを採ってこいと言われたので、今から入江山軍事要塞へ採りに行く予定。あんた富山から来たのか。寒川？、案内しましょ。だが、待てよ、今朝はロープ置いてきたぞ。ロープないとだめ。

私はこの瞬間、ロープを宿に置いてき

たことを強く後悔した。彼はしばらく思案し、私の風体を上から下までジロジロと観察してから、しばらく思案。そして、「よし行こう」と決断の言。

登る途中、色々な話をして下さる。函館でふるさと学をやっているとのこと。函館山は臥牛（がぎゅう）山ともいう。牛の背のような尾根まで行き、寒川が崖下にある所までは道があった。立ち入り禁止の看板の横を入って藪潜り。時おり伝い歩き用のロープが張ってある。なければ迷う。足元が滑る。細心の注意。彼は時々休み、誰に言うともなくしゃべる。聖書の一節が出てくるかと思えば啄木の短歌を詠じたり植物の説明をしたり。寒川にはキトビロが生えて、これがうまい。アイヌねぎで精が付く、とか。晩秋の陽が落葉の雑木から漏れ、絶景。

「おもてを見せ、うらをも見せて、散るもみじ。蓮如ですよ」

人間も信じ合っていくためにそうありたいと、蓮如に共感した。

一時間ほど下り、古い倒木の傍で何度目かの休み。彼はその下を探るように覗きこむ。

「ありましたよ、ヌキダケ。私の家はキノコはこれしか食べないほど。帰りに採ればかみさんに言い訳が立つ」。

ジグザグに降りる。傾斜が一層きつくなる。寒川地内に入ったよう。

「以前は、この辺に『これより寒川名物あり』と書いた看板がありましたよ」

「寒川名物って何ですか」と聞いてみると、

「マムシですよ。バカバカ出るんです。でも今はもう冬眠だから」

海と、そして波打ち際が眼下に見える所まで降りてきた。折戸さんのお陰で来られた。単なる偶然の重なりといえばそれまでだが、体の熱か心の昂りか、震え出しそうだった。しかし、ここからが最も急。感慨に浸っている場合ではない。ロープを握り締め、足元を確かめ、体の向きをゆっくり右に左に変えて重心を確かめ、慎重に下る。

海辺（砂や土はなく石ころと岩礁の海岸）に降り切る直前、右手足下に葦に覆われた御影石の標柱を見つけ、写真を撮り、メジャーで測る。一五cm×一五cm×高さ四四cm。水島政治さんが退村後に設置したもの。左側に彫られた五行を読む。

明治三十八年（一九〇五年）
富山県下新川郡宮崎村宮崎より
水島竹松他数十名新天地を求め
寒川の地を移住地とした地
定設者　水島政治

折戸さんは手頃な流木に座り、タバコをくわえ、紫煙をくゆらせる。禁煙四〇年を過ぎた私も、一本くださいと言いかけたが、すんでのところで抑える。

海に沿う三〜四〇〇m幅ほどの寒川集落跡地で小一時間過ごし、往時を想う。岩間を滲み出す冷泉も教わった。三ヶ所の石垣（縦に一〇数個の石組み）上に何軒かの家があった痕跡。よくもまあ、はるかな越中宮崎からこの崖下に来、暮らしを立ててこられた。夏場、男衆は千島かカムチャツカか樺太に出稼ぎ、女衆は畑かワカメ採り。冬場は海苔、フノリ。男衆は弁天町の鋼（はがね）工場に働きに出る。

フノリは、私は利尻の沓形で頂いたが、おつゆに放すと赤茶色のセンイになって浮かび、ほのかな香りが何とも言えずおいしい。寒川の石と岩だらけの浜は前浜というが、宮崎海岸の前浜に因んで彼らが名付けたものではないだろうか。

明治一七年、水島和吉、嘉義傳次右衛門、口岩竹次郎らの数家族はどうやってここまで来たのか。もし、言い伝えのように四、五人乗りの櫓（ろ）漕ぎコンコロ舟できたとしたなら、日和を見ながら糸魚川や酒田等の港へ寄り、岸に沿いながら漕いだのではないだろうか。ニシンを追ってかブリ漁か。タラかオヒョウ釣りか。それともイカかマグロか。いずれにせよ、和吉らの選択は急になされたものではないはず。事前に何度か函館とこの崖下を訪れ、下調べをしていることはまちがいない。彼らの定住前にも漁期の番屋があったようだし、もしかしたらここが対馬・津軽暖流と親潮寒流の潮目、魚が寄る海だと気付いていたのかもしれない。

面積としては猫の額ほど、何ほどのこともないが、崖の掘削、浜のゴロ石除去、石垣用の石切りと積み上げ、三本の沢からの用水引き、宅地の基礎造り、木の伐採と建築、・・・。素人目にも、この場所を実際見た今、開拓と生活の困難さを感じ、感嘆させられる。鶴・亀と彼らが名付けた二つの冷泉（幕末、来航したペリー

艦隊の調査で効能ありと記録された）でその疲れを癒したろうか。また故郷宮崎の鹿島神社の分神の祭りや、豊漁や新築・新入植の際などの折々の祝宴や別れの宴は、生活向上を願い、不屈の意志を固め合う場でもあったはず。

水島家が汐見町の引揚住宅に去る頃、温泉ボーリングや金鉱試掘も行われたが失敗、という新聞記事も思い出した。

木端（こっぱ）やプラスチック等の漂着物が侘しい。漣（さざなみ）のリズム音が、崖を下って突然現れた二人に、この地の歴史を涼やかに語ってくれているよう。すぐ南、つまり左手の大鼻岬の向こうには津軽海峡が広がっているはず。小粒のブイ（ガラス玉の直径約一〇㎝）を一つ拾い、記念にバッグに入れる。沖合いをのどかに青函連絡フェリーが過ぎる。寒川住民も毎日、青函連絡船の航行を眺めていた。船に積まれたリンゴを街に買いに行っただろうか。

脊柱管狭窄症の左足裏の痺れ、頚椎がらみ右手指の感覚麻痺等を忘れ、力一杯ロープを握りしめて登って、戻る。折戸さんは倒木の所でヌキダケを袋一杯収穫し、満足げ。

奥様がキノコ採りを命じなかったら、彼がこの日函館山に来ることはなかったし、来ていても橋本があの時に声をかけなかったら、寒川行きはなかった。「風が吹けば桶屋が儲かる」の類の偶然の条件がいくつも重なり、移住越中人の苦難の暮らしの跡の一つを踏むことができた。天の所業か。

昆布研究報告会の時間が迫る。尾根を乗っ越してから、最短コースにしようと彼が言い、アスファルト道を離れ、うぐいす谷の急な下りを滑り落ちるように下る。博物館には一五分遅刻。折戸さんへの感謝の言葉もそぞろに、飛び込む。四人の研究発表と意見交換を聞いて、五時直前に会は終了。

二階展示室は「アイヌ人が描かれた絵の特別展」。覗こうと階段を上ったが、五時を過ぎていて展示室は消灯。まもなく職員が上がってきて私に気付き、再点灯して下さる。説明文に「アイヌは自らの姿を描くことを忌み嫌い、絵画と呼べるものは残さなかった」と書かれている。文字を持たず、絵も持たない「孤高」のアイヌ文化。その伝承の困難さと大切さを感じた。

第七歩。四日は、寒川開拓者の墓を探し、もし見つかればお参りをと思った。市電を大町で降り、浄土真宗函館別院船見支院まで歩いた。支院というから狭いのかと思いきや、さに非ず大寺院。境内から裏手山麓一帯にかけ何百の墓か。気が遠くなりそうで躊躇したが、気を取り直し、一時間余りで全基見た。口岩家、岩谷家、菊地家、嘉義家の墓を見つけ、合掌した。ここに来る時に花屋を見つけたのだが、花を買うことをケチったのを後悔した。途中に水島政治さんから電話が入り、二五日も釣り舟の都合がつかなかったと謝られたが、却ってこちらの方が恐縮した。水島家のお墓の場所を聞き、ていねいにお礼を言った。

それから外人墓地の隣の地蔵寺へ歩き、門柱を入って右手中央辺りの水島家の墓にも参る。

船見町側、山上大神宮社務所で函館山観音コースの登り口を訪ね、裏手を登る。整備されていて、登りにくくはない。汗をかく頃、千畳敷。七曲りコースに入り、立待（たちまち）岬に降りる。風が強い。車で来た見学客が何組も遠近の風景に見入っている。少し北の道沿いにある啄木（石川家）の墓も見て、そのまま電停まで歩いた。

三泊四日の函館。食事は朝昼兼用菓子パン。夜コンビニ弁当。宿は訳あり部屋三泊で九千円。時間がなくて長浦さんに会えなかったことだけが心残りだった。

北海道と富山はひどく遠いが、親戚関係にある。故郷を出立（しゅったつ）

し、遠く函館山の海崖の寒川に移り住んだ人々の生業や生活の息遣いを、わずかでも自分は感じとることができただろうか。

㈣ 小樽の街と北海製缶

○あらためて高志丸の航跡を

富山県水産講習所の初代練習船高志丸は、大正六（一九一七）年カムチャツカ西岸沖合において世界で初めて海水によるカニ缶詰製造を行い、その成功のもとに、三年後二代練習船呉羽丸は当初から工船蟹漁業用練習船として建造された。

黒部市生地の漁業資料館（その後、その展示物や掲示はコミュニティセンター一階に移動）には、富山から北方四島（歯舞、色丹、クナシリ、エトロフ）に移住して昆布漁で生計を立てていた頃の生活や歴史に関する資料が展示されている。その内の「北洋漁業に対する指導援助」という項目に以下のように述べられている。

富山県は一九〇九（明治四二年）からオホーツク海の鱈釣漁業に着目し、県の水産講習所練習船高志丸の試験操業や同練習船呉羽丸での海水を利用したカニ缶詰製造試験に成功するなど、組織的なカニ工船漁業の開拓につくした。

このように、県の漁業振興対策は、北洋漁業の進出に求め、積極的な民間の参加を奨励するとともに、全国的な動きをリードしてきた。

これらの成果は〝越中衆〟といわれた富山県人の困難に耐え、命がけで立ち向かっていく進取の気風と粘り強さによるものである。

一九五二年（昭和二七年）から再開された第二次大戦後の北洋漁業は、日ソ漁業条約や日米加三国漁業条約との係わりを持つ国際漁業となり、とくに近年の二〇〇海里問題の中で厳しい減船体制がとられ、新しい活路を求めて懸命の努力が続けられている。

千島歯舞諸島居住者連盟富山県支部の吉田義久さんにお会いし、富山から北海道へ渡って漁業に携わった人が多かった訳についてお聞きしたところ、

富山湾は一一〇〇ｍの水深があるが、新川地方（滑川・魚津・黒部・朝日）の海は四〇度から五〇度の傾きで深くなっているので、常置網ができなかった。一本釣りだけなので大きい収入がなく、安定した漁ができないので、生活が大変だった。特に魚津や黒部は耕地が少なく農業もできず、水呑百姓農家しかない。田村善名という十村肝煎（大庄屋）が貧しい漁師の状態を憂えて、何とか少しでも生活を楽にするために、北前船に乗って石田浜から（※石田浜は大陸棚で錨を降ろせる所で、ニシン粕やタラ粕を降ろして米を積んでいた）〝蝦夷へ行けば魚（※ニシンのこと）が湧いて出る〟と言われていた蝦夷地へ渡って、実態を調べたことが始まり。江戸から明治にかけて最初は季節労働で、次第に単身あるいは家族単位で移住するようになった、と話された。

また、北海道中標津の古書店に本を注文した際にいただいた店主のＥメールに、「富山県民は勤勉という理由で、政府は積極的に北海道各地に入植を勧めたという話は聞いたことがあります」と書かれていた。北海道に渡った越中衆のことについて、『富山県北洋漁業のあゆみ』（山田時夫、広田寿三郎著）には次のように書かれている。

北洋漁業は、われらの先輩の血と汗と、大きな犠牲の上に開拓され、確立された。「舟底一枚下は地獄」の北海の荒波を蹴って、越中衆は北へ北へと鮭・鱒を求め、鰊を求めて新漁場を開拓していった。

そこには、先駆者としてのたび重なる失敗・犠牲が多かったが、それを乗り越えて「男度胸の肝試し」とも言うべき勇気と冒険、綿密な計算と多年の経験とをもって、これを克服していった。苦闘は

自然の障害だけではなかった。大国ロシヤの激しい圧迫、激動する経済情勢、大資本の圧力などを排除しながら、越中衆は一歩一歩その漁場を確保していった。

富山県の北洋漁業の素地は、江戸時代に北海道交易に活躍した北前船と、その後大挙して北海道各地の沿岸や北方領土方面へ出稼ぎし、そこに定着した下新川沿岸漁民を中心にした「越中衆」の活躍の賜物である。

〇高志丸の小樽寄港

高志丸は遠洋漁業科生徒八人を含めた二五人を乗せ、佐渡を経由し、函館港、小樽港に立ち寄りながら千島列島の北端村上湾に入港している。タラバガニ缶詰製造用の必要機器・道具は伏木港で積みこんでいるので、空缶を積んだのは函館かあるいは小樽であるが、橋本常隆の著書にはその港が明記されていない。函館だとすれば前号で記したように台場町の埠頭だろうが、だがそれなら必ずしも小樽に寄港する必要はない。わざわざ西回りをしているのは小樽で空缶を調達・積み込みする必要があったからかもしれない。当時空缶をつくっていたのは北海製缶と東洋製缶であり、南北でシェアを分けている。小樽には北海製缶本社がある。

北海製缶株式会社小樽工場長の江川亨（とおる）氏（写真）に手紙を書き、工場の見学と缶詰についてのご教示をお願いした。高志丸乗組員の心持ちと航路風景に少しでも触れるために、小樽までの往路はフェリーにした。以前に滑川高校の清水教頭に、もし海洋科（元水産高校）で遠洋あるいは数日の航海実習を現在もやっているのなら乗船のお願いをしてみようと思ったが、現在は実施していないとのことだった。

新潟港発小樽港着の新日本海フェリー。乗船は午前一〇時三〇分。小樽港着は翌日の夜明け前四時三〇分。真っ暗の時間であり、工場見学は無理。だがかかってきた江川工場長の電話では、港から歩いてすぐの朝市が開いているから、そこで朝食でも食べて時間をつぶして下さい、六時半に工場入口で待っております、とのことだったので、その通りにさせて頂いた。

明るくなる頃、運河沿いの北海製缶工場の敷地の外回りを一部歩いてみたが、かなりの広さだ。工場はまだ始業前なのだが、工場長は早朝出勤し待っていて下さった。工場長室兼応接室には、大きなタラバガニ、ズワイガニ（いずれも択捉島沖）やハナサキガニ（根室沖）の剥製が壁にはめ込みで展示されており、会社生産の缶詰もショーケースに陳列されていた。小樽工場案内パンフや『北海製罐社史七〇年史』の関連ページコピーなどの資料を示し、工場の歴史や業務内容の概要を話してくださった。パンフレットには敷地面積三二二八二㎡、約一万坪の広さ、従業員は外部社員を含めて一八〇名とある。

　空缶の作り方について聞くと、現在は三ピース缶と二ピース缶があるが、三ピース缶は昔からあるもので、胴とふたと底の三つの部分からなっている。二ピース缶は胴と底が一体になったカップ状の缶である、三ピースのカニ缶は現在ここだけでしか作っていない。工場では一分間に四〇〇缶。食缶と飲料缶を合わせて、日産一三六〇〇〇缶に及ぶ生産能力を有するとのこと。

　製缶事業は、堤清六の堤商会がアメリカの自動製缶機械を購入しカムチャツカのオゼルナヤ工場で使用したのが最初だが、一連（ライン）能力は一分で一二缶（『蟹罐詰發達史』の記述より算出した）だったから、現在の北海製缶の製缶ライン数は合わせて六ラインだが、工場の製缶能力としては当初の三五倍ということになるだろうか。昔の手作り職人は一日に六〇〜七〇缶作るのが精一杯だった。

　従業員出入口には、一九一一（明治四四）年製のタイムレコーダーが掛かっている。横にはタイムカードが並んでいる。今も使われているよう。

　コーヒーを頂きながらの説明の後、江川さんは敷地内の工場各施設外回り、特徴的な場所や設備の説明をしながら案内してくださった。工場壁面の御影石に「昭和拾貳年拾月壹日　北海製罐倉庫株式会社」とある。現在の社名には「倉庫」はないが、北海製罐は港で荷を保管しておく倉庫業から出発している。

　一時間が瞬く間に過ぎた。工場の仕事が始まる時間だし、自分もその日の内にJR長万部経由で函館に入りたかったので、江川氏に心からのお礼を言って別れる。出際に駐車場側の正門手前の説明板を読み、大正時代に倉庫が三棟相次いで建てられ、昭和に入って工場や事務所棟が建てられていることがわかる。旧第二倉庫が現存している施設では最も古く、大正一一年に建築。第三倉庫は大正一三年である。そうすれば、この倉庫から空缶を積み込んだのは、高志丸ではなく富山水講二代目練習船呉羽丸ということになる。第三倉庫には、製品つまり空缶を運河に搬出するためのスパイラルシュートがある。次ページ上の写真は歩道橋掲示説明板の中の写真。当時の小樽運河と四階建ての倉庫。働く人の姿や積荷、シューターや階段がはっきりとわかる。下の写真は私が龍宮橋から撮った写真。働く人の姿も荷役もないが、外付けの階段やシューターの保存（一階のシューターは撤去されている）などから大正末から昭和初期の運河の賑わいを窺える。

　工船カニ漁業用実習船として富山県によって建造された呉羽丸は、函館を経由せず小樽に直行しているから、小樽港に着岸して運河に入り、ここに横付けして空缶を積んだか、あるいは港で投錨し、倉庫のスパイラルシュートから滑り落とした空缶を艀に積み、呉羽丸へと移したのだろう。

日本で最初の空缶づくりは堤商会、大正三（一九一四）年、カムチャツカ半島南西岸のオゼルナヤ工場である。その後、それは函館に移され、大正六年に設立された東洋製缶株式会社、その翌年輪出食品株式会社や日魯漁業株式会社が製缶づくりを始めている。各社・工場の諸事情や大火で紆余曲折を経て、北海道以北は北海製缶、本州以南は東洋製缶というふうに供給地域が取り決められた。住み分けということだろう。

空缶製造については『近代漁業発達史』（一九六五年、水産社）や『日魯漁業経営史』第一

巻（一九七一年、水産社）などに書かれているが、いずれも『蟹罐詰發達史』（一九四四年、霞ケ關書房）の引用だと思われるので、『蟹罐詰發達史』によった。

前後するが、以前に函館の長浦さんが送ってくれたタラバガニは函館市場内にある広海水産のものだったが、暁近く、運河周辺の石造り倉庫群を散策してい

て、その中で偶然、広海水産の倉庫を見つけた。小樽市指定歴史的建造物と書かれた真鍮銘鈑があり、説明には、加賀に拠点を置いた海運商広海二三郎による建築となっている。どっしりとした、入口をアーチ形に支えるような石組になっている。このような堅固な倉庫を持つこと自体に商圏の大きさがわかるが、函館の老舗水産会社の倉庫があったということや北陸との関係の深さについて感じた。

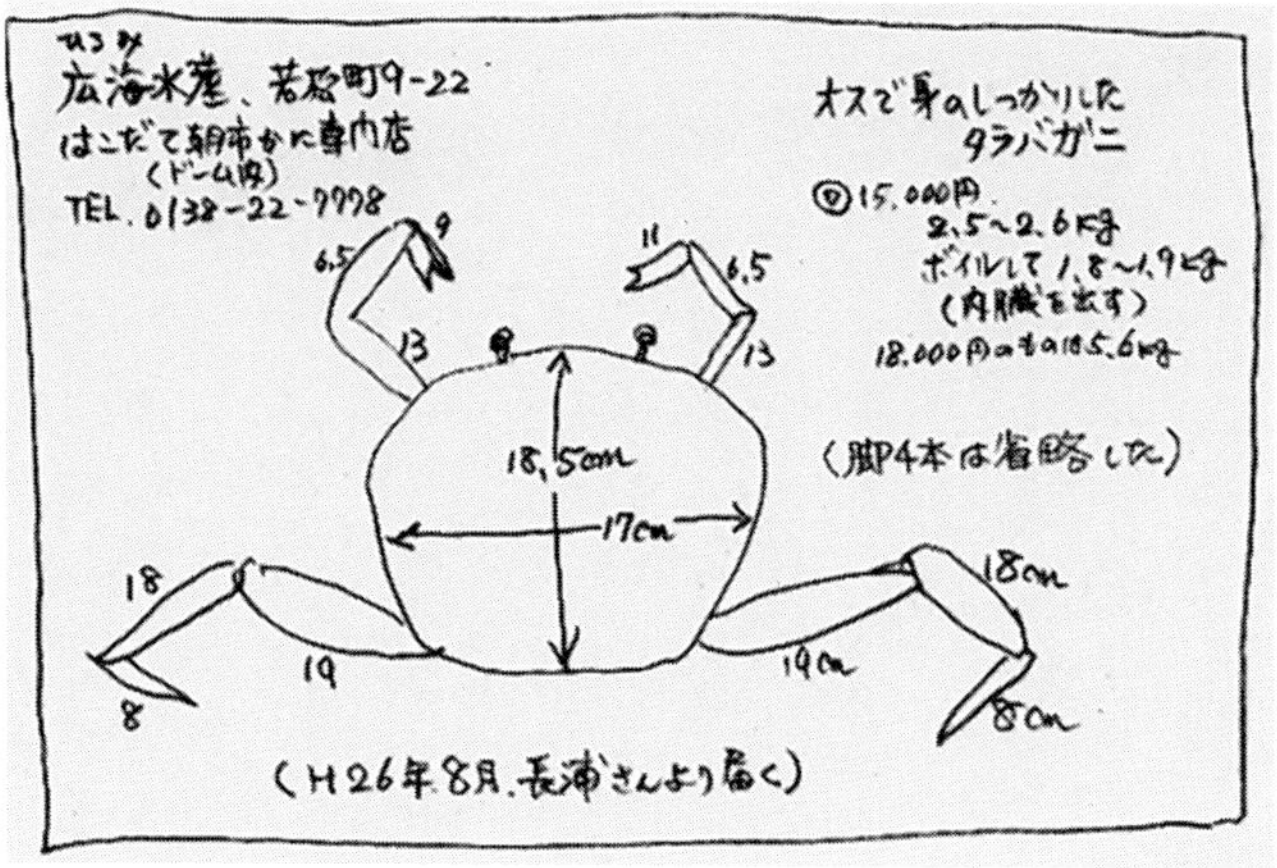

○小説に見る北海製缶と小樽の街

「H・S製缶株式会社」は運河に臨んでいた。――Y港の西寄りは鉄道省の埋め立て地になって居り、その一帯に運河が鑿（ほ）られている。運河の水は油や煤煙を浮かべたまゝ澱んでいた。発動機船や鰈のような平べったい艀が、水門の橋梁の下をくゞって、運河を出たり入ったりする。――

「H・S工場」はその一角に超弩級艦のような灰色の肉体を据えていた。それは全く軍艦を思わせた。缶は製品倉庫から運河の岸壁で、そのまゝ荷役が出来るようになっていた。

市（まち）の人は「H・S工場」を「H・S王国」とか、「Yのフォード」と呼んでいる。――若い職工は帰るときには、ナッパ服を脱いで、金ボタンのついた襟の低い学生服と換えた。中年の職工や職長（おやじ）はワイシャツを着て、それにネクタイをしめた。――Y駅のプラットフォームにある「近郊名所案内」には「H・S工場」、――約十八町」と書かれている

Y市は港町の関係上、海陸連絡の運輸労働者――浜人足、仲仕が圧倒的に多かった。朝鮮人がその三割を占めている。それで、「労働者」と云えば、Yではそれ等を指していた。彼らはそのほとんどが半自由労働者なので、どれも惨めな生活をしていた。「H・S工場」の職工はそれで自分等が「労働者」であると云われるのを嫌った。――「H・S工場」に勤めていると云えば、それはそれだけで、近所への一つの「誇り」にさえなっていたのだ。

これは小林多喜二の小説『工場細胞』の中の一節である。いうまでもなく「Y」市は小樽市で、「H・S工場」は北海製缶だが、多喜二自身が小樽高等商業学校出身であり、拓殖銀行小樽支店の行員として働いていたこともあるが、よく工場倉庫の実地調査を行い、友人の従業員の協力を得た上で完成した作品。昭和五年に書き上げられているが、北海製缶が大きく伸びている時期である。また、小樽の街郊外の旭展望台にある小林多喜二文学碑に刻まれている文章の後段「赤い断層を処々に見せている段のように山にせり上がっている街を　ぼくはどんなに愛しているか分からない」等を読むと、小樽の街や人々への彼の深い愛情が伝わってくる。

北海製缶の外回りをしている時に、工場長が本工場屋上を指差し、「あれがサイレンのポーです。今でも鳴っているんです」と教えてくださった。たしかに聞

こえた。ポーの前に足早に工場に飛び込む従業員の姿もあった。この赤いサイレンは「北海製罐のポー」と呼ばれて、工場竣工当時から玄関の大時計と連動して朝八時、正午、夕方の四時半の三回鳴らされ、小樽市民に欠かせない時報として、また小樽名物の一つになっている。小説の中にも「ポー」の記述が五ヶ所ある。

下は、後日私が古書店で入手した絵葉書。「波に躍る溌溂たる小舟の姿．水に空に明朗色の充滿す製罐會社附近」とあり、大正末から昭和の初め頃の運河の様子を彷彿とさせてくれる。これだけの広さなら一七一トン三本マストの呉羽丸は出入りし空缶を積み込む作業を優にできたはずだ。また、『工場細胞』の登場人物たちが北海製缶倉庫で働く姿も思い浮かべることができる。背後のなだらかな山は、小樽の街を見下ろす天狗山。

『工場細胞』の中に、会社が発行している社内報の「キャン・クラブ」に投稿されたおもしろい歌があったので、転載する。

自慢じゃ御座んせぬ　製缶工場の女工さんは

露領カムチャッカの寒空に　命もとでの

OTARU, HOKKAIDO THE BEAUTIFUL SIGHTS
OF ITS MODERN COMMERCIAL CITY.

缶詰仕事
無くちゃならない缶つくる
羨ましいぞえ　製缶工場の女工さんは
一度港出て缶詰になって　帰りゃ国を富まして身を肥やす
無くちゃならない缶つくる

自慢じゃ御座んせぬ　製缶工場の女工さんは
怠けられようか会社のために　油断出来ようか国のために
命もとでの仕事に済まぬ

　そして、その後に次のように書かれている。

「Ｈ・Ｓ会社」はカムサッカに五千八百万缶、蟹工船に七百八十万缶、千島、北海道、樺太に九百八十万缶輸出していた。割合にして、カムサッカは圧倒的だった。

　なお、小林多喜二はその前年に『蟹工船』を書いているが、『工場細胞』の中に「そればかりか、今年ロシアが蟹工船の漁夫供給問題の復仇として、更にカムチャッカの、優良漁区に侵出してくることは分りきっていた」という一文があり、『蟹工船』の問題意識の発展上にできあがった作品だと思う。それだけにその二年あまり後、特高警察に逮捕され東京築地警察署で拷問を受け虐殺されたことは無念なことだ。

○ＷＥ　ＣＡＮ

　工場を離れる時に、その数日前の読売新聞北海道版の「缶詰で一杯　お店でも」という記事のコピーをいただいた。北海製缶小樽工場が運営する「ＷＥ　ＣＡＮ」という缶詰バーが紹介されている。小樽駅に近い「屋台村レンガ横丁」にあるらしく、メニューは缶詰のつまみが一五〇種類で、ビールなどの缶飲料も約三〇種類そろう。定番の缶詰の他、トドやアザラシのカレー、一万円以上する夕ラバガニの缶詰もある。そして最後に江川亭工場長の言葉。「缶は常温で三年持つなど保存力が高い。食材の栄養も逃げず、おいしさはそのままでリサイクルも可能。缶詰の良さを知ってもらえる店にしたい。」

　その缶詰バーに行ってみたかったが、時間がなかった。

　翌年三月の末に、もう一度工場長にお願いをして勤務時間中の北海製缶を訪れ、今度は工場内での空缶製造過程やそれに従事する人たちの姿を中心に見学させていただいた。空缶製造の原料となる一ｍ平方のブリキ板が梱包から解かれているのも目に入った。江川さんからいただいた、小樽港祭りで市民に配られる貯金箱、いや貯金缶もこれでできている。この缶をつくるサイズは〇・二二ミリ（板厚）×八八〇×八二九、この大判にて四八缶取れます。生産スピードは毎分約八〇〇缶となります（缶の大きさにより異なりますが）」と、後にメールで教えていただいた。

　小樽の街もゆっくり歩いた。小樽文学館にも行けたが、旭展望台の小林多喜二文学碑へは、残雪があり登れなかった。

　夕方、缶詰バー「ＷＥ　ＣＡＮ」にも

行ってみた。店をやっている女店員の話では、江川工場長もちょくちょく顔を出されるとのこと。カウンター越しの棚には、野菜や果物缶の他にトドやアザラシ、熊肉の大和煮の缶詰などが並んでいて、一番脚肉入りのタラバガニ缶詰も見つかった。よほど買おうかと思ったが、財布と相談して諦めた。人気のある缶詰を食べさせてください、と頼んだら、缶詰のプルリングを引っ張り皿に盛り、温めて出してくださった。しのだ巻というもので、ゴボウ、ニンジン、シイタケ、大豆やスイートコーンを味付けしたものを油揚げで巻いてあるもの。私は子どもの頃から油揚げと稲荷寿司が大好きでキツネみたいと家族から言われてきた。缶から移されたしのだ巻がカウンターに出されたのを見て、うまそい（富山弁でおいしそうの意味）と思ったが、しかしたかが缶詰だ、たいした味ではないだろうと思って箸を取ってつまみ、口にしたら、そのおいしいこと、おいしいこと。お土産に買った。

　仕事帰りらしい若い人たち数組が、暖簾をくぐって一杯やっていった。

　帰富して、何年も経ってからやっと気付いたことだが、小樽の缶詰バーで買ったしのだ巻の缶に巻かれた紙ラベルを何気なく眺めていたら、製造者は雨竜郡沼田町西町の農産加工場と書かれていた。ここにも缶詰を通してだが、北海道と富山の縁を感じた。賞味期限は「H17.06.02」と蓋に打たれている。この時はH22.5.2で、四年も過ぎているが、・・・（かまわず頂いた）。しのだとは、油揚げを使った料理のことを言うそうだ。

○「石狩挽歌」寸考

にしん御殿は見る価値があると江川工場長からも、また他の何人かからも薦められていたので、訪ねた。小樽の街からバスでしばらく北に向かった郊外。日和山灯台と、保存されている番屋のすぐ手前にある、旧青山亭（小樽貴賓館）のこと。ニシン漁で大儲けした網元の豪邸もさることながら、出際になって、門のすぐ手前内側に「石狩挽歌石碑」という表柱があることに気付いた。演歌などあまり聞かないのだが、「北原ミレイ創唱　なかにし礼作詞　浜圭介作曲」とあったので、ついついその詞を読んでみた。

　一番の歌詞だけを写すと、

海猫が鳴くから　ニシンが来ると
　赤い筒袖の　ヤン衆がさわぐ
雪に埋もれた番屋の隅で
　わたしゃ夜通し　飯を炊く
あれからニシンは　どこへ行ったやら
　破れた網は問い刺し網か
今じゃ浜辺で　オンボロロ　オンボロボロロ
沖を通るは　笠戸丸
　わたしゃ涙で　ニシン曇りの空を見る

作詞者自身の筆によるこの文句を何気なく読んでいて、「沖を通るは　笠戸丸」とあり、笠戸丸は戦前、大型のカニ工船ではなかったか。と思った。富山に戻って宇佐美昇三氏の『笠戸丸から見た日本』を開いてみた。戦前、移民船や病院船として働いた後、一九三七（昭和一二）年はサケ・マス工船として、そして翌一九三八年からは専門のカニ工船として函館港を出港している。このことは前記『蟹罐詰發達史』にも書かれている。笠戸丸を母船とした川崎船や独航船とが相前後をして小樽の沖合を通過するのを見る小樽漁夫や仲仕・番屋の女性たちの目には、獲れなくなったニシンに比して恨みがましくその姿が映ったことだろう。だが、高志丸が三、四日留まっていた頃にはまだ工船カニ漁業が興る前であったので、カニ工船としてではなく病院船としての笠戸丸とならばすれ違っているかもしれない。写真は『笠戸丸から見た日本』の表紙絵、野上隼夫氏の画。上下一部をトリミングした。

「あれからニシンは　どこへ行ったやら」という歌詞で、ニシンが大挙して海岸に押し寄せ、海が白子で真っ白になるというくらいの大漁は、つまり群来（くき。産卵のため北海道の沿岸に来遊するニシンの群れのこと）はいつだったのだろうか。いくつかの地区にあったのかもしれないが、北海道新聞によると、江差町には二〇一七年二月二六日に群来が確認され、それは一〇四年ぶりだということだから、その前の群来は一九一三（大正二）年のことになる。高志丸が函館あるいは小樽に立ち寄った際にその話を聞きこんでいるかも。

また「番屋」とはニシンやサケ、昆布漁などに作業宿泊する海岸の小屋のことだが、昆布漁で、根を切って重い昆布を手繰り上げるのに使う竿は、越中衆の物が先の曲りの丈夫さや使いやすさの点で一番いい物だと評されていたという話を、後日北千島の占守（シュムシュ）島に行った時に同行の布施大氏（千島歯舞諸島居住者連盟、白老町在住）から聞いた。タコをとる時も強くて折れないのだとのこと。その昆布竿とは、先が二股になった「マッカ」と呼ばれる漁具で、舟から箱メガネで覗きながら海中に差し込み、昆布を巻き付けて引き上げるもの。結構な重労働なので、一般に男の仕事のようだ。

○富山と小樽

さて、高志丸はもし空缶の船積みが目的でなかったのなら、函館の寄港以外なぜ小樽に寄ったか。

小樽は明治三二（一八九八）年、函館に次いで第二の開港場になった。明治の終わりから大正にかけては、函館に次ぐ北海道第二の都市である。輸出入取扱額では明治末には函館を凌ぐほどになっている。北陸銀行『創業百年史』第二章の「漁業」の項には、次のように書かれている。

　樺太・カムチャツカ・千島方面への北洋漁業進出者には、多くの北陸人が参加した。とりわけ初期の出漁者は北陸地方や新潟県の船主、あるいは函館の企業家などであったが、北陸の北前船主が多数を占めた。北洋漁業は鮭、鱒漁業を中心とした資本制の大規模経営であり、投機性が強く、遠洋航海を専らとした北前船の廻船経営と多分に相通じていた。そして北洋漁業の根拠地となった函館や小樽の町には、北陸出身の船員や乗組員が盛んに出入りし、なかには定住する者も出現した。

　大正九年の国勢調査によると、小樽市総人口一〇八一一三人の二一・五％を北陸地方出生者が占めている。富山県は四・四％、四七七八人である。小樽においても、農・漁業や交易における北陸人の諸技術や物資交流範囲の大きさ、進取の気風や勤勉さを窺うことができる。高志丸が函館から北千島の幌筵島・占守島へ直行せず、小樽に寄港した理由も、空缶を積むことでなかったとしても、越中人脈や物資・技術交流などを考えると、あるいは眼前の北千島・カムチャツカ方面の気象や漁場状態の最新情報獲得の点で

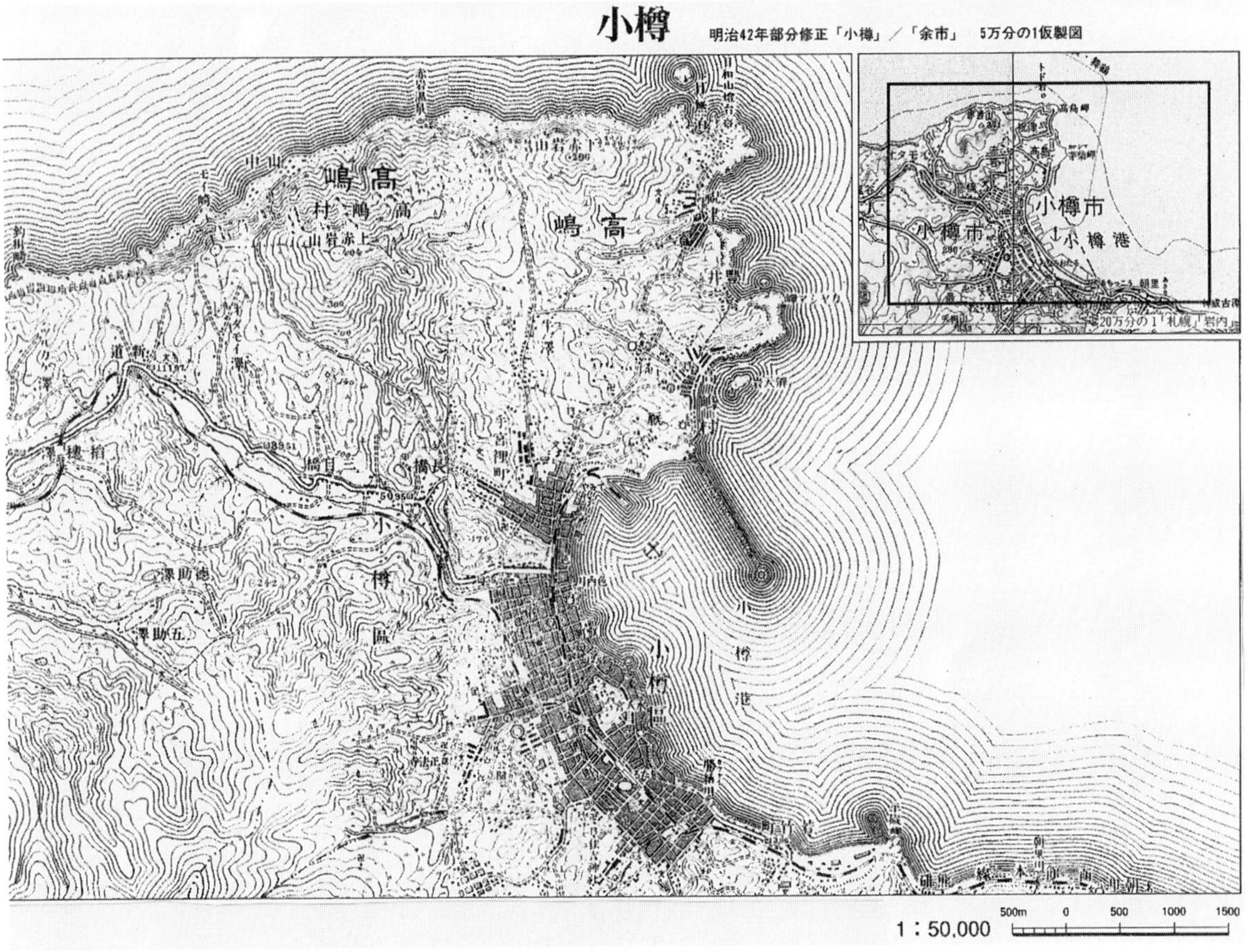

(『地図で見る百年前の日本』(上野明雄編著、小学館、1998）より

も、十分理解できる。小樽寄港は毎年だが、水講の年次報告を調べても、函館寄港はむしろ少ない。

大叔父らの乗る大正六年の高志丸「オコツク海漁業試験」については、「富山県水産講習所報告」自体が発見できず、ミステリーであることは前述したが、大正四年度の「報告」には、「大正四年五月廿二日正午伏木港出帆同月廿七日小樽港投錨當地ニテ往航ノ海況ヲ調査・・・」とある。またその前年大正三年度の報告には「**大正三年五月廿三日伏木港出帆同月廿八日小樽港寄港生徒ヲ引卒シテ北海道水産試験場、小樽水産學校、東北帝國大學水産學科等ヲ参観セシメ該方面ノ水産ニ關シ指導スル處アリ五月三十一日小樽抜錨・・・**」（波線は筆者）とあり、小樽に三泊四日停泊し、上陸して視察している。ここから、富山県水産講習所遠洋航海実習の一環としての小樽寄港の必要性がわかる。北海道立小樽水産學校は富山の水産講習所よりも三年早く一九〇五（明治三八）年に設立され、戦後、小樽水産高等学校となる。

小樽市の人口は最大時で二〇万人だったが、減少してきている。現在は保存運河倉庫群や水産物関係、歴史と文学紀行、潮祭り等の各種祭りやイベント、ガラスやワインづくり・・・。半日通過地としてではなく宿泊観光地としても努力をしている。「越中屋」という名の旅館がある。創業は明治一〇年という。そのことについては社長にもお会いできて話が聞けたが、後に述べる。市は移住の奨励にも力を入れている。

高志丸は小樽港を抜錨後、北上して、宗谷岬と知床岬を回って、オホーツク海に出て、三〇近くの島が弧状に並ぶ千島列島北沿いに北東に舵を取り、千数百kmを航行する。百トンに満たない帆船は順風満帆という訳にはなかなかいかず、「**潮流に流されたり、あるいはジグザグコースを辿ったりして**」（『一生』）、時には凪の海に漂い、時には逆風に押し戻されたりもしながら、幌筵島村上湾とカムチャツカ西岸沖合を目指した。「北洋漁業の航海は濃霧がひどく、船のデッキの上でも一間先にいる人が見えないことが度々あった。勿論航海中は他の舟も見えない目くら航海である」（『一生』）のだから、両舷にぶら下がる舷灯(赤と緑の航海灯)も役に立たなかっただろう。

㈤ 袴信一郎ら根室・千島の越中衆

袴信一郎については写真を前掲したが、新湊（現在は射水市）出身の代表的な北洋漁業家である。『しんみなとの歴史』（編さん委員会編、新湊市発行）にも数行だが紹介されている。

『根室・千島歴史人名事典』（事典編集委員会編、二〇〇二年）にはかなり詳しく書かれているので転載させていただく。

北千島・カムチャツカ西岸での漁業家。富山県出身。明治四一年（一九〇八）北千島に進出してタラ釣り漁業を始めた。同四四年にはカムチャツカ半島西岸に事業を拡大している。大正二年(一九一三)占守島村上崎に缶詰工場を興し、カニ・サケ・マス缶詰の生産を行い、同六年内燃機関をつけた川崎船（沖合漁業や小廻船に使われた比較的大型の船）で西カムチャツカ迄出漁して漁獲量を伸ばした。大正九年（一九二〇）勘察加（かむさっか）漁業株式会社を設立して取締役に、翌一〇年には日魯漁業と合併して日魯漁業株式会社となり、取締役に就任した。昭和八年（一九三四）北千島水産会の役員となり北洋漁業では一定の地歩を固めている。同一三年日魯漁業と太平洋漁業が合併して北千島水産株式会社が成立、その新会社の役員に名を連ねた。昭和六年（一九三一）ごろからはサケ沖取漁業を始め業績を拡大して行った。戦時政策で北千島水産株式会社に企業合併するまで、北千島では数少ない個人起業家であった。根室での生活のあとはなく、本拠地は函館だったと思われる。

袴信一郎については、私が調べた限りでは生年も没年も不明である。また、根拠を函館に置き、そこを住まいとして北洋北千島で漁業・海産物加工活動をしていた期間が多かったため、出生地新湊でより函館での名声・評価の方が高い。

桂書房勝山氏に北千島の写真が新湊博

物館に保管されているとお聞きし、訪れた。野積館長にお願いし、調べていただいた。写真の添え書きがわずかだったりなかったりで、状況がはっきりしないが、貴重な写真データをお借りできた。ほとんどが、前ページ上の写真は最北シュムシュ島の北西にある村上岬（崎）の漁業・加工場だろうと思われる。これは占守（シュムシュ）島村上岬にある袴漁業らの水産工場群の全景だと思われるが、晴れていれば右沖合い方向にカムチャツカの島影・山並みが見えるはずだが、わからない。下の写真は、底刺し網を引き上げ、かかったタラバガニを網から外す作業をする漁夫の様子。刺し網の上辺には浮子（あば。ガラスやプラスチック製の浮きの事）、下辺には沈子（いわ。網の下縁につける重りのこと）が付けられている。

下はカニサケマス缶詰工場内での女工作業の様子。男手によるカニの甲羅剥ぎと煮沸洗浄を終えた後に裁割をし、肉選りと計量を行う。手前に台ばかりが見える。カニの身肉を選り分けて量っている作業だろう。背後の壁と窓側には木箱が山になっている。作業所内の忙しさが女工の顔つきにも表れている。

函館・根室から出港した季節出稼ぎ者は北千島二島で三千人から最盛期には

二万人いたと言われる。終戦時にソ連が攻め込む直前には、残った最後の五百人の女工がかろうじて船で占守島を脱出し、根室、函館にもどっている。

　左は、工場内に置かれた、カニ、サケマスの缶詰を製造する機械。自動巻締めシーマーとよばれるもの、大正時代の終わりから昭和にかけて使われた一種だろう。

　下の写真は、背後の幟旗等から塚原直吉の出征記念に撮られたものだろうと思われる。直吉は別の写真等から判断して前列の左から三番目の肩掛け鞄を下げている男性であろう。中央で子どもの肩に左手を置いている和服の男性は、袴信一郎だと推察される。袴の写真はほとんどないだけに貴重なものだと思う。撮影場所は不明。左から二番目の男性はサッポロビールの箱の上に乗っているし、多く

が革靴を履いていることや建物右の軒下のつららが短いことなどから考えると、占守島での現地召集ではなく、袴漁業の根拠地函館にある袴の住宅兼事務所の前かもしれない。あるいは新湊の可能性もある。また塚原の顔立ちから判断して、二〇歳の召集ではなく予備役時の召集ではないだろうか。

（写真は五枚とも新湊博物館所蔵）

『根室・千島歴史人名事典』から県出身者をピックアップしてみた。一七人載っていた。アイウエオ順に、功績を略して氏名、生没年、出身地、主に定住した土地と貢献した分野だけをまとめてみた。

根室と千島地方に限ってなので当然だが、漁業関連での活躍が多く、出身は黒部の吉田さんの話のように下新川地方、つまり明治期の郡制での黒部、魚津などが半数以上を占めている。生地（現在の黒部市）から目梨郡羅臼に移住して生業をおこし、地域の生活・産業の育成のために献身的に働いた人が四人載っている。羅臼では特に生地出身者は〃生地衆〃と呼ばれた。

	氏名	出身地	生没年	主な定住地
1	四十物武助	下新川郡生地	安政４(1857)～昭和２(1927)	羅臼（植別村）、漁業
2	赤壁　次郎	射水郡小杉	安政５(1858)～明治 43(1910)	根室、行政
3	石橋栄之助	上新川郡大沢野町	明治７(1874)～昭和 35(1960)	根室、酪農
4	岩瀬岩太郎	下新川郡生地	明治 34(1901)～昭和 56(1981)	羅臼、漁業
5	小倉鶴次郎	下新川郡生地	明治 23(1890)～昭和 40(1965)	羅臼、漁業
6	菊池　助作	魚津市経田	明治 22(1889)～昭和 47(1972)	根室・標津、木材業
7	小森　亨	？	明治 31(1898)～平成元(1989)	中標津、教育・美術
8	島倉与三松	下新川郡生地	明治 35(1902)～昭和 58(1983)	根室、海産物仲買・行政
9	惣万浅次郎	下新川郡石田	明治 25(1892)～昭和 38(1963)	歯舞、漁業・行政
10	田家　政平	下新川郡生地	明治 31(1898)～昭和 50(1975)	根室、造船鉄工業
11	寺島　清司	(父が富山県出身)	明治 23(1890)～昭和 38(1963)	千島、製材業・作家
12	寺島　柾史	〃、清司の弟	明治 26(1893)～昭和 27(1952)	別海、新聞記者・文学
13	土岐　虎関	中新川郡郷中島	安政３(1856)～明治 37(1904)	根室、浄土真宗布教
14	中陳由次郎	下新川郡生地	慶応３(1867)～昭和 18(1943)	根室、漁業・行政
15	袴　信一郎	新湊市	（生没年不明）	漁業、函館・北千島
16	村椿喜三松	下新川郡生地	明治 11(1878)～昭和 30(1955)	羅臼、漁業
17	安田善次郎	富山市	天保９(1838)～大正 10(1921)	根室、金融業

㈥ 小樽の越中屋

五月三一日の午後、小樽駅に着き、歩いて一〇分ほどの宿「越中屋」に荷物を預けた後、小樽文学館を初めとして、方々を歩き回り、六時に宿に戻る。さすがに疲れた。足や体の疲れと空腹。

部屋のテレビをつけると、利尻のヒグマのニュースをやっていた。利尻島の海岸にヒグマの足跡。利尻には今クマはいなくて、以前は一〇六年前に本道から泳いできたのが最後とのこと。住民は「クマはいない、ヘビはいない」が利尻の合言葉なのに・・・と言っておられる。稚内から二〇km先の利尻富士町の海岸に泳ぎ着いたか。八月には天皇陛下が来られるというのに、と地元の人たちは心配そうに言っていた。

七時近くになりコンビニに夕飯弁当を買いに行こうとしたら、玄関事務室に社長さんがいて話しかけられ、越中屋旅館のことについて話を伺うことができた。事前に電話した私の伝言がうまく届いていたらしく、うれしかった。

以下、ノートのメモでそれを再現する。

祖先はよく分からなかった。私は四代目、代表取締役、上谷征男。

初代治三郎は北前船で明治少し前頃に氷見から小樽に来た。天保の頃、氷見辺りでも相当な飢饉があったとか。治三郎は三男だろう、名字なし。加賀金沢の出身だが、氷見の髪結い（床屋）の一人娘のところに婿養子に来た。しかし、いやでいやでしょうがなく、その一人娘を連れて北前船に乗った。おじおばからそこまで聞いている。

不凍港の最北が小樽だったから、ここまで来た。当時は今の運河の所まで砂浜だった。埋め立てて残った所が運河になっている。右に崖があった。その崖下に小屋掛けをした。この裏側に玄関があり、ここ（今の所）は裏口（西側）だった。二代目治三郎が旅館を建て、その後、大成功した。

坂本竜馬ら明治政府は、下級武士、不満なものを屯田兵として流し、皆、小樽に上陸して、そこから歩いて札幌や釧路まで行った。その跡に鉄道が出来た。その屯田兵関係の荷物の担ぎ屋（回漕業、日本郵船ら）で大成功。漁業でも。また、アイヌの毛皮を富山へ送り、北海道は米が取れなかったから富山の方からコメを運んできた。

屯田兵たちは小樽に上陸してから、少し寝かせて下さいということで、宿屋を始めた。そして北海道で一番大きい旅館となった。玄関の脇の看板が「明治１０年創業」となっているのは、その年の宿帳が見つかったからそうした。

夕張などの石炭でも栄えた。手宮操車場、この鉄道は日本で三番目に敷かれた。小樽には日銀を初め、すべての銀行があった。三井物産ビル、炭鉱汽船・・・。二代目の時、旅館業はますます流行った。

三代目の時、昭和六年、北海道にたくさん来る英国人のためにホテルを建ててくれと、おじいちゃんは市長らから毎日のように攻めたてられた。そして東京以北では最初の鉄筋鉄骨のホテルができた。大倉土木（今の大成建設）で、横浜や神戸の異人館を見て歩き、それらを真似て造った。部屋が六室ですべてにロビーが付いている。一階は食堂。当時の一泊は大学の一ヶ月の初任給ほど、今でいえば約二四万円。日本では日魯の河野さんとかその関係者位しか泊まれない。

　ところがちょうどその昭和六（一九三一）年に世界恐慌が起き、完成と同時に外国人は来なくなった。そして支那事変、大東亜戦争となり、昭和一八年ぐらいからは日本軍将校の宿になった。アッツ島の司令官が泊まっていた。日本軍は屋上にも機関砲を据え付けていた。近くに郵便局があったから狙われるというので。空襲もあった。防空壕も掘った。

　昭和二〇年八月、進駐軍が上陸し、布団で寝ている時旅館にも畳の上を土足で入ってきた。私は七歳だったが覚えている。しかしその後は紳士的だった。小樽は軍港だったので進駐軍はたくさん来た。

　昭和二八年までCIAに接収されていた。ホテルはやっていけなくて、切り離してこの旅館のみ営業した。

　二代目、三代目も富山の話を全然しなかった。私は氷見に上谷姓を探しに行った。氷見の寺の過去帳に名があることを、北銀の支店長が教えてくれた。北陸銀行は今のオルゴール堂の斜め向かいにあった。その変則交差点には富山の有名な呉服屋、戸出物産の跡もある。土産物屋の古いビルだ。戸出物産副社長は運転手付きの黒塗りの車に乗っていた。その横が北銀（旧中越銀行）だった。木村倉庫というのもあった。今ルタオになっている。これは富山県ではなかったようだ。

小樽は一六万人いた。今、一三万人を切っている。

　越中屋という名の旅館は、二〇年ほど前までは北海道で一六軒あったが、現在は六軒。

　今日の北海道新聞（五月三一日付、八面）に越中屋ホテルのことが載っていた。

　上谷征男現社長の話では、越中屋に昭和一八年ぐらいから日本軍の将校が泊まるようになり、アッツ島の司令官も泊まっていたということだが、この司令官とは樋口季一郎だろうと推測する。彼はその以前、関東軍のハルビン特務機関長の時代に、（凍死寸前の多数のユダヤ人難民（数千人〜一説には二万人）をヨーロッパから「満州国」経由で上海に脱出させている。有名な杉原千畝の「命のビザ」発給の二年前のことである。

　日本と防共協定を結んでいたナチス・ドイツは、樋口のこの所業を名指して日本に抗議し、そのため彼は金沢の第九師団長などを勤めた後に北方軍（第五方面軍）司令官となる。左遷されたと言っていいようだ。札幌から折々小樽に移動しての軍務遂行には、キスカ島無血脱出作戦の樋口らの計画が秘密裡に勧められていたことも想像に難くない。

　また、上谷社長も先代からは聞き及んでいられなかったようだが、越中屋は小樽港や小樽駅からのロケーションがよかったこともあり、越中衆富山県人のみでなく、軍関係の利用も多くされていたようだ。例えば、一九九五（平成七）年八月一日に厚生省慰霊調査団の解団式が国際ホテルで行われたが、『北千島占守島の五十年』（池田誠編）の中に、次のような記述がある。

　夕食後、父が小樽を出航するまで滞在したという「越中屋」旅館の前へ行ってみる。玄関の灯りはついていたが旅館は建て替えられていて昔を偲ぶよしもなかった。

　この文章の筆者は池田誠だとおもわれるので、「父」とは池田末男戦車隊長だと思われる。軍隊組織としてシュムシュ島守備へ向かうための宿泊なので、おそらく越中屋は貸し切りになったのではないだろうか。

　上谷社長が事務室のテーブルに広げて見せてくださった小樽港の古い旅館案内

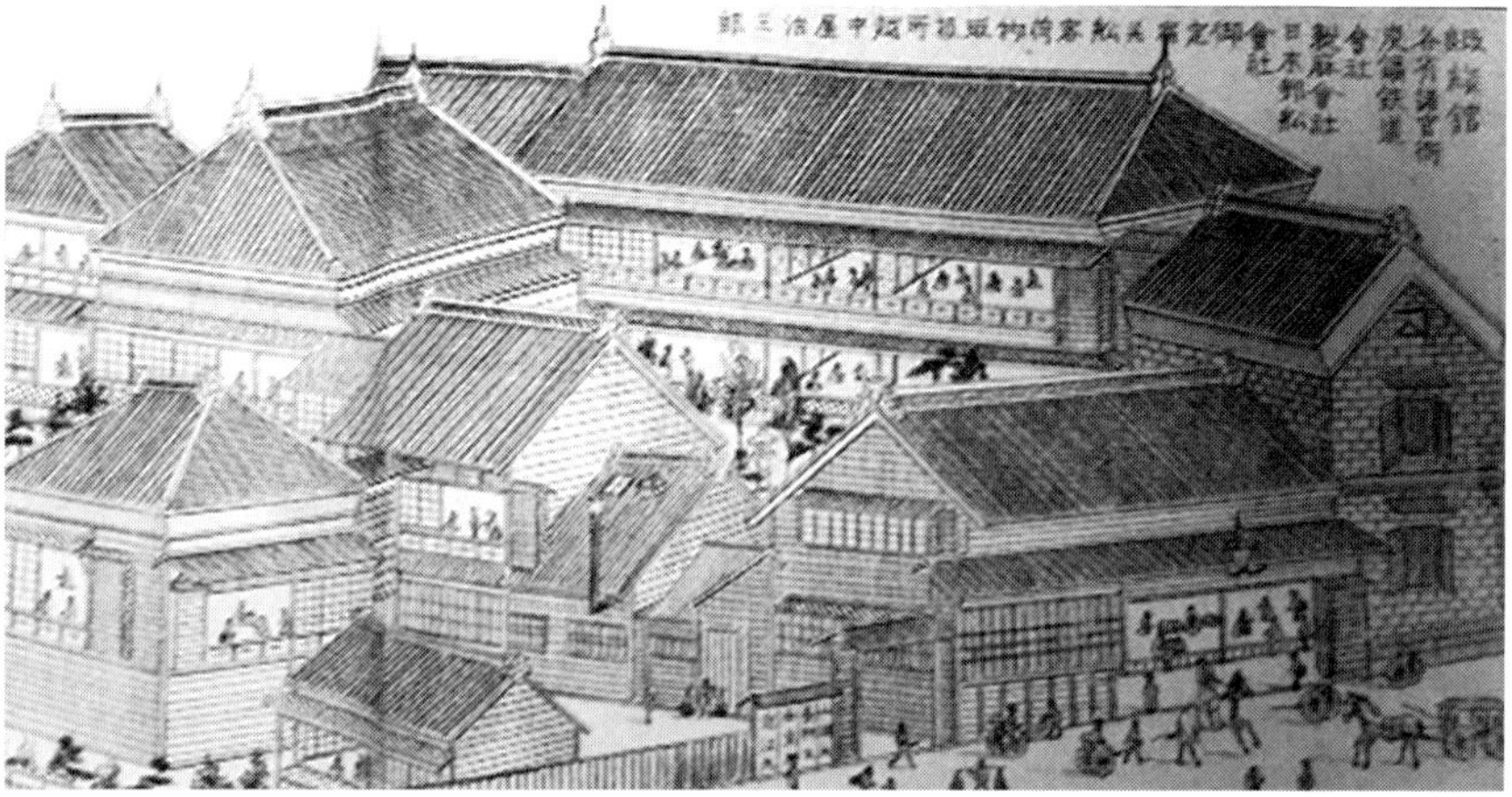

の絵地図のようなものの写真を撮らせていただいて、家でゆっくり見ていた。越中屋二階建ての全景が描かれていた。日本郵船会社の船客荷物取扱所の発行で、一〇ほどの旅館が紹介されているが、中でも越前屋は大きく玄関前や館内のにぎわいがあった。上に書かれている文字を拡大して読んでみた。「改良旅館　各省諸官衙　炭礦鉄道会社　製麻会社　御定宿　并　船客荷物取扱所　越中屋治三郎」と読めた。「官衙」とは役所のことであり、「并」とは「並びに」と読む。治三郎は二代目で旅館を始めているし、人力車や馬車、天秤棒の物売りらが描かれているので、これは二代目の時のものだろうと思った。

　玄関前右の「越中屋」という看板についてだが、木の根元を横に切って彫り、墨を入れた立派なもので、写真を撮り、よく眺めていて思ったが、もしかすると神代（じんだい）杉ではないか。そうだとすれば北海道アイヌの時代に埋もれていて後に掘り出されたものかもしれないぞ、などと勝手な想像をし、聞き取りさせていただいた話をワープロで打ったその内容の確認、校正のお願いがてらに越中屋上谷社長に手紙を書いて。問い合わせてみた。

　しばらくして返事が届いた。

　拝啓　先日はご丁寧なお手紙を戴き、有難うございました。地震に依る停電のためインターネットの事務処理等に追われまして、ついお返事遅くなりました事、おわび申し上げます。校正の件、赤字で加筆していますが、よろしいでしょうか。

　亦、看板の材質ですが、旭川の木材店で見つけたと聞いておりますが、「不明」です。申し訳ありません。

　ご両親様、早く健康を取り戻せますよう、遠い地より願っております。

　小樽市色内１－８－１２　上谷征男

㈦ 富山からも占守島守備隊に

陸軍は一般に「郷土部隊」と言われるように、当初は徴兵地にもとづいて組織されているが、戦争が進むにつれて、必ずしも地元出身者ばかりではなく、新編成や補充の関係で、出身地が混ざった状態で組織されるようになってくる。たとえば傷病兵が国内の陸軍病院や戦地の野戦病院で回復後に新たな部隊に加わったり、兵員不足や他部隊への増員などの作戦遂行のために編成替え・合併をされたり、戦車隊や砲兵隊を加えた独立混成旅団として新編成されたり、また傷病のため部隊を一時離脱したが様々な軍事的理由で原隊復帰ができず他部隊への配属などで、終戦間際のころには純粋な「郷土部隊」というのは減りつつあったのではないだろうか。

海軍は元々全国編成であるから、六鎮守府のうち志願地に近いところの所属となり、郷土部隊という意識は低い。

占守島に富山県出身兵はいなかっただろうと思っていた。しかし、私の高校時代の同級生、石田千佐子さんと話していて、彼女のお父さんが占守島守備隊に配属になっていたことを知り、驚いた。従軍履歴などをお聞きした。

大坪金範氏、大正元（一九一二）年八月一四日生。平成八（一九九六）年八月二九日、逝去。

二〇歳で徴兵検査を受け、第二補充兵役となる。

三二歳で召集令状が届き、教育訓練を受けた後、東部五三部隊（第九師団金沢工兵隊）に配属になる。その後転属でシュムシュ島に派遣された。

兵役関係で大坪氏自身の書き残した略歴を転載させていただく。

昭和七年五月　徴兵検査　第二補充兵役
昭和一九年三月一〇日　教育召集令状受領
〃　一六日　東部五三部隊（金沢工兵隊）入隊
昭和一九年五月三〇日　先方12665部隊へ転属（従って教育召集から補充召集に）
（軍隊輸送臨時列車にて盛岡へ）
盛岡工兵隊に補充召集兵と合流
小樽へ　小樽港六月～占守島九一師団工兵先方12665部隊（北千島占守島）
本部勤務（医務室　六月二一日？）
一〇月一五日　陸軍上等兵
（経理室　二月）
五月一六日　陸軍兵長
昭和二〇年八月一五日　終戦
（作業部本部主計少尉　坂田）
同八月一八日　午前〇時三〇分
ソ連軍カムチャツカロバツカ岬から発砲しながら（武装解除目的）
占守島に接近　戦闘開始　部隊は
残留戦車隊と共に戦闘開始
二一日まで戦死多数（戦車隊と部隊二中隊）二二日に武装解除
八月二二日飛行場にて　ソ連軍の命令により作業隊（残留工兵隊・
飛行場大隊
合流）内田主計少尉
八月二四日　経理室・炊事班兼務
（作業隊本部要員）
九月五日　見習士官以上は別隊編成のため分離された
昭和二〇年一〇月二日　占守島からカムチャツカ、ペトロパブロフスク港にて
上陸（一〇月七日）
ナチキ方面にて雑役
森林伐採、建築、野作業
昭和二二年九月三〇日ペトロパブロフスク
出港～樺太大泊上陸　一〇月二日
樺太　大泊　新場　豊原　ルタカ地方にて
農作業　その他使役
昭和二三年一〇月二九日　眞岡港にて乗船
一一月七日　函館上陸
昭和二三年一一月八日　復員手続
一一月一〇日　函館
一一日朝、青森　夕、青森～
一二日朝、富山駅着

守備隊の当初の派遣については、『一九四五　占守島の真実』（相原秀起著、二〇一七年、ＰＨＰ新書）に

昭和十九年二月、戦車第十一連隊は主力を北千島に、一部を中部千島に展開する動員令を受け、満洲から朝鮮半島、日本本土を経て二月末に小樽に集結した。小樽から輸送船に分乗して北千島の占守、幌筵島と、中部千島の得撫、松輪島へと送られ、三月から四月にかけて北千島に到着した

とある。だから、大坪氏らは五月末に盛岡工兵隊に転属の後、盛岡から小樽に移る。その後に主力部隊の後を追うようにして六月小樽港から占守島に送られている。この時、しばらく小樽の越中屋に泊まっていたかもしれない。だとすれば、三代目のご主人と顔を合わせているに違いない。越中富山についてよもやま話をする時間などなかっただろうが。

　してみれば、越中屋は死地に赴く将兵にとっては最後の「旅館」ともなっていたともいえよう。

　石田さんが父親について懐古し、話してくれたことを最後に紹介する。

　戦前は鉄道省の職員で、機関区での事務掛（係）だったからか、兵役も事務系業務が多かったようです。

　抑留中はカムチャツカでも樺太でも医務室での仕事でした。ロシアの青年医務官は優しい方でした。

　富山市出身の方が体調を崩して医務室に来た折、偶然に父が勤務中で、同郷の者だと紹介したから、助けてもらったと、その青年の方は毎年、春に草餅を作って届けてくださり、私もお会いしています。その青年が優しかったから！と話していましたが、彼は、命の恩人で無事我が家に帰宅できた！と毎年の会話でした。

　戦時には平時の旅行や商用での行き来とはまた違う邂逅や出逢いがある。それが人の生き死ににかかわる場合も少なくなかっただろう。大坪氏に毎年の春に届く草餅もその表れ。

　後日、石田さんにお父様の当時の写真があればお借りしたいとお願いしたところ、アルバムを探してくれ、金範氏個人が写っているものと金沢工兵隊の中隊全員の集合写真とを見つけ、見せてくださった。

　二葉とも金範氏が昭和一九年召集さ

れて後の写真であることはまちがいない。集合写真の方は昭和一九年四月一七日、金沢市工兵第五三部隊第三中隊、金石にて漕舟訓練と書かれていたが、個人のものはどこで撮られたものかはわからない。写真の大きさも違うし、個人のものは縁が白の余白があるが、集合写真の方はフルページである。それに、服も違うように見える。個人のものはベルトをし、襟にはいくつかの記章が付けられている。おそらく別の日に撮られたのだろうという想像はできた。

手前の庭石や背景の庭の造作といい噴水といい、金沢か小樽で撮影したものだろうとは思われるが、小樽越中屋ということもあり得る。小樽に写真のコピーを送って確認してもらおうかと思っていたが、石田さんが粘り強く調べてくれ、噴水は金沢兼六園に現存する日本最古のものらしいということがわかった。

その年の春遅くに、盛岡工兵隊に転属が決まり、わざわざこの噴水の前で兼六園付きの写真屋さんに撮ってもらい、富山の実家に送っておかれたものかもしれない。しかしその本人も、日本領土最北、北千島占守島守備隊の補充兵として派遣されるとは思いもよらなかっただろう。ましてや敗戦時の戦闘後、ソ連軍による抑留となりカムチャツカ州のペトロパブロフスクを経て樺太へと渡り、各種の使役作業の末、四年半後に函館を経て故郷富山に戻ってくることなど、夢にも思わなかったはず。写真のゲートルを巻いた足はさまざまな地を歩き、さまざまな人と「対面」してきた。

奇しくもその日は金範氏の命日だった。石田さんから夜遅く連絡があった。

父の写真の撮影場所は、兼六園の噴水のある池、右足元の岩も同じように思いました。・・・声をかけて頂かなかったら、知らずにいたことがまだまだ有りますね。祥月命日に、父の写真を抱いて参りました。本当にお陰様です。

帰郷して何年か何十年か経って、金範氏は兼六園内を訪れ、噴水の前に来て、自分の来し方を想っただろう。わずかな日々だが一緒に過した同僚、亡くなったり行方知れなくなったりした同僚や先輩後輩を思い起こして、霞ヶ池から自然の圧力で引かれているという三・五メートル高の噴水をしばし見つめ、そのしぶきの背後にシュムシュ島や樺太の地を霞ませながら物思いにふけっていたことだろう。

占守島・幌筵島については次章に書く。

四章　♪北緯五〇度、カムチャツカ沖だぁ

占守島の北部に転覆擱座したままの日本軍戦車。背後は海峡を挟んでカムチャツカ半島の山々だが、霞んで見えない。

一節　北太平洋の霧、二つの光景

北太平洋は世界三大漁場の一つといわれるほど水産資源の豊かな海だが、同時にこの海域特有の濃霧は、漁獲高だけでなく海上交通にとっても、また戦時には軍事作戦と戦術を決定する大きな要因の一つでもあった。昭和一五（一九四〇）年高志丸は五月一日深夜、濃霧の中エトロフ島の沖合を航行していた。アメリカ汽船ミシガン号と衝突し、乗組員は船長が救出されただけで、高志丸と運命を共にした。濃霧は舷灯も霧笛も包みこみ、無用なものにしてしまった。海底には船体の残骸や乗組員の骨があまた眠っている。

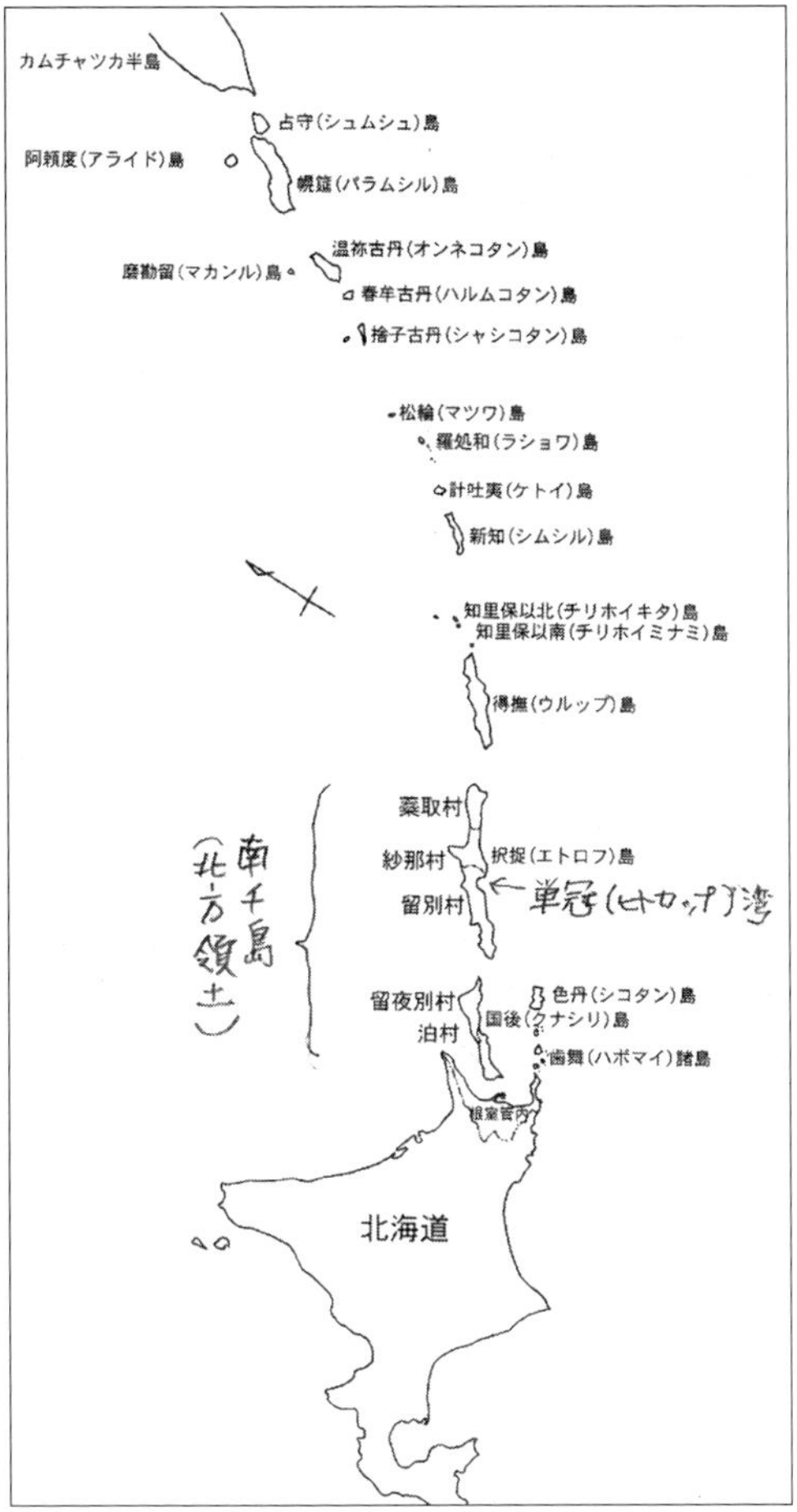

私は船で海が荒れ、怖い思いをしたことはあるが、海霧には出遭ったことがない。ただ、海岸を歩いていて一度だけ、これは恐いぞ、と感じたことがある。それは北海道の釧路。若い頃、たぶん釧路の駅にもどる時だったと思うのだが、上手から釧路川河口のヌサマイ橋に来た時、急に霧に巻かれた。橋の通りを行き交う車は、真っ昼間なのにヘッドライトを点けて走っている。そのライトの光さえ、すぐそばを歩く私にはおぼろ月のように霞んで見える。午前中に歩いた時はごく普通の景色だっただけに驚いた。濃い霧は海から湧いて海岸を覆ってきているのだ。地元の人は慣れ、スピードは落としつつも当たり前に運転しているようだが、他所から来た者にしてみれば薄暮の時間に無灯火で走っているようなもので、運転者も歩行者も危ない。

北太平洋の霧といえば、私には二つの光景が頭に浮かぶ。いずれも先般の太平洋戦争における一場面である。両方のどの地にも行ったことはないので頭の中だけのイメージだが、一つは昭和一六（一九四一）年一一月のエトロフ島、ヒトカップ（単冠）湾の霧。もう一つは昭和一八（一九四三）年五月、アメリカ合衆国領アリューシャン列島キスカ島の濃霧。

エトロフ島は北方領土(南千島)のもっとも北に位置する大きな島である。（地図は『根室・千島歴史人名事典』より）本州・北海道・九州・四国に次ぐ日本で五番目の大きな島で、富山県の約四分の三の面積を持つ。

太平洋戦争の開戦日は昭和一六（一九四一）年一二月八日だが、日本海軍連合艦隊機動部隊は一一月一八日、大分県佐伯港で山本五十六司令官の出撃命令を受け、一般兵は行き先を全く知らされないまま、五隊に分かれて時間差で秘かに出撃。そして北へ、北へ。

一一月二二日、エトロフ島ヒトカップ湾に六隻の航空母艦を初めとし、戦艦、重巡洋艦、軽巡洋艦、駆逐艦、輸送船、油槽船の合計三〇隻が順々に忽然と音もなく（たぶん船舶の発する音自身が霧に吸い取られていたのだろう）姿を現し、湾内で見事な隊列を整える。相前後して、伊号潜水艦二七隻も浮上する。

ヒトカップ湾は島の太平洋側、中央にある大きな湾で、二つの集落を持つ。東側には年萌（としもえ）という四〇～五〇軒ほどの村があり、西側には天寧（てんねい）という二〇軒ほどの集落があり、背後の台地には海軍の飛行場が建設されていた。両集落には日本陸海軍の大部隊が駐屯していた。

終戦直前の昭和一九年に、エトロフ島を歩き回って記録した皆川弘氏は『択捉島漫筆』（本人没後、芳子夫人が原稿を編纂上梓）の中でこう書き残している。

昭和一六年一一月二二日、天寧の人たちは霧のなかに異様な音を聞いた。大きな船のようだがそれも一隻や二隻ではない。一体何が起きたのだろうと思っているうちに霧の中から姿を現したのは大きな軍艦である。雑誌の挿絵で見なれた戦艦や航空母艦もいる。生れてはじめて見る艦隊の威容に圧倒されて浜に立ちつくしたまま一日が過ぎたという。この艦隊は近く行われる大演習のためにこの湾に集結しているのだと聞かされていたが、それにしては厳しい情報管制がしかれ、湾岸に住む天寧・年萌の人達は島外はおろか、島内の地区との連絡も完全に遮断されてしまった。艦隊は翌日も翌々日も、どっしりと腰を落付けて動く気配もなく、タンカーが艦の間をまわって給油しているぐらいの変化よりなく、艦隊全体が静まりかえっているこの異様な雰囲気のまま日が過ぎてゆき、人々はこの艦隊が出港しない限り越年物資を積んだ定期船も入港しないことに気付き、艦隊がだんだんと化け物のように見えてきて早く出て行って欲しいと思いながら沖をながめるのが日課のようになった。

特務命令を受け青森の大湊港から発った海防艦「国後（クナシリ）」は、一週間以上沖合を監視してから、連合艦隊機動部隊出現の二日前にヒトカップ湾に入り、二〇名ほどの兵と先行上陸。飛行場警備隊長の案内で年萌の派出所に行き、両集落全員の立ち退きを依頼した。巡査の懇願で立ち退きは中止になったが、両村から他地区への出入りは禁止するという命令を出した。讃良中尉ら兵士はその足で天寧にも行き、松本尚三郵便局長にエトロフ島全体の通信を遮断するように命じている。

郵便局長の長男、尚志は当時一〇歳、天寧小学校に通っていた。学校が改築のため、高台の海軍の事務所が仮校舎になっていた。そこから尚志少年がその日に見た光景を後に書き残していらっしゃる。私はその後北海道音更町に移住された尚志氏に手紙を書いた。何度か頂いた返事の手紙の中で、「一一月二二日から二六日まで、眼前に繰り広げられた光景は、決して忘れることができません」とおっしゃっている。送って頂いた文章の中から一部を紹介する。

先生を含めて、もう勉強どころではなくなりました。学校を早く終えた私達は、一気に高台から走り下りました。目の前に広がる湾内は軍艦でいっぱいでした。湾の奥にあるラッコ島といわれる岩をバックにして、三隻の潜水艦が平行にならび、それより手前には、六隻の航空母艦が浮かび、私達の正面には、設計図を見るように正しく横の姿を見せる二隻の戦艦。それを両側から守るような位置に、駆逐艦と巡洋艦が、雪に覆われた山を背景に集結していたのでした。・・・

霧が濃くてよく見えないから高台を走り下りたのか、近くで見たいために海岸まで走ったのかはわからないが、一〇歳の少年の記憶にこのように刻まれるほどの印象深いできごとだった。

この時、機動部隊の兵士を含めた全乗船員には、特別な場合をのぞき上陸禁止の命令が出ていた。佐伯港を離れる直前まで鹿児島錦江湾で秘密裡に魚雷投下訓練に明け暮れていた戦闘機・爆撃機乗りの若者たちには、未だに攻撃目的地を知らされていない。私は海軍予科練ＯＢ組織の海原会（事務局は東京大田区）で、パールハーバーから生還したお二人に会って話を聞けたが、吉野治男氏は「**エトロフ島は痛いほど寒くて、ヒトカップ湾は不気味に静まり返っていた**」と語られた。また、前田武氏は「**鉛色の空の下、ひそかに集結したこの大部隊はいったいどこへ行くのか、まさか真珠湾とはだれも考えなかった。耐寒艤装から推してダッチハーバーを空襲する公算が強い**」と考えていた。（その後、いずれも故人となられた）

　この機動部隊の各軍艦に乗る軍人軍属ら乗船者全員で一万～二万人だと推測されるが、その中に富山県出身者ももちろんいた。だが、このハワイ真珠湾への奇襲攻撃で戦死した富山県出身兵は武田友治ただ一人。魚雷を腹に抱いた雷撃機（九七式艦上攻撃機）の三座、機銃掃射兵。最年少一七歳。彼の死は、現地ハワイを含めて私が調べた限りでは未だに謎である。拙著『真珠湾に散った十七歳武田友治の旅』（二〇〇七年、桂書房刊）に詳述。また、ハワイ真珠湾から生還した多くの軍人と軍属はその後の激戦地、ミッドウェーやガダルカナル、あるいはマリアナ諸島、最大の戦死者を出したフィリピン、さらにインパール作戦や北太平洋海戦で戦死した人は少なくない。

　しかし、彼と機長、操縦兵の三人はハワイのオアフ島から死なずに生還できた可能性がある。なぜかというと、このヒトカップ湾で旗艦の航空母艦「赤城」から「加賀」に、整備された艦上攻撃機一機を旗艦に移せという命令が来た。「加賀」は断ることができずに、植田隊長二二歳、長井操縦兵二〇歳、武田らの愛機を差し出した。妻帯者には故郷に待つ妻や子がいるので戦死させたくない、だとすれば独身者の機を差し出す。そのために三人は愛機を空母赤城に提供し、自分たちには一度も搭乗し訓練したことのない補用機をあてがわれ、それに乗って真珠湾上空へ突っ込んでいかざるを得なかった。さらに離陸順は空母加賀の艦上機中で一番最後。初めは爆煙も水煙もなく目標艦に魚雷を投下して結集地点の空に帰着しやすい。しかし時間の経過に従い、分単位で眼下は目視困難になり、同時に敵からの高射砲や機銃掃射、戦闘機の攻撃が増えてくる。アメリカ軍の反撃体制も秒単位でつくられていっているからだ。独身者の命は妻帯者のそれより軽く、友治らの雷撃機は最後に攻撃に入る。つまり最も危険な状態での攻撃だ。彼らの機は帰らなかった。魚雷を攻撃目標のオクラホマに向けて発射できたかどうかも定かではない。軍隊の非情さのほんの一例に過ぎないのだろうか。

　また、機動部隊のヒトカップ湾出港前夜にある艦の水兵一名が海に転落し、行方不明になっていた。発見されず、見切り出港となった。

　年萌に生まれ育ち、昭和一九年に一六歳で年萌郵便局に勤務した阿部いち氏は、『ヒトカップ湾の想いで』で、この連合艦隊が来た頃や戦時下のことについて、何ヶ所かに書き残しているが、二ヶ所引用させて頂く。一ヶ所は「砂浜につづく砂浜」の項。

大東亜戦争、ハワイ奇襲の直前、ヒトカップ湾に集結した。軍艦や輸送船の廃油の為に、羽根が広がらず、飛べなくなった多くの海鳥達は、ヨチヨチ歩いていたが餌もとれず、ずい分沢山死んだ。これを境にして日本軍が駐留するようになり、浜へも足を運ぶこともないようになっていくのです。寄せては返していく波は、私達が住んでいたときと変りなく、今も同じように時を刻んでいることでしょう。

　もう一ヶ所、「たらば蟹」の項から。

たらば蟹とのつき合いがこくなったの

は、戦況もかんばしくなってからである。以前は、かにの缶詰工場から、貰ってくるか、時化の時海から拾ってたべる程度だった。日本軍が入って来てからは、家業の海苔とりも出来ない。昆布拾いも出来ない。勿論離れたフノリ小屋へも駄目だった。住民の生活は、軍と共にあった。女の人は、弾丸みがきに動員された。男の人は、軍へ納める魚や蟹など獲ることだった。あまり沖へは出られない。ヒトカップ湾へも敵の潜水艦がくるようになった。

祖父は、小さな自分の磯舟で蟹とりを始めた。井戸の側にドラム缶の切ったのを据え付け、蟹をゆでてから、軍に納める。ゆであがったら水に入れる。このようにすると、殻から身がするりとはなれて、むきやすい。

大きくて、いい蟹だけ、軍のトラックが来て積んでいくので、雌がにや、脱皮の蟹は残る。ほしい人に安く売ったり、近所や、顔見知りの兵隊さんには、呉れてやったりする。

・・・ソ連軍が来てからは、小舟も海へ流されてしまった。島のことを思うとき、蟹のことが一番鮮明である。それは、終戦まで続いた、生きる活であったからであろおか。

択捉島水産会の代表、駒井惇助氏の父は、戦前エトロフ島でサケマス中心の水産業を営んでいた。元島民らが故郷を訪ねるビザなし交流の自由訪問の団員として、今年（二〇一八年）、父の働いていたエトロフ島を訪ね、ロシアの漁民がカニを捕っているのを目の前で見た。そして

歴史に『もし』はないと言うけれど、あの時択捉島からの出撃がなければ、先祖が懸命に切り開いた土地も漁場も奪われなかったと思うのです。

と語っている。（八月一六日付北海道新聞より）

もう一つの霧の光景とは、キスカ島の霧である。昭和一八（一九四三）年のキスカ島守備隊救出作戦は、まさに夏のこの地特有の濃霧を利用した「奇跡」だった。

北太平洋航海上の一番の危険は荒天による三角波だが、それにもまして特に夏に発生する濃霧が多くの海難事故を引き起こしている。北太平洋の海底は、高志丸を含めた日本、アメリカ、ロシア、カナダの沈没船舶の墓場だ。

ミッドウェー海戦での敗北以来、撤退と玉砕（全滅）を重ねる日本陸塊軍にとって、「世界戦史上の奇跡」とさえいわれているほどの〝濃霧を味方に付けた幸運〟な撤退作戦だった。日本軍はすでにキスカ島とその西隣のアッツ島を無血占領して守備隊を配置していたが、アメリカ軍の反撃に対して大本営は海軍艦艇の燃料不足を理由に増援部隊派遣を中止、アッツ島守備隊に対して「玉砕」命令を下した。アッツ島二五〇〇名は戦えない兵士・軍属は自爆し、それ以外は「バンザイ」突撃し、全滅する。次ページの地図は『私説キスカ撤退』（阿川弘之著、一九七一年、文芸春秋）より。

キスカ島も同じ運命を辿ろうとしていたが、その時の北方軍司令官樋口季一郎は「玉砕」に反対し、軍部内の確執を乗り越えて海軍の同意を取り付け、無謀とも思われたキスカ島北海守備隊（陸軍二七〇〇人、海軍二五〇〇人）の救出作戦を実施する。すでに制海権も制空権もアメリカ軍に握られ、アメリカ軍によるキスカ島奪還は間近とみられていた。米軍に察知されないよう極秘に計画と訓練を進め、濃霧が発生しやすい七月中旬に艦艇を突入させ、一挙に撤収するというもの。作戦指揮は海軍第一水雷戦隊木村昌福（まさとみ）司令官。いつ発生し、いつ晴れるか分からない霧。偶然にまかせるしかないこの大任に際し、彼はキスカ湾内に滞在する時間は一時間以内という条件を付けた。それ以上収容作業を続

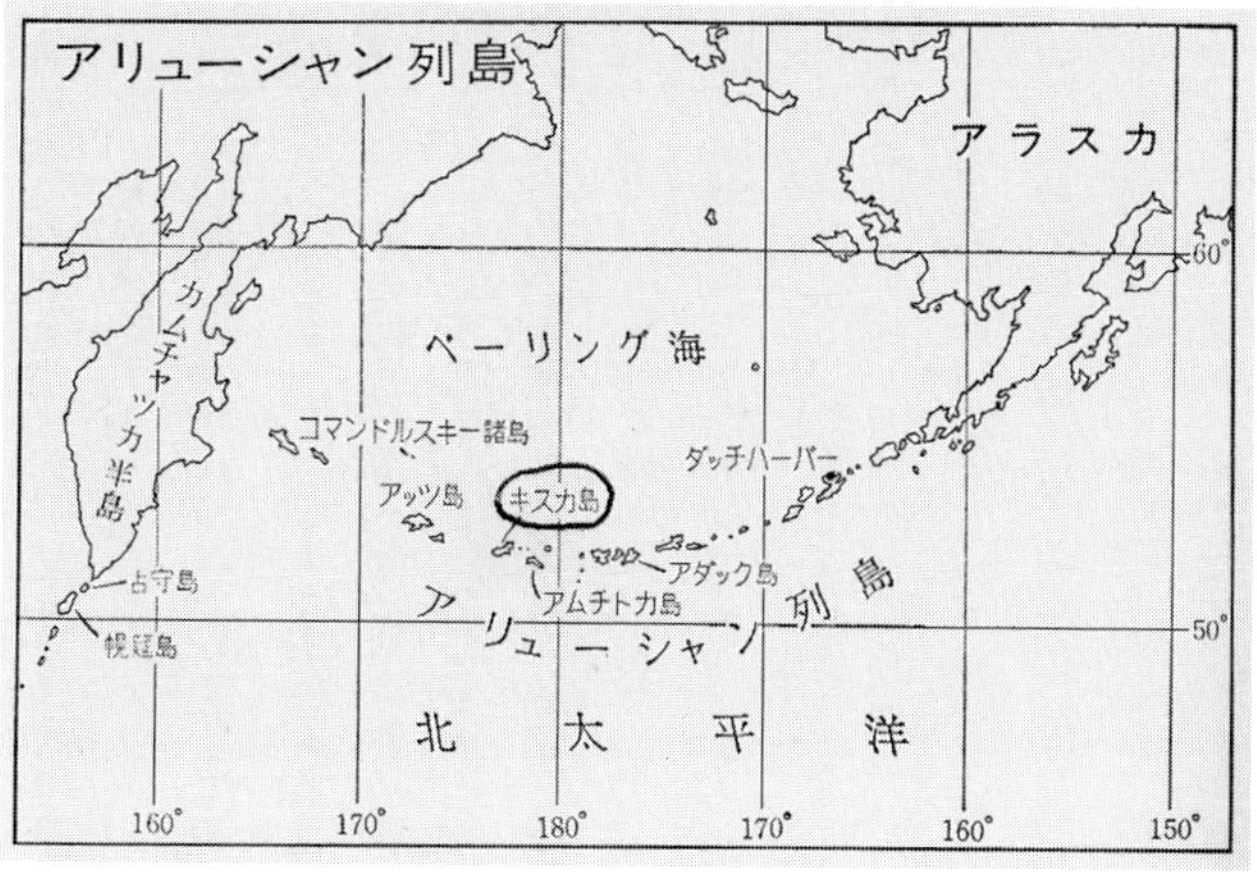

ければ敵の哨戒機に発見され、作戦は失敗するだろうと。そして短時間の内に守備隊を合理的に収容するために、兵士の携行品を最小限にし、兵器も放棄する。これには陸軍の反対が起きたが、樋口は作戦成功のためならばと、「天皇から下賜された」銃剣の海中への投棄を認めた。

　富山県水講の高志丸が夏場にカムチャツカ西岸沖合でおこなったタラ・タラバガニ漁の拠点地幌筵島を、その二七年後の七月七日に、邪魔者の濃霧の発生を念じて、キスカ島残留兵救出艦隊は密かに旗艦「阿武隈」（軽巡洋艦）を先頭に、一〇隻の駆逐艦と海防艦や油槽船など一六隻が密かに出撃。しかし、キスカ島直前で霧が晴れ、中止。二回目の挑戦は米軍哨戒機が現われ、やはり突入中止し、幌筵島に引き返す。

　捲土重来を期しての三次出動は七月二二日。味方艦同士の衝突や接触事故を経ながらも、サイレンを鳴らして所在を明らかにしつつ、二九日、キスカ湾に入り投錨。海面三～四m上に霧、視界一五～二〇m。これは艦橋（航行の操船・指揮をするための甲板上の構築物）から艦首も見えないほどの距離。一時四五分撤収作業開始。陸地に隠して用意されていた大発（大発動機を付けた舟）と巡洋艦・駆逐艦に準備されている上陸用舟艇と大発合わせて二〇数艇が二往復する。それ以上の時間は許されない。三八式歩兵銃を海に投げ捨てて、まず担架の傷病兵の搬入、そして戦病死者の遺骨と遺品を入れた白木の箱を首から下げた兵一一五名を先頭にして、万感の思いと残存体力を漲らせて乗り込む兵士と軍属。舷梯（タラップ）や縄梯子をあらんかぎりの力で登る彼ら。二時三五分に作業を完了し、抜錨・撤退。その間五五分。艦上では、あの仲の悪いはずの陸軍と海軍の兵士たちが涙を流して抱き合い、唇を震わせて会話し、喜び合っている。幸運が重なる。

　米海軍は、連日艦砲射撃を浴びせ、万全の包囲網を敷いてキスカ島を手中に入れ、上陸による被害を最小限に抑えようと虎視眈々とにらんでいた。その艦隊を、作戦指揮官キンケイド中将は、弾薬補給のためこの日丸一日だけ後退させていた。

　それでも警戒に巡航していた米潜水艦が、日本撤退艦隊旗艦の阿武隈を発見し、確認のために接近・浮上したが、木村司令官が指示して三本煙突の中一本を白く塗り替え偽装したことが功を奏し、米軍潜水艦は味方の巡洋艦と誤認し、潜水して去った。もし霧が薄まり、米潜水艦の潜望鏡か双眼鏡の視認の後、魚雷を発射されていたならば、・・・。

　八月になれば霧の発生は極端に少なくなるという現地の気象事情を考えても、ギリギリの決行だったといえる。また、大本営は二ヶ月前に全滅したアッツ（熱田）島に続いてキスカ（鳴神）島にも「玉砕」命令を出したという偽装情報戦、その中で不可能に近いが「救出」を信じるキスカ守備隊は霧の深い日に限り、毎日午後一時から二時間のみ、空爆がある時にはすみやかに散り散りに隠れながらもキスカ湾の浜辺に集結し、救出船の現われるのを待つ、という「虚しく」困難な所業。すでに機密書類はすべて廃棄され、三八式歩兵銃と小銃と配布された三発の手榴弾（一発は最後の自決用に残せという命令）以外、背嚢・衣嚢もない。凍土の表面が融け、生えてきていた草はすでに日本兵に食べられ、きれいな平地になっていたという。

いくつもの「偶然」という好条件が重なり、この奇跡が発出された。

三一日、救出（軍隊用語でいえば「撤収」）艦隊は幌筵島村上湾に帰投。札幌から移動してきていた樋口司令官等に歓喜の中、迎えられた。

キスカ島から日本軍守備隊が撤退したことに気付かず、米軍はその後、島に対して海陸から激しい砲撃と空爆を二週間以上続ける。濃霧の中での疑心暗鬼の同士討ちも発生。空から十万枚の伝単（降伏を勧めるビラ）を撒く。そして八月一六日にはカナダ兵五三〇〇人を含む三四〇〇〇人の大兵力で上陸開始。しかし、そこにいたのは日本兵が残したシェパード犬が三匹だけ。

帰還して後に『キスカ　日本海軍の栄光』（昭和五八年、コンパニオン出版）を書いた元「阿武隈」主計長市川浩之助は、作戦出動当初の乗組兵に対して、

「死ぬ時にゃ死ぬんだ。コチコチになるな。自分のデューティだけをきちんと果たせ」

と言って、不安な乗組員の心を鎮めたようである。デューティとは英語で義務、本分という意味。市川にとってのデューティは、人間としての義務というよりは軍人としてのデューティを指すのだろうが、帰還できないと思って腹をくくれ、という部下への「励まし」だと読み取れる。

アメリカ海軍省は八月二二日、正式に「キスカ島奪取！」を発表。「捕虜は軍用犬三頭」と発表し、カナダに移送。「ビラ十万枚は犬には読めない」と皮肉った。

この時の北方軍司令官樋口季一郎は、アッツ島守備兵を救えなかった悔恨で二〇キロ近くやせたという話だが、彼はキスカ島守備兵救出作戦を成功させた木村昌福艦隊司令官をその後に小樽に呼び、会見（慰労）している。前記したが、小樽色内町の越中屋旅館に宿泊している可能性がある。

また、海軍の作戦部隊は、作戦決行前の六月末に幌筵島に到着・上陸して、男女工五百人が作業する日魯漁業の鮭缶詰製造工場を見学している。日に日に天気が悪くなり霧が発生し始め、キスカへの出動が近いことを感じ、どの兵士も口には出さずとも、これが陸上を歩く最後かも知れない、という心中だったように思える。

キスカ作戦に参加した兵士、無事生還した守備隊員は奇跡的に帰還できたが、それで終戦を迎え、そのまま故郷に帰ることができた訳ではなく、次の戦地に派遣され、傷病兵となったり、たとえばサイパン島に転戦しそこで「玉砕」死するとか、海戦で海の藻屑となり故郷の土を踏むことができなかったりしたという若者たちが多かった。

日本軍にとって兵士の値段は「一銭五厘」（当時の郵便はがき代。しかし実際には召集令状は役場職員から各家への手渡し）といわれたが、「キスカの奇跡」は、軍隊内の上層部にも人道主義を貫く人々がいたことの実証ではある。しかし、助かった兵たちのその果てまでを想うならば、・・・。日本軍国主義の戦争遂行の非道さを感ぜざるを得ない。戦争責任はだれがどうやって取るのだろうか。

キスカ島救出劇に関して書かれた最近の読み物を一つ紹介したい。松岡圭祐『八月十五日に吹く風』（二〇一七年、講談社文庫）。「登場人物は全員実在する（一部仮名）」と冒頭に書かれている。気象観測面の調査もかなり重視して書かれており、さらに同乗した新聞記者の目や、残された家族の息遣い、米軍の思惑や米

側から見た日本人観などをうまく織りなして書かれていると思う。

終戦の八月一五日に、スプルーアンス海軍大将に自己の考えを直言して部屋を出たロナルド・リーンの独白、モノローグの文章（この辺りの場面は史実ではなく物語だろうとも思われる）に感銘を受けた。

「きょうはあの島国の人たちも泣いているのだろう。いずれみな笑顔になる。そのために生きていると思えば、今後なにも辛くない」

ちなみに、日本では一般に終戦記念日は八月一五日とされている。その日の正午に天皇の「玉音」放送があったことが根拠ではあるが、実際にはその後も散発的に戦闘や戦時なればこその被加害が国内外で起きているし、横須賀沖の戦艦ミズーリ上で降伏文書が調印された九月二日の方が終戦記念日としては正しいのではないかと思う。戦艦ミズーリは修復され、現在もハワイのパールハーバーに保存展示されている。

樋口季一郎について付記したいことがもう一つ。それは、彼が北方軍司令官に補される前の昭和一三年（一九三八）年の、ユダヤ人難民救出事件、いわゆる「オトポール事件」のことである。「命のビザ」を杉原千畝が発給し多くのユダヤ難民を救ったが、その二年前にユダヤ難民を救うために体を張った軍人樋口の人道主義である。樋口の真の考えや事実を知ることは難しいが、さまざまな角度から見て人間を評価しなければならない。日本帝国主義下の日本軍上層部にも、その立場の制約の中で自分なりのヒューマニズムを貫く努力をした人がいたのは、戦後の民主主義陣営組織や団体のリーダーの中にも独善的で排他的な考えを持っている人がいたのと同じだろうと私は思う。

樋口がハルビン特務機関長に補された翌昭和一三（一九三八）年、ナチスドイツからの迫害を逃れ、シベリア鉄道でソ連を経て脱出しようとするユダヤ人難民が、ソ連と「満州国」の国境のオトポール駅で列車を降ろされ、数百人が酷寒の中、駅周辺にあふれていた。三月、零下二〇度を下回る極寒シベリアの原野で足止めされた難民はテントを張り、許可（満州国入国ビザ発給）を待った。すでに凍死者も出ていた。当時、ポーランドはユダヤ難民の受け入れに消極的だったが、ソ連は自国への入植や通過を許可していた。しかし日本はナチスドイツと防共協定（後に日独伊三国軍事同盟に発展）を結んでいたし、ヒトラーの顔色を窺う（いわゆる忖度）満州国と関東軍は彼らを通そうとせず、満鉄（南満州鉄道株式会社）に対し、ユダヤ人難民は入国させず、オトポールの次駅の満洲里（マンチュリ）は通過させないとしたからである。

ハルビンに拠点を置く極東ユダヤ人協会から難民救出の要望を受けた樋口は、満州国外交部の責任者に対して、次のように述べた。

満州国は、独立国家である。何も関東軍に気兼ねすることはない。ましてドイツの属国でもない。ドイツが排撃したからと言うて、一緒になってユダヤ人を排撃する必要なんか毛頭ない。事は人道問題である。未だ国境の寒さはきびしい。一日延びれば、難民の生命に関する重大な問題ではないか。なるべく早く決心されたらどうか。

樋口のこの強い説得によってまもなく、難民にビザが発給され、満鉄の救援列車によってハルビンに救助移送された。そしてその後に大部分の人は大連を経て上海へ、そしてアメリカへと脱出していった。

この所業の直後にドイツから名指しで樋口に対する抗議があったが、はねのけた。東亜旅行社（現在のＪＴＢ）の調べによると、ドイツから満州国へ脱出したユダヤ人は昭和一三年から三年間（それ以降は不明）だけで四三七〇人に上る。

その後を含めて二万人に上るという説もある。

この樋口ルートは、その二年後のリトアニア領事代理としてユダヤ人に命のビザを発給した杉原千畝の脱出ルート、つまりシベリア鉄道でウラジオストクまで、そして船で福井県敦賀に上陸、神戸からアメリカへ、という杉原ルートを思い浮かばせる。

古来、朝鮮半島との交流の玄関でもあった福井県敦賀港には現在、「人道の道敦賀ムゼウム」（ムゼウムはポーランド語で資料館のこと）が建てられ、リンゴや時計のエピソードの紹介や実物資料・交流の歴史を展示している。

樋口季一郎と杉原千畝、この二人は軍隊将校（少将）と領事代理という立場は違うが、国家、軍上層部の命令や意向に反してでも人の道を進もうとする人道主義、ヒューマニズムを貫いた。

この二人だけではなく、困難な時代（現代も含めて）、軍や政府の上層部、いわゆる支配者と言われる立場にいようとも、困難な条件や環境の中民族・国境を問わず人間の命を大切にして生きた人々は、知られてはいなくとも少なからずいるように思える。

写真は晩年の樋口季一郎『歴史街道』（平成二四年四月号、ＰＨＰ研究所発行）より

二節　パラムシル島とシュムシュ島、眼前にカムチャツカ

図1　千島列島図

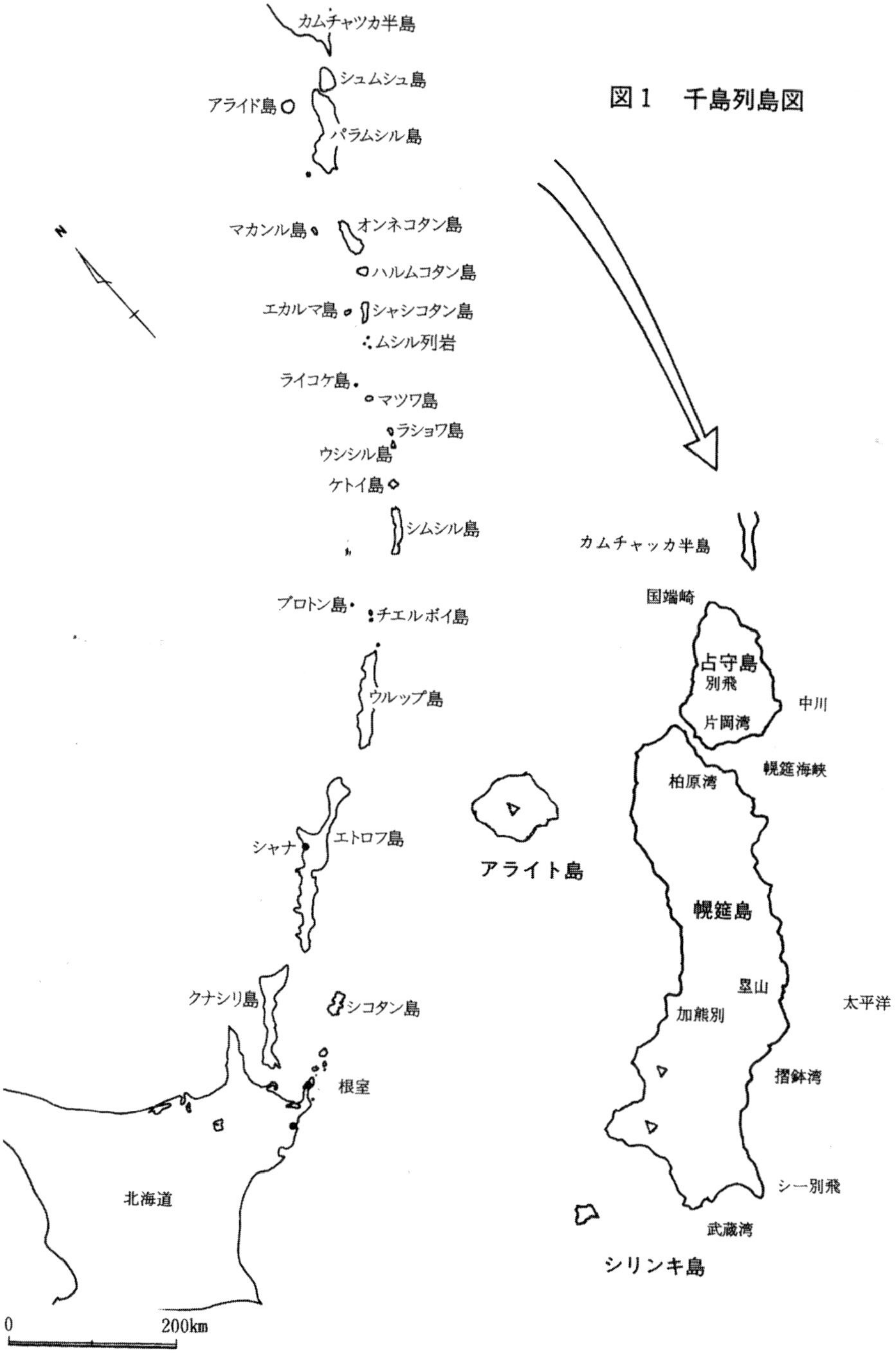

※地図は別所夫二編『回想の北千島』（北海道出版企画センター 1998 年刊）より

二島は、北方領土より「はるかに」北方の北千島である。シュムシュ島の北に立てば、雪が降るか霧や雨雲がかかるかしていない限りは、北東に肉眼でカムチャツカ半島が見える。「はるかに」という意味は、距離的な意味合いだけではなく、行き来の不便さや一般的関心の低さの意味も含む。私にとってその「はるか」さとは――

　大叔父常隆のカニ缶詰関係のことを調べ始めて三年ほど過ぎて、少しずつわかってきた頃、高志丸が函館・小樽経由で渡った幌筵(パラムシル)島・占守(シュムシュ)島と、タラ釣りとタラバガニ缶詰製造をしたカムチャツカ西岸沖合へ行ってみたいという思いが芽生え始めていた。一般人の私でもそこへ行けるのだろうか。いくつもの垣根があった。

　カムチャツカはカムチャツカ半島をいい、その火山地形と雄大な大自然はユネスコの世界自然遺産に指定されている。カムチャツカ州は人口三〇万余り。州都はペトロパブロフスク・カムチャツキー。一方その南西に浮かぶシュムシュ島とパラムシル島は一〇数キロしか離れていず、目と鼻の先なのだが、所属はサハリン州。日本とロシアとはソ連時代に国交を回復してはいるが、こことは直行航路も直行便もない。だから、そんなに遠い所までは行かずに、常隆さん関連のことをまとめてみようとは思っていたが、調べを進めるにつれて、現地を歩く、あるいは船から眺めることができないものかと思い始めた。古いモノクロ映画「アラバマ物語」の字幕に、「人を理解するには相手の靴を履いて歩き回れ」という言葉があったのを思い出した。

　カムチャツカへはウラジオストクで一泊し、飛行機を乗り替えれば行けるが、シュムシュやパラムシルへは行けない。最初に大手の旅行社に問い合わせたが、直通は個人では無理とのこと。夏に一ヶ月だけペトロパブロフスク・カムチャツキーまで飛行機の直行便があり、火山や観光はできるが、そこからシュムシュ島やパラムシル島には渡れないとのこと。

　札幌の古書店で「カムチャツカ論集」(カムチャツカ研究会、一九九八年発行)という冊子を購入して読んだ。カムチャツカ研究会に連絡を取った。だが、研究会は二〇一二年で解散していた。しかし、その事務局を担当していた山口祐雄氏が活動を引き継ぐ形でカムチャツカ開発株式会社にいらっしゃり、研究会の発行した「カムチャツカ研究会二〇年の歩み」や現地視察報告書やシンポジウム録など数冊、それに旅行パンフや植物パンフを送って頂いた。読んで、とても勉強になった。火山や植物、自然の中での生活の写真が魅力的で、かえって興味関心が湧いた。しかし現在は現地調査などを行っていなかった。元研究会員で一人カムチャツカ訪問を希望している人を紹介してくださったが、これも実現せず。

　『住んでみたカムチャツカ』(広瀬建夫著、二〇一〇年、東洋書店)はカムチャツカの概要と歴史に加えて人々の生活が具体的に書かれていて、ためになった。広瀬氏が最近まで籍を置いておられた大学の事務室にメールをして、手紙を出す了解を取ってもらえないかとお願いしたが、結局かなわなかった。

　古書店等で購入した関連書籍も数冊読んで、勉強をした。

　次に頼んだ東京の旅行社も色々努力して下さり、夏のみの直行便でカムチャツカへは行けるが、そこからシュムシュ・パラムシル両島への渡島はだめだった。また三人以上でないと催行できず、見通しはないとのこと。

　次、つまり思い立ってから三年目にはＲＴＢ(ロシアン・トラベル・ビューロー)というロシア旅行に実績のある旅行社を見つけ、当たってみた。ＲＴＢの保田さんは熱心に何度もメールで相談に乗ってくださったが、結局この年もだめだった。カムチャツカまでは行けるが、両島へは連絡船は週一、二回あるが不定期で、天候つまり夏は濃霧や雨風で欠航がしょっちゅう、ヘリコプターもチャーターすると六人乗りで一機百万（その倍の人数の機で二百万）円近くかかる。団体ならば可能だが・・・とのこと。ある小さな研究会が来年に調査に行く話もあると聞き、その研究会の調査旅行実現を待った。企画実施されたなら当方の趣旨を話して、迷惑をかけないので同行させてほしいとお願いするつもりだった。

　仮に海か空からシュムシュ島あるいはパラムシル島へ渡れたとしても、そこに降りて日本人住居址や缶詰工場跡とかブランコのあった報效義会家屋跡を探すのに、少なくとも半日から一日はかかる。島内に民泊できる所があるか。調べてもらっていたが、ない。

　私は、偶然という言葉はよく使うが、運とか奇跡という言葉はあまり使わない。自然も社会も絶えず変化し、様々な条件を織りなして、生起と不均等発展と消滅を繰り返している。この世もいろんな要因がからみ、予想通りとなったり、予期せぬことが起きたりする。亡きマリリン・モンローの言葉に「Everything happens for reasons.」というのがあるが、「物事が起きるすべてには理由がある」というふうにでも訳せばいいのだろうか。まったくだ。

　五〇年近く前、私が給料をもらうスタートになった農業高校に勤めた時、農場主任の高野氏は生徒の学年集会で話された、その中に、「皆さん、農業は、最大限の努力をして、最小限の結果を待ちましょう」と言われた。話の前後の脈絡を忘れてしまったし、資本主義経済やその農業の原理、倫理とは相入れない考えだ。しかし、高野主任はたぶん、精一杯働いて、だめでもへこたれるな、ということを言われたかったのだと思う。口数の少ない農場主任だったが、五〇年近く経った今でも、彼の顔と言葉を時々思い出す。

　今は可能性がほとんどないと見えても、一つの希望に関した接近を微々ながらもしていれば、いつかどこかに、何らかの形をなした大きな変化が生起するかもしれないと思う。

　二〇一七年の年が明けたので、保田さんにお願いし、調査研究の会の代表者と連絡を取ってもらったが、案に違わず中止になっていた。

　その次に、保田さんから堀江満智さん（京都市右京区在住）という研究者を紹介された。手紙を書き、連絡を取り、別の用で上洛した際に、お宅を訪れてお話を伺った。祖父の方が現地ペトロパブロフスク・カムチャツキーで輸出入や缶詰素麺工場を営み、その後堀江商店出張所を開かれたとのこと。そのことを調べに二〇一五年に友人と現地を訪れた。ただ再訪の予定はないとのこと。逆に、彼女が書いた論文の掲載された「ユーラシア研究」No.五五のコピーを現地の郷土史資料館員に届けてほしい、それとついでにある塔の完成写真とはめ絵の写真を撮ってきてほしい、と私の方が依頼されてしまった。カムチャツカ行が実現すれば、の話だが。

　この年初旬に届いた保田さんのメールの一つ。

　その後お変わりございませんか。さて、シュムシュ島とパラムシロ島への行き方を知り合いの日露貿易をやっている人に尋ねてみました。その方は岩佐毅さんといい、一〇年以上前に両島へ行った時の経験では、シュムシュ島は無人島で狐くらいしか居ない。パラムシロ島は現在四〇〇〇人くらいの住人（主に漁業に従事、韓国系。人の住む場所は少なし）がいるが、ホテルはなく、小さな民宿がひとつある。漁業や歴史の研究所はない。

　第一の問題は交通手段がヘリコプターのみで週二回ほどあるが、天候次第で何日も飛ばないこともあるので日数に余裕が要る。飛べば三時間位で着く。

漁業関係の資料があるようなところはないと思う。かつての日本人関係の痕跡も自分は見たことがない。日本の錆びた戦車が放置されていたくらい。

もしもっとお聞きになりたいことがあれば、自分の携帯番号を伝えてもらってもよい。が、あまりお役に立ちそうな情報はないだろう。最近この辺が変わったという話も聞いていない。

ということでした（以下省略）　ＲＴＢ保田」

保田さんとは結局一度もお会いする機会はなかったが、三年間でメールや郵便等で二〇数回のやりとりをさせて頂いた。というより、私の方は自分の事情を伝えるだけで、ほとんど一方的に知識・情報を保田さんから教わり、関係者を紹介してもらっていたばかりだった。しかし旅行会社の業務以上の親切を受けた。本人自身のツアー添乗業務の合い間合い間の連絡だったとはいえ、頭が下がる。

お礼代わりに、手紙を添えて富山銘菓「立山一万尺」を郵送した。余談だが、雪の被る立山の形をしたこの最中菓子は、製造元の勝屋ご主人の話によると、昭和二九年だったか三〇年だったかに製造し名づけた。その同じ年に尺貫法が廃止になりメートル法に変わっている。そのタイミングがおもしろい。立山も口を押えて笑いをこらえたか。

保田さんのこのメールの頃にはいよいよ八方ふさがりで、シュムシュ・パラムシル行きはもうだめだ、と諦めていた。

三ヶ月ほど過ぎた。

少しでも北洋漁業や北方領土、千島列島のことを勉強できればと思って購読していた北海道新聞（函館支社から一日遅れの郵送）二五面の小さな囲み記事に「占守島で慰霊祭　市民団体が企画　七月、参加者募集」というのを見つけた。陸上

食事を取れるようにしてほしい」と訴えた。

占守島で慰霊祭
市民団体が企画

7月、参加者募集

千島列島北東端のシュムシュ島（占守島）で終戦直後、攻めてきた旧ソ連軍と戦った日本軍守備隊の遺族らが7月、島を訪れ慰霊祭を行う。ツアーを主催する市民団体はゆかりある人の参加を募っている。

占守島への大規模な日本人訪問は、2005年の厚生労働省慰霊・遺骨調査団以来。ツアーは守備隊の一部を構成していた旧陸軍戦車第11連隊の流れをくむ陸上自衛隊部隊の支援団体「第十一戦車大隊士魂協力会」が主催する。出口吉孝会長(77)＝札幌市＝は「関係者が高齢化する中、先人の労苦を次世代に継承したい」と話す。

旧ソ連軍は1945年8月18日未明、日本統治下の占守島に上陸。ポツダム宣言を受諾して武装解除を進めていた日本軍守備隊と戦闘になり、同21日までに両軍合わせて3千人以上が死傷した。

新千歳空港を7月18日発の3泊4日。主催者によると、占守島にはロシア極東カムチャツカから現地の政府系旅行会社を通じてチャーターしたヘリで渡る。申し込みは5月15日まで。ただ、参加に向けてはロシア軍の個別審査を経なければならず、許可が下りないこともあり得るという。

参加費は38万800円で、渡航の確定後に支払う。定員40人。問い合わせは出口会長☎011・737・1798へ。

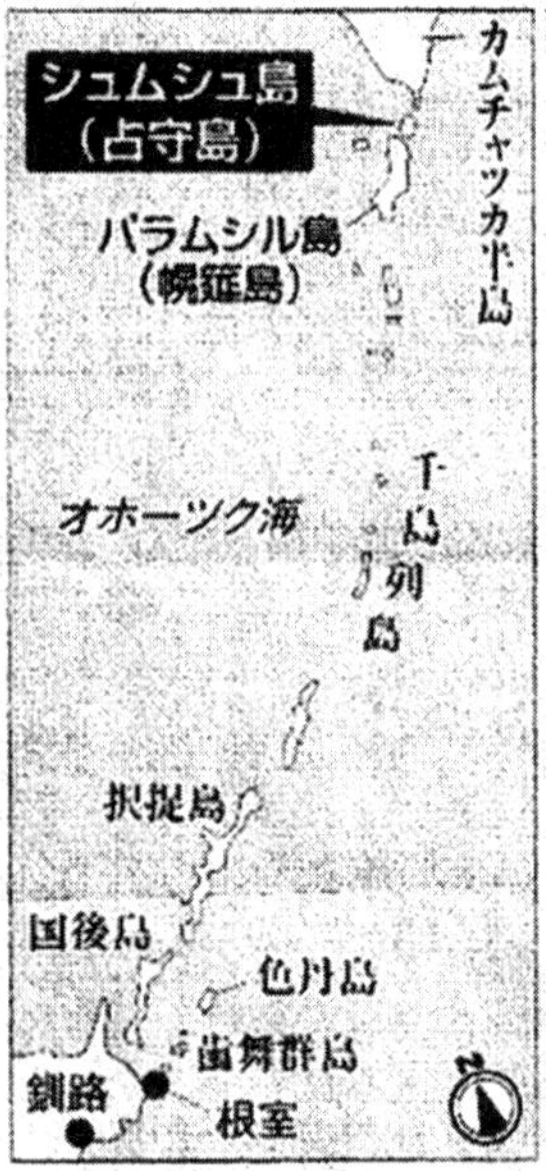

自衛隊の支援団体「第十一戦車大隊士魂協力会」が主催。四、五日迷ったが、思い切って主催団体代表の士魂協力会の出口吉孝会長に電話をし、シュムシュ島へ行きたい理由を言い、一般人でも参加できますかと尋ねた。「趣旨を郵便で送るので、賛同されるのならば参加できます」という返事。

まもなくそれが届いた。必ずしも賛同できない文章もあるが、趣旨の理解は大いにできる。旅行社レオール・ツーリスト作成のチラシを読み、また数日迷ったら、ＲＴＢの保田さんにメールで相談した。返事が来た。

橋本様　お世話になります。ご連絡ありがとうございます。

現在までに現地に来ている情報によると、定期便が今年は一週間に一便しかなく、島に一週間滞在は物理的に難しい状況です。四月には、もしかしたら夏の増便が発表になるかもと言われていましたが、今現在追加便は発表になっていません。また、待っていて便が出ないとご迷惑をおかけすると思っております。

その為、札幌の戦闘慰霊祭ツアーにご参加頂けるようであれば、ガイドもつきますし、島へは定期便では無くチャーター便になりますので、費用的にも安価になると思います。もちろん軍事管轄エリアの為、不測の事態もあるかとおもいますが、グループで行かれた方が定期便より安心です。

中々、シュムシュ島へ行くツアーも出ませんので、この機会にご参加いただく事をお勧め致します。中々一名様でのご案内が難しく、心苦しいかぎりですが、状況何卒ご理解いただきたく、お願い申し上げます。

ＲＴＢ　保田

他の旅行社のツアーなのに参加を勧めてくださる彼女の心境を思いやる。良心的な方だと感心した。

何もそんなところまで無理をしてお金を使っていく必要などない、と自分の心の一部が主張していたが、保田さんの意見に肩をたたかれたような気がして、北海道新聞の企画に応募しようと腹を固め、恐る恐る女房に話した。代金は三五万円と高いが、このためにいつも以上に節約をし、三年間北海製缶の缶詰貯金缶に五百円玉貯金をしてきた。函館の長浦さんから送られてきた缶を含めて六缶、三八万円ほど貯まっていた。

札幌の出口会長から電話がかかり、ロシアの審査や許可に時間がかかるので、大型連休前までに申し込んでほしいとのこと。札幌から送られてきた申込書に書き込み、送った。橋本の略歴書やビザ取得のための旅券送付などの手続きを順に進めた。

その後三ヶ月近く何の連絡もなかったが、ツアー一ヶ月前を切ってようやくロシア政府と共和国軍の許可が下りたと、旅行社の本林さんから連絡があり、旅行費用を振り込んだ。海外旅行保険も安いものに入った。もう後戻りはできない。

昨年から始めていて、途中で大腸癌発見のために挫折したロシア語学習も、ラジオ講座を頼りに少しずつ進めていた。キリル文字はほぼ読めるようになったが、意味がほとんど覚えられない。語学はおろか、この歳では読んだ本の内容、昨日の夕食のおかずもすぐ忘れる。

一週間前から荷物の準備にかかった。シュムシュ島で使う可能性も考え中古で買った双眼鏡や、長靴、メジャー、霧や雨風除けの雨具も入れた。慰霊祭のための供物としてワンカップ酒「立山」を二缶入れた。数珠は、慰霊祭は巫女さんもいるのだから神式だろうと思い、やめた。礼服も場所が場所だから不要だろう。ふつうのスーツだけにした。

本隊は札幌発の飛行機で成田に来る。私は成田で合流。たぶん他にもそこで乗る人がいるらしく、結団式は成田でとなっている。そして臨時便ヤクーツク航空でペトロパブロフスク・カムチャツキーへ向かう。朝一番の北陸新幹線と帰りの切符も買った。これで安心。

以下は「占守島・カムチャツカを訪ねる」という私の旅行記録から抜粋・要約したもの。

七／一八（金）、初日

いよいよ初日が始まる。大腸癌手術後の具合や左足裏のしびれ（脊柱管狭窄症）、右手指のしびれ（頚椎か鎖骨の関係？）など体調は良くないが、できる限りがんばってこよう。

北陸新幹線かがやき号は八：三二東京駅着。一一時成田空港北ウイング四F着。

待合室で結団式。全員集まる前の出口会長の話。聞きとれなかった言葉は「?」になっている。

「（サハリンでの体験談の後）元々日本の建物は壊すんですけれども、使えるものは全部残していますよ、カラフトも。天皇陛下の御真影を祀ってある部屋、奉安殿。あれだけは壊してないのがけっこうあるね。鉄筋コンクリートで頑丈に造ってあるから壊せないんだろうね。（添乗員註…しばらく物置に使っていたのだが、物置の部分が壊れて奉安殿だけ残った）鳥居とか何とかは真っ先に壊したんだけど、奉安殿だけ残った。

はっきり言って今度の場合、入国を許可したというのは、民間の場合は戦後七二年で今回が初めてなんです。なぜこれを許可したのか外務省自体も不思議がっていたくらいで。実は私、皆さんが集まってからもう一回話をしたいが、池田連隊長以下の士魂戦車連隊の末裔とは言いませんけれど、陸上自衛隊の十一戦車大隊を士魂戦車大隊と呼ぶようになりまして、そこの協力隊の会長をちょうど去年で三〇余年間。そこで一昨年、慰霊祭を三〇周年記念でやりたいと。一昨年ですからその前の年、一昨々年に打診したら、パス。それも効果があったのか、今日お願いしているインツーリスト、元々ウラジオストクの国策会社ですけれど、そこから来たのは？？？どのくらい出すのかと打診があったんですね。要するに賄賂らしい。賄賂というのはどこの国でも払って戻ってこないから、だいたい取られ損になるのが落ちだしね。そういうことまでして慰霊をするということがはたして英霊の御心に適うのかということもありまして、お断りしたんです。

毎年打診していたら、今年いきなり許可すると来たんです。外務省外事課の方（佐藤…？）も私がカラフト生まれで特別カラフトに何回か行っているということもあって、カラフトの中でロシアの要人と知り合って裏から手を回したんじゃないかというように、一時勘ぐったそうですね。そういうことではなくて。僕もわかりません。本当のことを言って、何が起きるか分からないんです。外務省のロシア課長毛利さんの所へ行って英霊の顕彰を計画しているので、我々の今回の慰霊団のツアーに対して外務省として日本国家としてロシア政府に申し入れをしてもらいたいと、最大の考慮と配慮を日本国家としてお願いすると申し入れをしてくれと頼みに行ったんです。外務省側も事の重大さをよく認識していて、僕がカラフトでいろいろ苦労していることも領事館から聞いていて、分かりましたと言って。何かモスクワ大使館から聞いて、ロシア政府に申し入れたと聞いています。何分安心できないんだけど、できる限りは信用してますね。何もないことを祈っている。

これは不思議なんだけどね。僕はロシア語を多少わかるんです。アー、ベー、ヴェーね。やっぱりロシア語の通訳の話聞いたら、平気で飛ばしたり都合のいいように訳したりするんですね。今日僕と三浦さんと慰霊のために祭司をやってもらう予定の滑川宮司と今から四年前、樺太に行った時に、僕らは初めてなので向こうもなめているんですね。たいへんな剣幕の通訳だったよね（この辺で待合室に人の出入りがあり、混乱。その後参加者全員が揃う）

これから結団式を行いたいと思います。

私は今回の企画を呼びかけました陸上自衛

隊第十一戦車大隊士魂協力会の会長の出口でございます。大方の人はお知りおきいただいておりますけど、今日初めてだという方もお出でになられます。よろしくお願いしたいと思います。今度の慰霊祭の終わった翌日の夜、みなさんと懇親といいますか感想だとか思い出だとかいうものを一人ずつお話しいただきたいと思っておりますので、その時私も申しあげますので、今日は長話は致しません。ただ今回の趣旨は慰霊祭でございますが、神道の儀式で行なおうと決めておりました。神道でも仏教でもどっちでもいい訳なんですが、亡くなった人達が出征しておそらく？？？こちらの祭司、滑川宮司がお出でですけれども、滑川さんの実家というのは茨城県のちょうど第二歩兵連隊が出陣する時に必勝を祈願して出陣していったそうです。ほとんど全部といっていいくらい玉砕されるわけですが、その時ここでお祓いをされた滑川宮司の御祖父にあたる方は、自分がお祓いをして出征して一人も帰らなかったということを最後まで非常に気にされて、きちっとお祀りをしなければだめだと仰ったという話を何回か聞きましたので、そういうことも考えましてこの儀式でと思った次第でございます。

　ただ今回、十一戦車大隊士魂協力会の三〇周年記念行事として呼びかけましたところ、もちろん会員だけではなくて、北千島慰霊の会の方々、そして占守島に所以（ゆえん）のある方もお集まりご参加頂きまして、まことに感謝に絶えないところでございます。特に今回私共の趣旨をご理解頂きまして、今申し上げました水戸の歩兵連隊の出身地であります茨城県の県会議員、それから自民党の北海道道議会、前の道議会議長を務められた加藤礼一先生にも参加頂いて、今回の慰霊団の団長は加藤先生をお願いしました。加藤議員、ご挨拶をお願い致します」

「皆さん今日は。今ご紹介頂きました北海道議会議員の加藤礼一と申します。実は出口さんとはペリリュー島も一緒に今年四月に行って参りまして、そんな関係で今回の占守島慰霊祭にもご案内をいただきまして、道議会誰も行かれないものですから私が代表ということで、お邪魔させて頂くことになりました。どうぞよろしくお願い致します。

　占守島の戦いについてはいろいろ本を読んで知ってはいたんですけれども、まさかこういう形で占守島まで行けることになるとは思ってもいませんでしたが、今回出口さんと士魂の会の方々のご案内を頂いて占守島へ行けることになりまして、大変、本当に感激でございます。同時に、やはりあの時、戦争が八月一五日に終わった後に、ソ連から色んな意味で日本軍が攻められたり、今回の占守島もそうですし、あるいは南樺太、北方領土四島の侵攻についてもそうでありますし、さらに私自身留萌出身でございまして、留萌の沖で三船殉難事件と言いまして、八月の二二日ですから戦争終わって一週間経った時に、樺太からの引き揚げの方々がソ連の潜水艦に撃沈されて留萌沖で亡くなっております。そういう一連の事件がすべて占守島の戦いで始まっているみたいな、全部繋がってくるような歴史なのでございまして、そういうものをもう一度確認をしたいという思いもございまして、今回参加させて頂いたところでございます。

　ましてや私は、今日は旭川から参りましたけれど、第九一師団というのは実は旭川で編成された部隊なので、そんな意味で少しでも慰霊になればいいかなと思って参加させて頂きました。三泊四日という短い期間ではありますけれど、どうぞよろしくお願い致します」

（出口会長）今回、私共の呼びかけに対して積極的に神道の宮司さんの協力を頂きました。具体的に申しあげますれば、札幌護国神社の反橋宮司、高知県の朝峰神社の野村宮司、それから祭司をお願いする茨城県護国神社の宮司、滑川さん、それともう一人、神奈川県護国神社の馬場愛権禰宜さん、浦安の舞を奉納して頂くことになっております」

「只今紹介にあずかりました滑川です。よろしくお願いします。私共はパラオの遺骨収集あるいは慰霊祭、約四〇年続けて参りました。そういうのがあって、昨年もサハリンの慰霊祭、今年は占守島の慰霊祭、出口さんにご案内頂きまして、ぜひ同道させてくださいということで参加した次第です。精いっぱい努めたいと思いますので、よろしくお願いします」

（出口会長）「今回我々の行事に協賛して頂きました、組織自体としては解散したそうなのですが、占守島の戦いでの遺族の方、生き残りの方で編成されております北千島慰霊の会を代表して、西山さんお願いします」

「福島県いわき市から参りました西山と申します。父が戦車第十一連隊の生き残りです。昭和二三年生まれです。今回は出口様から丁寧なご紹介を頂いて、占守島に行けることに大変うれしく思っています。よろしくお願いします」

（出口会長）「あと、報道機関の方をご紹介したいと思います。順不同で。（省略）

一応これで紹介を終わります。それと、これは偶然なんですけれども、占守島の生き残った人達を、ソ連は全部シベリアに連れて行って強制労働させる訳ですが、かなりの部隊がマガダンという向かいの所にですね、あそこは帝政ロシア時代に政治犯を流刑したという場所で、マイナス四〇度から五〇度ぐらいになるという極寒の地なのですが、そこに偶然今から二〇年前に慰霊祭に行って、その時に遺体四体が偶然に発掘されて、どうしようかと言うと、当時のソ連共産党の委員会が持って帰ればいいということで、日本に持って帰ってきた訳です。その時に参加した曹洞宗のお寺の住職をやっている田中清元さん」

「札幌の宮の森の薬王寺という寺の住職をさせていただいています田中清元であります。平成三年でありましたが、数えて二六年前になります。冷凍遺体がロシア正教会の教会を造る時に掘っていた現場に私達が巡り合って、そこから出た軍帽がいくつかある所のご遺体、一四体がありました。たまたまそういう因縁も重ねて、改めてマガダンという厳寒のロシア戦線の時の流刑地が占守島からだった、残党を無残にもそういうツンドラ地方に送ったという事実を、私は目の当たりに致しました。一緒に行ってくれた札幌からの約八名の方々、もうすでにお亡くなりになっていますけれども、元気な声で夜までロシア語を交えて経験談を語ってくれたことを、思い出します。一月で約一割の四〇〇人余りが死んだよと、そのことが痛切に残っています。それも占守島でソビエト兵を激戦の果てに打ち破ったといいますか、砂浜まで押し返した。最後集中的に集めてそのような場所に連れて行ったと言われていますから。長い話になりました。もうその組織はありませんが、十一戦車大隊の出口会長の協力を得て、今回占守島に行かせていただけることを改めて感謝申しあげます。

私と一緒に行ってくれる方は、室蘭市の安楽寺の住職で軽部さんでございますが、この方は千島列島に元々縁があってお父さんがそちらに出征の籍がある、そういう話を聞いていたんで、とにかく千島列島の供養を最先端でやってくれよ、と。すぐさま私の話に乗っていただきました。軽部導師を紹介します」

「清元導師の声掛けでご相伴させていただきました軽部です。父、祖父母がクナシリ、エトロフでお寺をやっておりました。それで根室に最後の舟で逃げながら、銃弾を浴びながら舟に飛び乗って、その後の人は知らないと、悲しい話を聞かされています。こんな本当に難治難偶な機会を与えていただいたと思います。よろしくお願い致します」

（出口会長）「実はああいうツンドラ地帯の厳寒地で埋められた遺体というのは全部埋めたままで出て来るんですよ。何十年経っても、皮膚も歯も全部。ただ、そういう遺体を二四時間常温で置いておいたら、三〇度の炎天下に一週間か一〇日間置いておいたぐらいの、一晩で強烈な臭いを出すんですよ。したがって、さすが共産党委員会も手に余って、早く焼いて持っていけというような話があります。

それでは最後に、ガイド兼渉外の添乗員さん」

「このたびの三泊四日の占守島慰霊の旅の添乗員を務めさせていただきます、レオールツーリストの本林康雄と申します。どうぞ四日間よろしくお願い致します。（搭乗時説明・注意）」

一四：一五、ヤクーツク航空Ｒ三九九七〇便に搭乗。一四：四七離陸。

チャーター便というだけあり小型。約一〇〇人乗りか。私たち日本人の団体も乗り込む。後ろの四分の一ほど空席。ロシア人が半分以上。機内アナウンスはロシア語と英語。私は通路側の席で窓外は見えない。常隆さんが渡った北方四島やシュムシュ島、カムチャツカの海を見、写真が撮れればと期待していたが、とても残念。隣はＨＢＣの森さん。少し話ができればと思っていたが、彼はその反対隣り（つまり窓側）の出口会長とずっとしゃべっていたので、会話ができなかった。森さんは『一九四五　占守島の真実』という新書版の本を読んでいた。

時差三時間、時計の短針を進める。

大叔父、常隆さんは明治三三（一九〇〇）年六月二九日に、父橋本常次郎と母チの次男として生まれる。つまりちょうど百年前の今頃、高志丸の船上で一七歳の誕生日を迎えていることになる。伏木港を出、函館・小樽を経由し、パラムシル島へ。そしてそこの柏原湾とシュムシュ島の片岡湾を拠点としてカムチャツカ西岸沖合でタラ釣りとタラバガニ捕獲・海水使用のカニ缶詰づくりをした。

二〇：二〇（カムチャツカ時間）、高度を下げる。着陸態勢か。

二〇：四七、州都ペトロパブロフスク・カムチャツキー郊外のエリゾボ空港着陸。後ろの座席の方で遠慮がちの拍手が起きる。同感だ。窓から空港端の方にミグ戦闘機が一機見えた。

税関通過前後に、別グループを迎えに来ていた現地旅行社のロシア人若者二人と日本語で話す。どこで泊まるかと聞くので「アバチャホテル」と答えたら、日本人・中国人・韓国人がよく使うホテルだとのこと。街にタラバガニ缶詰は売っているかと聞いたら、売っているという。

税関通過に時間を要したのは、荷物検査で、慰霊祭で神主が使用する道具の意味が通じず、特に舞で使う短剣が不審がられたので手間取ったためだとのこと。

バスでホテルへ。日本語ガイド（四〇歳ほどのロシア人女性）オリガの挨拶。

「・・・。アバチャホテルはソ連時代につくったものなんですけれども、ちょっと古い。だから少し立派じゃないです。申し訳ございません。運転手の名前はコンスタンチン。

（出口会長）今、オリガさんに聞いたら、神主さんがいらっしゃる場合、神事をやるためには相当の準備とその費用がかかる。明日皆さん行かれれば、わかります。それで神様への捧げ物に魚をと聞いたら、六、七〇センチのキングサーモンを用意するという話です。皆さんには玉串料をご奉奠お願いしたいと思います。額はお気持ちでけっこうです。ご協力頂いている神主さん方ですが、すべて自前で来ておられますので、それなりのご配慮をお願いしたい。

それと、慰霊祭をやる場所を今日決めました。戦闘司令部のあった四嶺山（しれいざん）にしました。そこはヘリコプターも降りられ、なおかつお祀りする場所もあるということです。実は十一戦車連隊の主力戦車であった九七式戦車の残骸、もう重要部分はみんな取っ払ってないんですが、それが四嶺山から歩いて三、四〇分かかるんですね。そうすると往復で一時間半。慰霊祭の二時間を除けば二時間しか時間がありませんので、どうしようかと。ヘリコプターで移動してもいいということですが、そこまで行き写真を撮っていいということになりました（数人が拍手）。もう少しいたいのですが、四時間しかおれません。お祀りの準備で一時間、お祀りに一時間、あと二時間。その戦車の場所に行って写真を撮って、その辺を皆さんで散策されたら、それで終わりじゃないかと思います。竹田浜はソ連が上陸した場所で行きたいのですが、わずかな時間なので、ご容赦をお願いしたいと思います。以上です。

（ガイドのオリガ）皆さんにこれを今配ります。最後にロシア語で書いてあります。道に迷ったらこれをロシア人に見せて下さい。そしたら必ず手伝ってくれる。カムチャツカの人は皆やさしい。今カムチャツカに住んでいる人は、自分の土地が大好きです。きれいな建築物はない。だけど自然が私たちのプライドでございます。空気がとてもきれい。水もとてもきれいで、工場もないし、時々私達は日本のお客様と一緒にいろいろな所を回ります。山登りできます。みんないつも満足でございます。カムチャツカの立派な自然。たぶん皆様の旅行も満足になるかも知れません。

窓の外にコリャークスキー火山。その右にもうちょっと小さい火山。アバチャ火山。そのまた右、コゼルスキー火山。この三つの火山私たちの町のシンボルです。水多かったらカムチャツカ火山のおかげ。うちの火山。窓から見える火山、コリャークスキー火山。高さは覚えやすい。三四五六m。登山家しか登らない。とってもきれい、何もないですから。アバチャ火山だったら二七四一m、登れる火山ですね。私はアバチャ火山に一四回頂上まで行きました。機会があれば登りましょう。・・・

（出口会長）・・・どこの誰だかわからない。原住民の骨かロシア人の骨かもしれない。だけど共産党委員会の方は、会議室に持ち込んだはいいんだけど、たった一晩ですごい死臭がし出すもんだから、二日も三日も置いといたら建物の中に入れなくなる訳ですよ。それでお前たちが引き取らないんなら、今すぐもう一度集団埋葬して埋めてしまう、どうするか、と言うので、それじゃあ引き取りますと言ったら、全部火葬にしてお前たち持って帰れと。ところが、そんなこと考えもしないで来てますよね。みんな困る訳です。日本に持って帰ったけど、遺体自体引き取らない、それで田中清元の本堂に預かったらどうだと言ったら、預かってもずっとという訳にいかないと。それで、鈴木宗男が当時まだ自民党の総務会長、佐藤という外交官?を呼んで、ロシア大使館から日本兵の骨にまちがいありませんという、大使館名で判を押してもらって、そこでこっちの厚生省から、千鳥ヶ淵に埋葬したんですね。

おそらく、そのこと自体でわかりますが、当時の日本兵の抑留者の遺体はほとんどそのままです。なぜかというとマンモスだってそのまま出て来るんですからね。五〇cmぐらいから（上は）腐って骨になるという。一mから一m五〇cm掘ったらまちがいなく下は永久凍土です。田中清元和尚がマガダン慰霊祭に偶然行って、それがおそらく占守島から来た死者の骨だろうということで、本人も非常に縁めいた。だから戦車の前で丁寧に曹洞宗のお経をあげたいと、持ってきたのは長い塔婆なんですね。あの当時誰が行ってたかわかんないけれど。

共産党委員会の建物も全部日本人の捕虜が造った、マガダンの建物はみんなそうだって言うんですね。まあ、隣同士だから永久に喧嘩する訳にいかないから、そういうことは覚悟してやらなきゃいけないと思うけど、個人的には酷い話ですよ。・・・

（オリガ）皆さん、私達は五分ぐらいで着きますので、チェックインのためにパスポート必要になるからお預かりします。よろしいですか。

（出口）明日占守島行く時に、パスポートが絶対必要なんですよ。許可したのが軍なのですから軍が絶対チェックする訳ですよね。

二三：三〇過ぎ、ホテル着。まだ日が暮れきらず、薄明るい。白夜に近い気候を実感する。

七／一九（木）、二日目

六：〇〇、モーニングコールが入る。ロビーで集合、待ち合わせの時、アレックス（若い男性ガイド）にタラバガニ缶詰のことについて聞いてみた。彼が言うには一缶約五〇〇ルーブル。二・五倍し日本円だと一二五〇円ぐらい。日本よりはかなり安い。デパートやスーパーにはなくて、自由市場にあるとのこと。

（出口）ヘリコプターは民間のもの二機。日本人が二機借りるのは初めて。今日は軍関係者は見に来ない。樺太の慰霊祭は必ず公安が見に来た。

（オリガ）プーチン政権二〇年、生活は良くならない。真ん中の層がなくて、上と下が広がるだけ。

八：三〇、ホテルを出発。

（オリガ）皆さん、ロシア語でおはようございますというのは、ドーブラエ　ウートラ。今、私たちはペトロパブロフスクからヘリコプター飛行場まで行きます。一時間ぐらいかかります。ここで手続きあるから、パスポートお預かりしております。心配しないで下さいませ。パスポートなければヘリコプターの中に入ることできなくなります。二台のヘリコプターに乗ってシュムシュまで行きましょう。ここからたとえばクリル港まで一時間ぐらい。クリル港からシュムシュまでまた一時間ぐらいかかると思います。たくさん飛びます。私達の運転手の名前は、長い名前はドニープリー、短い名前はプリーマ。ロシア人はみんな長い名前もあるし、短い名前もあります。例えば、皆様のガイド、アレクサンダー、短くすればサーシャ。私はオリガ、短くすればオラー。

（出口）アバチャホテル前の道の向かい側、台の上にある戦車を窓から見て）「あれは第二次大戦の時のソ連軍の主力戦車Ｐ三三だと思います。三五トンか三六トンぐらいだと思います。日本の九七式、今日行って残骸を見ますけど、一七トンですからだいたい二倍半以上の大きさです。

（オリガ）皆さん、安全にヘリコプター飛行場まで行きましょう。右をご覧になって下さい。ここに教育大学見えます。日本語を教える場所は一つしかありません。ここ国立教育大学。皆様のガイド、オリガとアレクサンダー、ここで五年間日本語を一生懸命に習いまして、卒業した。専門は日本語の先生。偉そうに聞こえるでしょう。（「ハラショー」と誰かが言う）

五月の終わりまでだったら、山の方も雪いっぱい降り、六月まで残っています。いつも雪の中、生活しています。冬、六ｍ以上、時々積もりますね。だからみんなここで山のスキーとか歩くスキーとか、上手ですね。

右側ご覧になって下さい。太いパイプ、あちこち見える。お湯を作るために石炭か石油を使います。最近カムチャツカでは地熱発電所も出てきまして、今、発電は石炭と地熱が半々。

カムチャツカ、ペトロパブロの教会です。最近造った教会なんです。それでもすごく何か延期になった所です。みんな日曜日にこの教会に行きます。ロシア正教、ギリシャ正教。もちろんロシア、カムチャツカでは色々な人が住んでる。例えばキリスト教を信じる人もいるし、ギリシャ正教、あとユダヤ教もあります、イスラム教もある。大部分キリスト教徒だと思います。

（アバチャ川を渡る）例えばキングサーモンとか紅鮭とか白鮭、サクラマス、ヒメマスなどがいる。川に入ったらイワナもいっぱい。今獲れるのはイワナです。カムチャツカのイワナ、大きくて赤いボツボツあります。何か珍しいイワナの種類、鱒類に似ているもの。それから

おいしいフグを釣ります。フグの名前はウーハ。魚のイワナの・・・。それで今この男性頑張って、今日のお昼ご飯のために、・・・。（以後、録音テープ取れず）
九：三五、ヘリコプター基地に着く。蚊がいる。

シュムシュ島には、先年の大地震後にそうなったのか現在民間人は住んでいなくて、軍人が二〇人、内地震地質調査が一〇人とのこと。
一〇：〇〇、二〇人乗りのヘリに二台に分乗。プロペラが回転し、暖機運転か。まもなく体がフワッと浮く感覚。

窓外には濃い緑や土色の山肌に縦縞模様の雪を残した山、山、山。雪がだんだん多くなる。いくつかの独峰、カムチャツカ半島に連なる火山らしい地形。時々谷間や斜面にスキーで滑降した跡。こういう所を滑るのか、壮快さと危険さ。滑降距離といいそのコース・バリエーションといい、スケールが違う。

夏はほとんど濃霧で、有視界飛行のヘリが飛ばないことが多いそうだが、この日は珍しく晴れ、事前に読んだ多くの本や資料からは信じられないほどの良い視界で美しい。カムチャツカの雪を被った山々（世界自然遺産）、第一クリル海峡、凪のように静かなオホーツクの海・・・。
一一：一五、半島先端ロパツカ岬と、その先の海に富士山の形をしたアライド島が見えてきた。そして眼下に国端崎。右に半島西海岸、竹田浜。ここの夏の名物の濃い海霧もない。よくぞここまで来られた。ヘリはシュムシュ島の上空を低空で飛ぶ。なだらかな、おだやかな丘陵状の四嶺山、標高一七〇m。ヘリがそこを中心に大きく旋回してくれる。緑一面の草原に、しみのように点々と赤茶色の戦車が視界に入ってくる。一台、二台、・・・。アッ、大砲。きっとキャノン砲だろう。小さい谷間に落ち込んでいるようだ。着陸近く、機の足許に、完全にひっくり返った戦車。
ここで北千島に配置された陸軍部隊、特に戦車第十一連隊の基礎データについて、『一九四五　占守島の真実』（相原秀起著、二〇一七年、ＰＨＰ研究所）より抜書きする。

士魂部隊―戦車第一一連隊

最大時、北千島で約四万五千人を数えた兵員は、米軍との激戦が続く南方戦線に引き抜かれたが、終戦時でも占守島には約八千五百人、北千島全体では約二万三千人が配備されていた。

九一師団は、歩兵七三旅団（占守島）と歩兵七四旅団（幌筵島）から組織されていた。司令部がある幌筵島柏原には師団司令部と七四旅団（佐藤政治旅団長旅団長、五個大隊）。占守島には、幌筵海峡側の千歳台に七三旅団（杉野巌旅団長、五個大隊）と独立歩兵第二八三大隊、戦車第十一連隊を置き、幌筵島の防衛にも備えていた。

後にソ連軍が上陸した島北部には北部遊撃隊（独立歩兵第二八二大隊、村上則重大隊長）のみが配置されていた。村上大隊の役割は、米軍が島北部に上陸した場合、水際で打撃を与えて、その上陸を極力防ぐというものだった。大隊は基本的に歩兵四個中隊と砲兵一中隊の五中隊から組織され、兵員は約千人だった。・・・（途中省略）

昭和十九年二月、戦車第十一連隊は主力を北千島に、一部を中部千島に展開する動員令を受け、満州から朝鮮半島、日本本土を経て二月末に小樽に集結した。小樽から輸送船に分乗して北千島の占守、幌筵島と、中部千島の得撫、松輪島へと送られ、三月から四月にかけて北千島に到着した。

戦車第十一連隊は、池田末男連隊長以下総勢七百六十四人、少年戦車兵は小田ら第五期生十一人を含めて三十五人が配属され、戦車は九七式中戦車三十九両と軽戦車二十五両が配備されていた。連隊は六中隊に分かれて・・・（以下省略）

政府の遺骨収集と慰霊祭、慰霊団の記録、遺族の記憶については『北千島占守島の五十年』（池田誠編、一九九七年、国書刊行会）に詳しい。表紙見開きのサブタイトルには「いっしょに日本へ還ろう」とある。写真は池田末男連隊長。同書より。

一一：三〇頃、ヘリポートなどなく、四嶺山（男体山、女体山、双子山）の男体山と女体山のまん中ぐらいの草原藪の上、座席の尻には大したショックもなく、音もなく、ヘリは降りる。ホバリングというのだろう。若いパイロット、上手だ。

慰霊祭の準備。持ってきたワンカップ酒も祭壇にお供えを、とお願いする。

一時間ほどかかるという準備の間に、周辺の様子と放置戦車を一台でも見ようと歩く。道が一本。往時のシュムシュ街道か。いかにもブルドーザーで開いたように北海岸に向かって続く、その反対つまり南へは行く時間はない。別所二郎藏家族が暮らした別飛（ベットブ）の村跡と片岡湾（高志丸乗組員が補給・休養に立ち寄った。大叔父橋本常隆が別所家のブランコに乗った可能性もある）まで続いているのだが、報效義会のその家跡の地に行くことはできない。

霞の向こうにパラムシル（幌筵）島が見える。シュムシュ島と違い、山がちな地形だ。ムクムクとグレーの噴煙を上げている山がある。右にはアライド島、コニーデ型のアライド富士。道は一本しかなく、ハイマツとハンノキ、ノイバラ、シシウド、シャクナゲ、ヨモギの上を歩くしかない。立山ならトラロープが張られ一切立ち入り禁止だが、ここは何の規制もない。逆にその自然の上を歩かなければ全く移動できない。長靴も準備していたが、昨日よりも好天だったのでホテルに置いてきた。足をとられて歩きにくいだろうと思っていたが、ゆっくり踏むと思ったほどではなく、一〇cmか一五cm沈むが、むしろ適度なクッションの感覚。その内に慣れてきた。軽いショックだけでヘリが降りられた訳だ。

四周一面がほぼその状態で、一部の丈の高い灌木林を除けば、自由自在に行ける。終戦後の激しい戦闘の時、キャタピラ戦車はここや谷間や小川を縦横無尽に進み、侵入してきたソ連軍と戦い、海岸まで押し戻したのだろうが、つい七〇余年前のその戦闘の様子が想像しにくい。ヘリが着地した時に元自衛隊の人が「日本の自衛隊なら絶対こういう所に降りない」と言っていたのを思い出した。背の低い薄紫の花と黄色い花が一帯に群れ咲いている。ここは北緯五〇度以北だから、

日本では高山植物にあたるだろう。後で調べたら、紫はチシマフウロ、黄色はチシマノキンバイソウだった。

ひっくり返った戦車の所に行く。キャタピラが完全に外れ、そばに放置してある。戦闘の激しさ、擱座の様子、戦死乗員兵のことなどが偲ばれる。七〇年以上風雨と海霧にさらされ続けてきた。車体の下を覗くと、手榴弾やまだ撃ってないらしい銃弾がある。手榴弾は中身が抜けているものもあれば、詰まったままらしいものもある。

だれかが、銃弾を見て「タバコかと思った」と言った。

他の場所に腐食した鉄兜(ヘルメット)もあった。穴が開いていた。慰霊祭のための紅白の幔幕を張った近くには、防毒マスクとそれに付いた器具。またその近くには水筒とそのカバーと紐、それから拳銃のホルダー、水筒の腐食した口の部分。拳銃を持つのは将校クラスだけのはず。それらはおそらく前回、前々回の厚生省と生存帰還者・遺族の遺骨調査団が発見してそこに置いたか、ロシア兵が必要なものだけ取って残りを放ったものだろう。いずれにせよ訪ねる人もなく、途中に大地震が一度あったが、状態は当時のままあまり変わっていないように思われる。戦車や武器の腐食さえなければ、時間が止まったままのよう。雨風にさらされ、雪の下になり、日に照らされて七六年。僅かの遺骨だけが収集されはしたが・・・。

ところどころに数十センチ径の穴が掘ってあった。これは遺骨収集団が掘ったものだろうと言う人もいたが、田中清元さん（札幌薬王寺住職）は、日本兵が埋めた地雷を掘り返したものではないだろうかと言っておられた。

放置したままの砲弾もあった。未使用かあるいは不発弾だ。自衛隊関係者が迫撃砲弾だと言っていた。メジャーを持ってきていたので、測った。長さは三二㎝で、径は八〇㎜だった。

銃弾や砲弾、手榴弾などの不発弾は、動かして爆発することがあるので絶対触らないで、と出口さんが言っている。万一カバンに隠して持って帰ろうとして、途中で爆発でもしようものならとんでもないことになる。

報道関係者はさかんに写真を撮ったり録画をしたりしていた。

男体山の頂近くに二本のアンテナ。ソ連軍が建てたものか。

参加者のうちの北千島慰霊の会、西山薫さん（写真。福島県いわき市在住）の話だと、父（シュムシュ島の戦闘に遭い、捕虜となってシベリアに抑留、その後帰国した）から聞いたところでは、「島に

は鮭がいっぱいいた。戦車隊として後続戦車隊で出撃した。（八月一八日の）早朝四時、五時に出て、四嶺山の麓で午前中いっぱい戦った。ソ連軍を追い返していたが、目の前で戦車が止まり、その誘導中に戦友が倒れて負傷し、それから銃で自決した」とのこと。記者に今の気持を聞かれ、「感無量」と答えた。西山さんは卒塔婆の「墓」と日本軍の遺品の前で合掌し、瞑想された。

　薫風が吹く。あと二、三ヶ月もしたら、北千島は吹雪くのだろうか。

　一三：三〇、占守島戦没者合同慰霊祭が始まる。茨城県護国神社滑川裕二宮司、高知県野村尊應宮司、札幌護国神社反橋進宮司によるお祓いや祝詞、国学院大学神道学部（卒業？）馬場愛権禰宜による神楽・浦安の舞、出口会長による祭文、札幌市薬王寺住職田中清元氏と室蘭市安楽寺住職軽部文弘氏による読経。北千島慰霊の会代表の追悼の言葉（西山氏代読）。神職と僧侶同時の供養祭に参加するのは初めての体験である。

　浦安の舞は、ハイマツの上にブルーシートが敷いてあるが、平らではなくデコボコの上で舞う。元々ゆっくりな動作の舞いではあるが、なかなかなめらかな踊りにはならず、擦り足がうまく運ばなかったり、静止姿に安定感がなかったり。巫女さんは足が沈んだり浮いたりして舞いにくかったに違いない。だが逆に、平地でのスムーズな舞いよりは力と気持ちが籠っているように見えた。足裏に死者への鎮魂の思いがいっそう籠められたかもしれない。だが、戦って無念にも死傷した三〇〇〇人近くの若い兵士たちの魂が地面の下からボコボコと湧き、呟き叫んで舞いを邪魔しているようにも思える。

　かわらけに一人一人お神酒を注いでもらい、献杯をして式が終了する。

　ハイマツのクッションの上に座って、南の双子山、そして遠く片岡湾やパラムシル島の山々を眺めながら弁当を開く。遥か薄霞の向こうに噴火中の山が望める。今は戦争の時代でないことを実感する。ソ連軍が侵入してきた時、武装解除をせず抗戦して、一度敵を追い帰した。その戦闘があったからこそソ連は北海道占領をあきらめた、つまりシュムシュ島での戦闘犠牲があったからこそ日本は北海道をソ連（スターリン）に渡さずに済

んだ、と参加者の人たちは言う。それは一面を見れば正しいことだとも思うが、北方軍司令部の敗戦時の降伏指示の曖昧さ、つまり白旗は挙げるが敵が攻撃してきたら(アメリカだろうとソ連だろうと)自衛の戦闘をし、武装解除はしない、という指令についてはどうだろう。もっと深く考えれば、この戦争の元々の責任や、パラムシルやシュムシュ島の領有権等について考えるなら、そう単純なことは言えないのではないかと思い、複雑な気持ちにさせられた。

その後は自由時間。私は男体山の北側向こうまで越えて行き、点在する戦車の残骸を見て歩いた。車体にはキリル文字と数字が白ペンキで書かれている。判別のためにロシアが書いたものだろう。天蓋が空を向いている様はまるで兜の角のようだ。九七型中戦車はロシア軍の手によってモスクワその他に運ばれたと誰かが言っている。だが残された戦車の残骸は、しばらく歩いてみただけでも八台も数えられた。自然の緑の草原の中に不自然な錆色の物がポツン、ポツンと。中型ではなく軽戦車がほとんどのように見えたが、わからない。ただ他国の戦車の鉄板と比べ、日本軍の戦車は半分以下の厚さで、もろい。飛行機も同じだ。原材料不足もあるが、帝国陸海軍の人命軽視の末であろう。

時間さえあれば了承をもらって独りででも別飛、片岡湾まで急いで歩いて行き、報效義会の日本人住居跡や缶詰工場跡を探したいのだが、無理。むしろこのシュムシュ島に来られたこと自体が幸運で、自分にとっては得難い体験だと思う。ヘリから見下ろしたあの漣（さざなみ）の波線縞模様の静かなカムチャツカ西岸沖合、シュムシュ島、四嶺山、灯台のある国端崎、短い弧を描く竹田浜、ロパツカ岬、アライド富士、一部噴火中のパラムシル島などの景観を遠く近くではあるが、実眼で見られたこと、この灌木と草花の丘状平原を歩いて戦跡の跡を感じ、偲べたこと・・・。特に、たぶん常隆さんらも踏んだシュムシュの美しい緑の丘陵を今、自由に歩いた足裏の感覚を決して忘れないようにしよう。ハイマツヤシャクナゲ、チシマフウロなどの植物（やそこらに暮らすキツネやネズミ、エトピリカらがいたとしたら彼らも）が報效義会の遺体と終戦時の戦闘の日ソ両軍の若者の遺体を栄養にして育ったこと、そんなかけがえのない自然の上にしばらくでも身を置き、当時に思いを馳せることができたことを銘記しよう。

写真はハイマツの脇などにポツリポツリと、可憐に咲く花。オリガが誰かに摘んであげていた。帰国して調べてみたところ、カムチャツカ開発のパンフの写真と説明が一番近いように見えた。チシマクモマグサといい、八月中旬まで咲き続ける花で、中心の二つの子房が赤く色づくと美しいとある。これからそうなるのだろう。ユキノシタ科。

一六：〇〇、二機のヘリに戻り、ペトロへ向けて出発。再び若いパイロットに命を託す。

一六：四〇、カムチャツカ西岸の様子、あわよくば河口のオゼルナヤやヤイナの日本漁業の地、日魯漁業他の缶詰工場のあった所だけでもヘリから見下ろせないだろうかと思っていた。ヘリが低空飛行に移った。時間的にペトロに着くわけはなく、燃料の給油のために、二、三〇分

間降りるとオリガが言う。ヘリが大きく回り込むように低下していく。村というより広い街とそして漁港が見えてきた。さらに近づくと、河口の海岸でたくさんの人々が数ヶ所に分かれて何やら作業をしている。何ヶ所かで二、三〇人で網を引っ張っている姿が見えてきた。オレンジや青のカッパを着ている漁夫が多い。オリガにここはどこですかと尋ねたら、「オゼルナヤ村です」と答えた。驚いた。慌ててカメラのシャッターを何回も押した。何という幸運。富山県水産講習所の毎年の報告書の文章や操業地図に出てきていたあのオゼルナヤ、堤商会（日魯漁業の前身）が初めて缶詰工場を作ったそのオゼルナヤで給油に着陸できるとは、天の導き、いや常隆さんと高志丸の導きか。

またオゼルナヤ（ヤウエナ）は、明治三七年に始まった日露戦争時、報效義会の郡司成忠会長ら一九名がシュムシュ島から侵攻したが失敗し、殺害あるいは捕虜とされた地でもある。郡司ら捕虜になった日本「兵」は、後に解放されている。

見下ろしたところ、「村」などではなくかなり大きな町だ。アパートや公共施設、会社の建物のようなもの、瀟洒な民家がたくさん見えたし、活気がありそうだ。小都市といってもいいのではないか。

しかしこのオゼルナヤにはペトロからは海岸沿いの道路がなく、船かヘリで往き帰するらしい。給油のため二〇分休憩ですと言うので、機から降りると慌ててヘリポートの柵の脇を抜け、海岸の漁をしている所に急ぐ。漁獲した鮭を運び上げているようだ。現地の人か関係者らかが作業を眺めている。船から降ろした網を一度海水に落としてから、重機のショベルで浜に吊り揚げ、トラックにドサッと移し替える作業。六、七〇cmはあろうかと見える漁網いっぱいの鮭。みなは紅鮭だと言っていたが、写真を撮るのに必死で確かめ忘れた。腹を裂いたらキングサーモンなのか、イクラが溢れ出てくる

のだろう。産卵のためにオゼルナヤ川を遡ろうとしていたのか。網の中にいて跳ね、暴れている。凄い、凄い。皆感激して、さかんに撮影していた。カモメが群れ、漁夫のいないところで獲物を狙って飛びついていた。

　今日来ていてくれるロシア人ガイドが、漁場に行って交渉し、アッという間に大きな鮭を左手に二匹、右手に一匹ぶら下げて戻って来た。今晩の料理だとか。彼が報道関係者に囲まれて、アレックスの通訳でインタビューを受け始めた。近寄り、耳を寄せて一部を聞いていたら、シュムシュ島には現在二〇人が住んでいる。灯台守（メンテナンス）、軍人、地震・天候調査員、男ばかり。冬も定住するが数年で交代。軍の管理なのでシュムシュ島へはロシア人でも特別な許可がないと入れない。ペトロはカムチャツカ州だが、シュムシュはサハリン州だから、またパスポートやビザも必要だとか。彼はシュムシュ島ガイドは三回目で、過去二回はロシア人の慰霊で。日本人のガイドをするのは初めてだとのこと。

　一七：一〇、給油完了のヘリに戻り、離陸。胸がいっぱいになっていた。ヘリの中での誰かの会話で、遺骨が見つかった話をしていた。今回のシュムシュ島でのことなのか、別の時のことなのか、プロペラ音のため、耳をそばだてて聞いていてもよくはわからなかった。

　往きもカムチャツカの火山地形をしみじみ実感できたが、帰りもそうだった。雪を冠ったビリュチンスキー山、二一七三m。「カムチャツカの白い真珠」という名がピッタリ。

　一八：二〇、無事にヘリポート帰着。

一九：二五、アバチャホテル着。

一九：四五〜二一：三〇、夕食・懇親会（自己紹介と感想）

　シュムシュ島へはマスコミ関係含めた日本人二五人とロシア人ガイドとアシスタント四人（と操縦士二人）が渡ったことになる。

（出口会長）皆さんはいったい何を感じたか。私はあまりにも生々しく、背筋が寒くなるくらいに感じた。慰霊祭の前に、「亡くなった人は神様になる。日本人だけでなくロシア人も神様になる」とロシア人ガイドに言ったら、ガイドの二人も納得したようで、祭壇の前に出てお参りをした。もう一つは、次の世代にこの思いをいかにつなげるかが本当に大切なことだと感じた。遺

族は九〇代で参加できないが、四〇代の若い人達の参加・・・

その後、参加者全員が自己紹介と今日のシュムシュ島の感想を一言ずつ話す。

感想を各人が述べた中で、戦車連隊の激戦によって上陸ソ連軍を浜まで追い返したからこそ、その後北海道は占領されなかった、だから戦った日本軍・戦死者や抑留者のお陰と感謝しなければならない、という旨のことを何人かの人が言った。（実際には千島列島はすべて占領されている）しかし一人だけ（石狩市在住。橋本の左隣に座った夫婦の夫の方）が、「戦争は絶対にしてはいけないということを強く感じた」と言われ、感銘を受けた。

私の右隣の白老町の布施大氏（千島歯舞諸島居住者連盟道央支部）から富山出身者に関する話を聞けた。「富山出身の人がつくる昆布採りの時の竿は丈夫だと聞く。先の曲げたところが強く、タコをとる時、重くても折れない。あと、トドの骨とか、ヨモギの乾燥したやつとか・・・」

七／二〇（木）、三日目

六：〇〇過ぎ起床。昨日ほどの好天ではなく、薄曇り。

朝食時に札幌の歯科医、沢田英一さんと少し話せたが、この方の先祖は高岡市出身とのこと。ひいおじいさんが一七歳の時、一族が北前船で小樽に来た。そして倶知安に。弟は後で来たが、衆議院議員になった。奥様の父（義理の父）がシュムシュ島で戦死されたとのこと。

（布施さんの話）中国人が千歳空港周辺の水源地を買い占めている。中国では三二番目の省を北海道にしようと思っているらしい。カニかご漁でカニを盗み、ロシアに教える。仕入れをする。暴力団も関わり、根室ルート、稚内ルートなどがある。北海道の自給率は二〇〇％だが、日ロは四〇％。

硫黄島で戦死した二万人のうち一万が北海道の兵。旭川第七師団。

九：〇五、バスに乗る。オプショナルツアー。私は市内観光。ルートは①郷土資料館　②劇場広場（旧レーニン広場）③ビューポイント　④ロシア正教会（昼食）⑤中央市場。

私のいちばんの目当てはタラバの缶詰だから⑤。二番目の目当ては③郷土資料館、京都のカムチャツカ研究者堀江満智さんから預かった資料を渡すこと。次いで大事な所は②レーニン広場の新しいオベリスクの壁画の写真を撮ること。これも堀江さんに頼まれていた。あとは手頃なお土産が買えればそれでいい。昨日で今回の旅の目的はほぼ果たされたので。

（オリガ説明）ペトロの街は人口一九万人、カムチャツカ州全体では三〇万。一七四〇年第二次カムチャツカ調査隊のピョートル号とパブロ号の二隻に因んで、ベーリングが名付けた。レーニン像はペトロに五つある。アバチャ湾は不凍港。「飛鳥」がよく港に来る。

まず郷土史資料館に行き、州全体について学ぶ。

①郷土史博物館

バスを降り、少しだけ坂を登って木造の博物館に入る。受付の館員に、堀江さんから預かった資料を渡す。今、日本語

のわかる者は休みだが、あとで必ず渡すと言ってくれ、一安心する。

女性館員がパネルや展示資料を指しながら、順に説明、アレックスが通訳。その説明に橋本が後に調べたことを補足して、記す。

メインストリートはレーニンスカヤ通り。ここは、元は知事の家。ペトロは二千人から一九万人に。ベーリング記念碑がある。オホーツク海とベーリング海と太平洋に挟まれている。火山活動によってできた一万四千の湖がある。カムチャツカ川が一番長い。クリル湖が一番深く三〇六m。州全体では三〇万人。ロシア人が一番多く八一%、それにウクライナ人を合わせると九〇%になる。コマンドール諸島があり、海獣と鳥の楽園。オットセイやラッコ。タラやタコを食べる。数万羽の鳥が生息。エトピリカは特に数が多い。夏の初め六~八月中旬に子どもを産む。カラフトマス、白鮭、銀鮭、紅鮭、サクラマス。キングサーモンは最大のもので四〇kgある。西側海域ではタラバガニが豊富、オスで最大七kg。火山は三〇〇、活火山は二八。カムチャツカ川下流のクリュチェフスカヤ山は四七五〇mでカムチャツカ最高峰。(地図を見ながらの説明。橋本がオゼルナヤはどこですかと聞くと、指示棒で半島南西岸を指した)

コリャーク人の家(半穴居)。イテリメン人の家(穴居)。イテリメン人はもっとも古くから住む先住民で二五〇〇人。主に半島西海岸で漁労を営む。死を恐れない。死骸を犬のえさにする。平均寿命は長く、一八世紀末で六〇歳。言葉をしゃべる人は少なく、ハーフが多い。初めてのロシア人はコサックのリーダー。一七一六年に海ルートを見つける。ベーリング(デンマーク)とチリコフ(ロシア)が聖ペトロ号と聖パブロフスク号で。ベーリング海峡と名付けたのはクック。大嵐に遭い、無人島に流されて死ぬ。七二人中四〇人が生き残り、ベーリング島と名付ける。ニジニカムチャツキー、でんべい(日本人)、コリャーク人に捕まり、ペトロサンクトブルグに、そして函館に戻る。コリャーク人はトナカイ飼育の遊牧型と漁労生産の定住型に分かれていたが現在七〇〇〇人。カムチャツカ先住民の約七〇%を占める。イテリメン人の生活の展示。

一八六〇年、ロシアはアメリカにアラスカを売る。

アザラシやペンギンなどカムチャツカに生息する多くの動物の剥製が展示してあった。大きなタラバガニ(カムチャツスキン・クラブ)標本もあった。体の表面全体にごつい棘を生やしている。また、

カラスの大きいような鳥が枝に停まり空に向かって吠えている剥製が。あれは何かと聞いたら、「ライチョウです」。まさに字の如く「雷鳥」だ。目の上瞼が鶏のトサカのように赤いが、立山に生息するライチョウのような可愛さはなく、体も一回り大きい。野生そのものの雷鳥がカムチャツカにいるのだ。スバールバルライチョウだろう。

　木造二階建ての中の展示だが、カムチャツカについてとてもよく学べる博物館だと感じた。大黒屋光太夫の絵もあった。館員の説明（とアレックスの通訳）も分かりやすく、もう少しゆっくり話してもらい、ゆっくり見学したかった。堀江商店跡を探す時間も自由もなかった。

②劇場広場（旧レーニン広場）

　昨日ほどの良い天気ではなくやや涼しいが、空気が澄んでいて爽やか。オリガがそれを誇りに思う訳がよくわかる。歩いていて実に気持ちがいい。濃霧や冬はそういう訳にはいかないだろうが。高校生だろうか花壇整備をしている。私共の団員の誰かが手を振ったら、気さくに手を振り返してくれた。私たちが写真を撮る時に通りすがりの親子などに一緒に入ってくれと頼むと、恥ずかしそうに入ってくれる。ペトロの市民はどの人も気さくで親切に見え、好感が持てた。日本の地方のよう（？）だ。

　シンボルのレーニン像は一九七八年一一月六日に建てられた。お祭りには市民が集まり、多くのイベントが行われる。独裁政治のスターリン像は撤去された方がいいが、皇帝の独裁政治を倒したロシア革命指導者レーニン像まで壊さなくてもいいのに、と内心思っていたので、この像を見て何となくほっとする。いずれにしろ、個人崇拝は良くない。レーニン広場という名は、ドラマ劇場が建った今は劇場広場と呼ばれている。アバチャ湾に面したこのエリアは、市民の憩いの場として親しまれ、見学者や散歩者がそぞろ歩いている。

　堀江さんらが訪れた時に建設中だったという、戦争の記念碑らしいオベリスクは完成していて、広場の中央にあり、すぐに見つかった。四面（下の囲い石二面×四つ＝八面と、碑自体の四面と合わせて一二面）に銅板レリーフがはめ込まれていた。碑全体と各面一二枚の写真を撮った。通りかかった女性も写真に入ってくれた。あまり関心のなさそうな人が

多かったが、丁寧に見ている女性もいた。その人が、私が近付いた時に覗きこんでいる一面を指さし、「ここにあるのはシュムシュ島の戦いのものだと思います」と言った。見ると、兵士三人が機関銃と手榴弾らしきものを持ち、右にはトーチカから敵（日本軍）の銃口が見える。銘鈑上部には「１９４５」の数字があり、下のロシア語キリル文字は「クリプヴスキー　デサント」と読める。辞書は持ってきているが調べている暇はない。総じてロシア、カムチャツカの戦争に関する歴史を語るものらしい。いわゆる戦勝記念碑なのだ。堀江さんに依頼されていたこの写真を送れば、いずれ調べて下さるかもしれない。オリガにこの碑の名を聞くと、一般に「メモリアル」と呼ばれています、おととし完成しました、との返事。このことも堀江さんに知らせてあげよう。

③ビューポイント

海辺の斜面上にある、標高三〇ｍほどのささやかな展望台だが、バスを降りて海側、湾を眺めながらオリガの説明を聞く。

カムチャツカはロシアで一番先に陽が昇る所。下向きの魚の形をしている。長さ一二〇〇㎞、幅四五〇㎞。面積は四六万㎢。（日本の領土全体より大）人口密度は一人以下。水産業が七四％、いくつかの魚加工工場（水産物の缶詰工場）があり、イカ、カニ、エビなどや海藻をたくさん日、韓、中へ輸出している。造船業七％、鉱山業？％（金や石炭）、農業？％、南で野菜。

毛皮採集は昔から有名。キツネ、クロテン。最近は観光業、魚釣り、山登り・トレッキング、川下り。輸入は日本車（九〇％）、日本製機械。

アバチャ湾は天然の良港で円形に近い、漁船の船団基地。長さ二四㎞、幅三㎞、深さ最大二六ｍ。エテルメン人の村も見えます。湾の向こう南西にビリュチンスキー火山二一七三ｍ、死火山。南西部には温泉。雪を冠った美しい姿から「カムチャツカの真珠」といわれている。麓に軍事基地がある。その左がムトノッフスキー火山、二三二三ｍ。特に活動が盛んで、地熱発電所がある。

④ロシア正教会

トロイツキーロシア正教会。ペトロで一番大きい。古代ロシアの建築様式。玉葱（ネギ坊主）型は一六世紀から。四二ｍ。二〇〇二年から再建中だが、未だに完成していない。二〇〇八年に泥棒が入り、盗る物がないので火を付けた。市民の献金五〇〇〇人と政府の・・・でできた。

ロシアの問題はたった二つ、馬鹿と道。馬鹿は交通事故。道が悪いのは気候のせいだとか。

一二：五五、レストランに着く。黒パンとライムギパン、サラダ、ウーハ（魚スープ）、フライド野菜、豚肉ステーキ、アイスクリーム、コーヒー。

フレップはサハリンにたくさんできる。コケモモやハスカップ、ガンコウランなど。酒やジャムにする。近くの山に入り、バケツに入れる。（シュムシュ島には私の目で探したところでは見当たらなかった）

（出口氏の話）エトロフやサハリンでは、日本人のつくった墓の墓石がパン焼き器に使われていた。そのパンを、食え、食えと言う。それから、火葬場が加工場になっていた。サハリン州で今年初めて北千島に

七〇〇万の予算がつき、遺骨収集法ができた。

⑤中央市場・スーパーマーケット

一四：三〇頃、スーパーマーケットへ。デパートの一階が食品売り場になっているような感じ。食品や日常生活用品を中心に様々な商品がきれいに並んでいる。入って右の最初には各種類のリンゴがかなりのスペースをとって大量に置いてあり、きれいだった。女の子の顔が描かれた板チョコが並んでいた。キリル文字で「チョコレート　アインカ」と読める。ブランド物で、ロシアで今一番売れていると言うので、少し迷ったが仕事場の仲間にと思い、家のも含めて六個買った。一個八〇ルーブル、二〇〇円。フレップ酒、できればガンコウラン漬けがないかと酒類コーナーに探しに行った。それはなかったが、ウォッカの棚に「プーチニカ」と書かれた二五度のものが並んでいる。ウォッカとしては薄いが、プーチン大統領に因んでつくられ、売れているという。話の種にもなるし高価でもなかったので、二本買った。二階には電化製品やパソコン関係が整然と並んでいた。

一五：二五、自由市場。とはいっても予想とは違い、屋内。だが市場の雰囲気があり、生鮮魚介類と瓶詰や缶詰・加工品がいくつもの売場コーナーに並び、各売り場に売り子がいる。魚や貝、干物などが多いが、やはりサケ類が多く、あちこちに一匹丸ごとや切り身が冷蔵のガラスケースに並んでいて、さばいている最中や調理中の人もいる。地元住民が買い物をしている。それより自分は一目散に回ってタラバ缶探し。「カムチャツスキークラブ　カンセルヴィ」と側面のラベルに書いてある。まちがいない。いくつもの売場にあったが、値段は一缶六〇〇ルーブル。日本円にすると一五〇〇円ぐらいだ。富山の大和や東京での値段だと三〇〇〇円から六〇〇〇円するから、そんなものだろう。印象の良さそうな所で頼んだら、冷凍庫から五缶をビニールで包んであるのを出して、これでいいかというふうに笑った。函館の長浦さんに二缶送るのと、家に三缶。写真右上に積んであるのがタラバガニ缶詰。

市場の出口にテントを張り、野菜・イモ類や切り花なども売っていた。ハスカップが小さなバケツ一杯で一〇〇〇ルーブル。ブルーベリーに似ている。買

う人がいた。日本でも作られているらしい。ガダルカナルの市場を思い出した。北の端と赤道直下の差はあるが、食料を求める市場の雰囲気は庶民的で似ていると感じた。

一六：二〇、ホテル着。時間をみて後で市場を見つけ歩いてみよう。

三種類の土産で計四〇〇〇ルーブル、一万円也。カムチャツカで使ったお金は両替の一万円とオプショナルツアーの一万六千円で、計三万円弱だ。ルーブルが少し余った。明日の朝、空港で使えないかもしれないと思い、財布に入れて独りで散歩に出た。

あまり迷わず、うまく先程の自由市場に行けた。ソ連解体後の激しいインフレで、もうカペイカという単位の硬貨はもう使われていないのかもしれない。日本の「銭」と同じ運命か。

各家やアパート、会社などの建物に入る湯を送る巨大なパイプ（給湯管）が道の脇に走る。直径一メートルはある。

一九：〇〇、二三人で夕食。タラバガニ（市場で買ってきたもの）、イクラ（昨日のオゼルナヤの鮭のもの）、サーモン（同じく）のムニエル、ご飯（白米）、デザート、コーヒー。私たちのカムチャツカ最後の晩餐にふさわしい料理に思えた。

（出口）「神道では、魂は五〇年。降神→祭文→昇神。たまより・・・。「オーッ」という雄叫びは、天上の神に降臨をお願いする」

（札幌の渡辺氏、自衛隊戦車大隊大隊長→四四普通科連隊連隊長）「池田連隊長は二次攻撃の時、なぜ先頭に立ったのか。死ぬつもりだった。日本兵の遺体は三四体（四三体？）しか出ていない」

（出口）「三浦さん（恵庭市）が遺骨を見つける。砲弾や手榴弾は「ネリジャー」（ロシア語）、触ったらダメだよと教わった。

本林さんから明日のことについて連絡。二〇：四五、夕食終了。

七／二一（金）、最終日

七：一五、バス乗車。自衛隊関係の人が多いせいか、誰もが時間をしっかり守っている。

七：二五、出発。エリゾボ空港へ。上空は霧（ガス）に覆われている。昨日は見えた周囲の低山さえ見えない。遠くの家や林は霞む。車は本ライトをつけて走っている。霧の釧路、ヌサマイ橋のようだ。一昨日は本当に恵まれていた。

（出口会長）「この天気だとヘリの有視界飛行は無理だそうです。だから一日早くても遅くてもシュムシュ島に行けなかった。今から八月中旬ぐらいまでは霧が発生し、天気が悪い」

運転手はコンスタンチン、バスの車体はヒョンデー（現代）で韓国製。さすがに皆疲れ切っているようで、車内の会話はほとんどない。私と同様誰もが心満たされ、感慨深い思いに浸っているのにちがいない。

八：一〇、エリゾボエアロポルトに着く。まだ業務が始まっていない。しばらく外で待つ。駐車場横の公園にはピンクのライラックが咲いている。帰国する私たちを見送ってくれるのか。

八：五〇、税関に入る。九：二〇、待

合室に入る。ここでだいぶ待つ。予定ではヤクーツク航空機三九九六九便は一〇時エリゾボ空港発で、一一時成田着となっている。時差が三時間だから、一時間のずれは偏西風の影響で少し押し戻されるらしい。

一〇：一〇、乗機。一〇：三五離陸。往きも帰りも隣席になったＨＢＣの吉田さんに南極観測船「宗谷」が東京お台場の科学館に係留されていてそれを見学に行きたいのだが、知っていますかと聞いたら、教えてくれた。ＪＲ新橋駅からゆりかもめ（モノレール）で行けば、三つ目か四つ目の駅だと。宗谷は三、四ｍの砕氷能力があると出口さん。白瀬矗（しらせのぶ『千島探検録』を残した）が戦後宗谷に乗って南極観測をしている。宗谷は北千島にも行っていた。それでせっかくの機会だからその関係の記述か展示でもあるかも知れないので、新幹線に乗り換える合い間に見てみようと思ったのだ。

吉田さんは往きと同じで新書版の本を開いて読み出した。

一〇：四五、シートベルトを締める指示。降下飛行に入る。一一：〇三、成田着。一一：三〇ツアー団本隊はここで乗換え、新千歳空港にジェットスターで行くので、荷物出口で解散式。

一一：五八、上野行き京成スカイライナーに乗れた。一二：四三、京成上野駅着。日本は何と暑い。荷物をＪＲのコインロッカーに預け、宗谷を見に行く。教わった通り新橋でゆりかもめに乗り替え、少し時間がかかったが台場の次、船の科学館前で降りる。五分ほど歩く。工事用の柵とロープ。受付所が工事中。体験運行はやっていなかったが、係留してある宗谷を見学できた。乗船料は無料だが、保存のための募金箱があった。ゆっくりと「狭い」船内を見て歩く。宗谷がロシアから譲り受けた船だったことには驚いた。その他、宗谷の歴史も学べたが、主に南極観測船時代の展示や記述で、宗谷と工船カニ漁業あるいはシュムシュ島を結びつけるものはなかった。

上野駅に戻る。新幹線は一六：三〇発のかがやき号。座席に座って大きな、大きな一息。

パラムシル島には渡れなかったが、カムチャツカ半島から西岸沖合をヘリコプターの窓から見下ろすことができ、シュムシュ島を歩くことができた。百年前に一七歳の大叔父は、富山県水講の職員と共にここに来、高志丸で漁業実習をし、両島に上陸して作業をし、歩いた。

小さなシュムシュ島。薄紫のチシマフウロ、黄色のチシマキンバイソウがどこに行っても可憐に咲き、ヨモギやシシウド、ノイバラ、フキのようなものも。六月に雪が解け、一一月にまた積もるが、その間の四、五ケ月を人間に邪魔されず生長しているのだろう。

足の裏に感じたハイマツの柔らかなクッション。だがあのハイマツの下の土には、先住民族の千島アイヌの人たち、報效義会の人、日本兵、そして一部ロシア兵の遺骸も眠っている。それらをも包み込んで、植物が育ってきている。私は見なかったが、日本兵のものらしい人骨も見つかり、埋められ、三本の卒塔婆が建てられ、訪れた関係者によって供養された。

この日、日本列島全体が暑かったらしいが、富山は三七・二度あった。

○缶詰のタラバガニを開いて食べた。久しぶりに缶切りを使った。太い足が整然と並んでいた。写真を撮った。

○八／一五（火）

富山市（旧大山町）有峰ダム上手、猪根平ダム工事殉職者慰霊碑を見て、その前の駐車場で弁当を食べていたら、携帯が鳴った。曹洞宗薬王寺、田中清元住職だった。人骨について先日問い合わせた手紙の返事だった。その他、富山との関係などについていろいろと教えてくださった。

人骨は先日のシュムシュ島で発見された。大きなものではなく、足の脛骨の一部だと思われるが、まちがいなく人骨である。四嶺山のすぐ南側。慰霊祭の時、祭壇の上に水筒やヘルメット、拳銃の筒（ホルダーのこと）といっしょに置いてお参りをし、その後、三本の塔婆の下に埋めた。穴は地雷で吹っ飛んだものか、その地雷を撤去するために掘ったものか。地雷は日本軍が埋めたものだろうか。

慰霊祭について八月一日と一〇日、NHKで全国放映された。HBCは三〇分間流した。

私（田中）の父も母も富山県出身。父は高岡、母は氷見。私の本籍は石川県の能都町。菓子問屋をやっていた。兄はサロマの寺に養子に行った。急行日本海で青森へ行き、青函連絡船で函館へと行った。

拓殖大学出身者は心ある人は北方警備に当たっていた。前身は陸軍中野学校のようなもの。国士舘は日本中心の国粋主義だが、拓殖大学はグローバル化された国粋主義で、アジアに日本精神を打ち立てることを目指していた。

元魚津市長の滑川氏は私の一つ先輩。宇奈月や新湊にも親しい住職がいる。

（二六年前のマガダンの話。小石と骨、シュムシュ島にいてそして抑留されていた生き残り八人も行った。今は誰も残っていない・・・）

頼まれた写真は、後で送る。（上）

細川たかしの「北緯五十度」という歌を聞いて見なさい。

そのCDを探して買った。詞：中山大三郎、曲：望月五郎、歌：細川たかし

北緯五十度

涙　黒髪　えりあし　おくれ毛
　小指　くちびる　思えばつらい
波はデッキの　上から落ちる
　北緯五十度　カムチャツカ沖だ
こんな時にも　心の中で
　紅く燃えてる　命の恋よ

海がなくても　私がいるわ
　泣いてすがった　あのぬくもりよ
ちょっと待ちなよ　海鳥たちが
　鳩やすずめと　暮らせるものか
ばかなたとえで　強がり言って
　沖で泣いてる　男の恋よ

夕陽　桟橋　引き波　人影
　夢で毎晩　帰っているよ
今度逢ったら　打ちあけるのさ
　北緯五十度　もう見おさめだ
船を降りるぜ　千島の千鳥
　さらばさよなら　ロパトカ岬

三番の歌詞がオゼルナヤ沖でのタラ漁あるいは船上カニ缶詰づくりを連想させる。常隆らは、高志丸でのタラ釣りとタラバガニ捕獲・海水使用の缶詰づくり。日夜、どんな気持ちで過ごしたものだろうか。オホーツクの海を見ながら、みん

なでどんな歌を歌ったのだろうか。

札幌の古書店で『函館大正史郷土新聞資料集一』（元木省吾編）という古書を見つけて、読んだ。明治末から大正の一五年間、そして昭和の初めまで、函館の新聞三紙の記事を抜粋して載せてある貴重な資料だが、その中からカムチャツカに関して書かれた記事を拾い出して載せる。

◇カムチャツカ行き漁夫たのむ。エトロフ行き漁夫たのむの立て看板。帆柱林立の港内の昨今。（函日々明四五、六、八）

西川町は、古道具古着屋が並び、樺太・カムチャツカ・ニコライスクへ漁夫の動くとき、漁夫・露人が来て金を落す。特に町幅を狭くして自然の勧工場（ママ）のようにする。（函新大正五、？）

（寒川は）人口は四十九人だが、現在男は全部千島樺太カムチャツカに出稼し、七十四才の二老人と、女と子供が残っている。（函日々昭二、五、二二）

◇税関前吉例の賑い。カムサツカ切上げ漁夫の賑いは、税関前から旧桟橋にかけて、津軽りんご・バナナ・餅・菓子を売る露店商人や。漁場皈りの荷物を運ぶ。便利屋も目の廻るよう。海は汽船へ行き来する所の、荷主や海産仲買人で一杯。切揚船に入港毎に高低する相場に抜目ない海産物商は、この時とばかり、売買掛引の手打ちの音も威勢がいい。不漁だった西海岸の神様連は落胆しているが、来年は俺等が大漁だと意気込んで、旧桟橋前の小路の飲食店で、白昼コップ酒でメートルをあげている。大漁だった東海岸の連中は、土産の買物をととのえ、土産魚や行李包を大事そうにかかえて、五六ヶ月ぶりで妻子に逢える楽しみで一杯。連絡桟橋も神様で賑わっている。（函日々昭二、九）

◇交番めぐり。・・・蓬莱交番ガラス戸の外を、粋な芸者や可愛い半玉が通る。新蔵前の朝鮮白首には手をあげる。いくら拘留しても飯の上の蝿同然。カムサツカ皈りの漁夫なんか、折々闇の女に引っかかり、命がけで儲けた金を全部とられ、交番に泣き込んで来る。一応白首屋の主人を呼んで調べるが、わけが分からなくて閉口する。（函日々昭五、一〜二月）

◇元旦を迎えた函館港の碇泊船は、運航汽船三五、係留船大小共六〇、発動機船四〇〇。この五〇〇の船が、松飾りと万国旗で、賑かに港内を飾っている、（函日々昭八、一、一）

◇毛皮は樺太・カムチャツカ・千島を控えているので、函館が集散地で、（川丁）小川・松下・中村の三大貿易商が居る。敷物用北極産熊は、百円から五百円、カムチャツカ産黒熊は十円から九十円、川うそチョッキ二十円から六十円、袋物にする海豹一枚三円から十八円、黒狐は千島産二百円、カムチャツカ産千円、アメリカ産になると四千円以上。・・・（函新四、十一、二八）

◇女の安い売買。沖の口番所（今の西警付近）に勤めてるお役人が、舟の検査に行った皈りは左右の袂が重くなる。北国（北陸方面）から来る五十石から三百石の小さな各船には、八才から一二三才、一七八才の少女が四五人積まれて来る。女中奉公とは言うが、二分（五十銭）から一両、高いので一両二分で売買されて、箱立の人となったものだ。（函毎大十、十、四）

◇逓信省カムチャツカ命令航路第一船神戸丸（栗林商会三千五百トン）、約一千トンの雑貨を積み、五月七日ペトロスキーに出航。（函日々大十一、五、六）

◇日魯の引上漁夫へのお土産の魚。昨年同様漁夫一人に鱒十五尾、鮭四五尾、雑夫に缶詰二打。日魯の漁夫五千人、雑夫三千人に鱒千三百石、鮭二千五百石、缶詰六千打わたる。（函毎大十一、九、十二）

◇切上漁夫と函館に落ちた金。露領漁業の東西カムチャツカ、オホーツク、沿海州からの引上は、八月中旬一七九〇人、九月一杯で漁夫一四、八〇七名。漁夫一人は、前金を控除して本年の九一の合計割合は八九十円から百二十円まで。不漁漁場を五十円としても一人平均八十円になる。この半分は函館で消費される。函館に上陸して皈宅まで三日乃五日、宿泊料其他一日五円として十五円。一四、八〇七人で、二二二、一五〇円。十円の買物をすると、一四八、〇七〇円。これは内輪の見積だが、函館に九月中に五十万円落ちることになる。本年最後の露領漁場切上船は、沿海州ランヂル漁場から十月十五日正午入港の神功丸（五三一トン）である。（函日大十一、一〇、一五）

◇沿海州・オコツク・カムチャツカ出稼漁夫。今日まで、一七、八六一人。昨年より四五千人少ない。出漁不振か。（函日大十三、六、二八）

◇日本製缶会社（小熊幸一郎ら資本金五〇万円）創立総会四月七日。一日十万缶作る。（函新大十四、四、八）

◇露国領事館開庁に決し、新任ロギノフ領事三月二十四日モスコウを出発し、四月十九日来任。これは函館に帝政ロシア時代の領事館もあるし、現政府下の「オ・カ・ロ」（オコツクカムチャツカ漁業会社の略称）初め、諸機関が開設され、同国人が多数在住しているからだ。（函新大十四、四、一）

◇露国領事館設置陳情。函館商業会議所は、日露国光復活後に、領事館がないと通商上不便なので、二月二日黒住氏ら四代議士を通して、陳情書を外務省に出す。その理由書に、「本邦の露領漁業経営と、本道及東北地方から、農産物油輸出増加のため、明治二十五年七月、副領事ウスチノーフ氏を駐在させたのに初まるとある。（函日大十四、二月五日）

◇大正十四年露領への蟹工船二十隻。船名あり。（函毎大十四、五、二四）

◇日魯漁業会社初の冷凍船。ちちぶ丸・はるな丸を傭船して、五月十日カムチャツカに出帆。（函新大十五、五、六）

◇カンカン虫（船の機関や煙突中の煤煙を、カンカンとたたいてとる。一二三才から一五六才の貧民の子）のため、請負の青木氏が済生（命を救うこと）学校を作る。百人中四十四人入学。（函新大四、三、一四）

◇函館名物の津軽ジョンガラ節は、毎年カムチャツカ漁夫の、往復を当て込んで来る。夜の盛場、飲食店、旅人宿など。亭主が盲目で、女房が子供を引いて来るものは、一晩少ない時で三円、良い晩は、八九円から十円のこともある。（函日大八、七、二二）

◇沢口汽船部の第二勢至丸カムチャツカへ航行中、行方不明となり、乗組二六名と乗客一一三名不明（函日大七、一〇、二）

◇連絡桟橋は、漁場行漁夫で混雑。二月中三・四一六人（青森県九七七人・秋田県八二〇人・岩手県一〇七人・富山県九〇人）水上署は、桟橋派出所へ監督二人と巡査六人を出して点検を厳重。（函日大十二、三、一）

◇郵船支店艀人夫二百五六十人中の大部分は、五月一日から賃銀問題でストライキ。北千島初航芝栄丸の出帆延期。五月四日罷業やめる。（函日大七、五、四）

◇浜町の女人夫。毎年カムチャツカ切上げ時になると、税関の沿岸や西浜町の河岸や、郵船の河岸に、もっこを背負った大勢の女人夫が、大艀と倉庫の間を忙しく往復する。賃銀は大人の熟練のもの、二円五〇銭から最高三円五〇銭。子供は一円二三〇銭から二円。番屋に専属するものと、番屋にあちこち配給されるものとある。大番屋には、一日一時に四百人以上扱うのもある。角大、丸キ、丸さ、大きな番屋だ。忙しい時は二千人以上の女人夫を扱う。（函日大一三、九、二七）

◇海の函館号。カンカン虫とガラガラ曳き。カンカン虫とは、入港汽船の釜掃除する子供。ガラガラ曳きとは、許可の鑑札を捕って、港内に石炭の落ちたのを、海底からさらう営業。時にはカムチャツカ帰りの泥酔漁夫の蟇口や、どくろの引かかることもある。（函日大一五、六、一五）

前ページ写真はウスチ・カムチャツカでの初網の様子。『堤清六の生涯』（内藤民治編著、曙光會、一九三七年）。より

最近の北海道新聞と富山新聞の記事を抜粋し、転載させていただく。

●北朝鮮が午後0時29分、アメリカ本土を狙う大陸間弾道ミサイル（ＩＣＢＭ）搭載用の水爆実験を実施。経済封鎖等の制裁が国連安保理で話し合われているが、アメリカ中心に提案予定の石油供給禁止についてロシアと中国は消極的。

ロシアが消極的な訳の中にはカムチャツカの事情もあるのではないか。国外に派遣されている北朝鮮の労働者は約10万人。ロシアには29，000人。特にカムチャツカに外国人観光客を呼び込むためにカジノなどを含む「ワンダーランド」というものを建設する計画。そこにたくさんの北朝鮮労働者が派遣されているとのこと（九／一〇、北海道新聞）

【驚いた。あの自然豊かな、そして素朴な心持で暮らす住民たちの土地に一大レジャーランドが出現するなどということは信じられない。】

●国連安保理で制裁強化決議を採択。原油と石油製品の合計供給量は30％減らす。例外規定を除き、北朝鮮からの出稼ぎ労働者に対する就労禁止。（九／一一、北海道新聞）

●「北朝鮮労働者送還も」国連安保理が追加制裁案。北朝鮮への石油精製品輸出を約9割制限し、重要な外貨獲得源となってきた海外出稼ぎ労働者を1年以内に北朝鮮送還が柱の決議案。（一二／二二、北海道新聞）

●「ロ極東　北朝鮮労働者減少」の見出し。北朝鮮の出稼ぎ労働者は世界で5～8万人といわれるが、そのうち35，000人、つまり約半数がロシアにいて、沿海州地方では約1万人という。この内、労働許可を申請した9，000人不許可に。国連制裁が影響。「中国人労働者などに比べて勤勉で、低賃金で働く彼らの代わりはいない」とウラジオの建設会社社長。沿海地方の知事はインド労働者受け入れ？（一二／三〇、富山新聞）

●「ソ連四島占領　米が援助」。終戦8、9月の旧ソ連軍による北方四島占領作戦の艦船貸与、兵訓練など。現ロシア・サハリン州戦勝記念館科学部長のイーゴリ・サマリン氏論文「1945年8月のサハリンとクリール諸島上陸作戦に参加した軍艦と補助船舶の注釈付きリスト」。根室振興局が入手（一二／三〇、北海道新聞）

能戸英三は『郡司草―北千島の実情を語る』（一九七九年、原書房発行）でこう書いている。

夏の天気のよい日は最長時間は午前二時に夜が明けて午後十時真暗になる。冬季の最短の時間は午前七時より午後四時までであって、曇天には午後三時ごろには真暗になる。朝は八時になっても夜の明けない時がある。

（軒に下がった氷柱が夕方また結氷すると物凄い大きな氷柱になる。たまには直径五十センチから八十センチ位の太いものが沢山出来る）

三節　榿松の島と報效義会

㈠『千島探撿録』に見るシュムシュ島のこと

南極探検で有名になった白瀬矗（しらせのぶ）は、その一〇余年前に報效義会（後述する）の一員として北千島を調査した際、エトロフから北の占守（シュムシュ）島までの島々を、『千島探撿録』に「**盤桓矮曲の榿松二樹のみにして異種の樹木殆んどない位**」と書いた。彼が苦難の調査活動の後に著述した『千島探撿録』という古い文献が今もあるかどうか、またそれを読むことができるかどうかいぶかしかったが、検索をしたら県立図書館の書庫にあった。禁帯出だが閲覧はできる。明治三〇（一八九七）年に東京圖書出版合資會社が発行している。

盤桓（ばんかん）とは広大な様子。矮曲（わいきょく）とは小さくて曲がっていること。「榿松」。はてな。樹木のようだが、読めもしないし、意味も分からなかった。シュムシュ島を思い浮かべた。あの一面に広がっていたハイマツのことかもしれない。

一二四年前の発行であり、「榿松」という字自体も薄れ、判読しにくい。ふりがながふってあるが、「榿」は分からず、「松」には「しやう」とふってあるのがかろうじて読めた。だが、実際にその島を訪れ、土を踏むことができたので、繁茂するハンノキかハイマツ、または両方のことではないかと推測し漢和辞典を調べた。やはりそうだった。「がいしょう」または「かいしょう」と読むのだと分かった。榿とはハンノキのこと。松とはハイマツを指すのだ。「榿松の島」、白瀬矗の形容表現は、少なくともシュムシュ島については言い得て妙だと思う。

左はその本の口絵写真。報效（ほうこう）義会の北千島探険行の出発は隅田川からの小舟分乗だったが、青森まで陸路を行った人たちもいた。本隊が海軍兵だったので、陸路は陸軍兵たちだったと想像する。左後方が白瀬矗。

『千島探撿録』の表紙に記された著者白瀬矗の名の右に肩書二つが書かれているが、図書館の分類ラベルが貼られ上の字が隠れている。調べてみると、「報效義會探撿主任」と「後備陸軍輜重兵少尉」

である。後備役だから、現役兵を終え、予備役を勤めた後である。輜重兵とは軍需品の輸送・補給にあたる兵士のこと。この時の年齢は三二歳。報效義会長の郡司成忠（ぐんじしげただ）海軍退役大尉は、白瀬より一歳年上で三三歳。白瀬のこの時の正確な肩書は、報效義会員占守島穴居越年探検主任。軍艦盤城に送られて報效義会員八名と共にシュムシュ島に上陸しているが、彼はそこで三年間穴居で暮らし、越年している。海岸の岩陰に、漂着した流木で小屋掛けをした程度の棲家だった。冬場（といっても一年の半分が冬）は氷雪・厳寒・烈風の中での生活と調査活動だったから、想像もできない困難苦労があっただろう。

　日本とロシアは明治八（一九七五）年に樺太・千島交換条約を結び、樺太がロシアに、千島列島が日本に帰属することになった。

　報效義会という団体は、郡司成忠が明治二六年（一八九三）に設立した。郡司は『五重の塔』を書いた幸田露伴の実兄。ロシアと対抗するために、千島列島、特に最北辺のシュムシュ島防備のため、島の自然の実状調査、そして日本人の定住・漁業発展農地開拓の条件を広げることが会の目的であり、五〇数名が加わった。

　東京スカイツリーを背にして隅田川を下る。吾妻橋と桜橋の間に、言問橋という風流な名の橋が架かっている。畔に団子屋が今でもある。店の前の説明板には、「名にし負はゞいざ言問わむ都鳥・・・」という『古今和歌集』在原業平の歌から橋の名が付けられたとある。この団子屋の裏にあった福岡楼に報效義会員は宿をとった。堤は墨堤と呼ばれ、現在と同じく桜の名所だった。明治二六年当時、言問橋はまだなく、言問いの渡しという渡し場があった。ここの桟橋から郡司大尉率いる五隻の端艇（海軍からの払い下げ、手漕ぎボート）が出発した。今考えると、海岸伝いに青森まで、そして津軽海峡を乗り切り根室までは何とか行き着けるかもしれないが、その後オホーツク海、北太平洋を渡って、さらに千二百㎞もの千島列島最北シュムシュ島までわずか一〇人ほどしか乗れないボートを漕いで行くというのは無謀としか言いようがないと思われる。しかし、当時としては開拓者精神の大きさと、その壮挙の成功を願う人々。そして、面白半分か、あるいは多少無責任にそれを激励する風潮の結果だろう。

　説明パネルに載っている当時を描いた画（次ページ）を見てみよう。出艇する五隻のボートには一〇本ほどのオールが立てられている。それを見送る貴婦人たちの舟。左の手前には蒸気船。手前が吾妻橋側で、向こうが東京湾。つまり湾に出て、房総半島を回り、東北、太平洋側を漕いで、青森、そして函館に至ろうという予定コースである。三月、桜満開下の沿道の人々。満船飾の飾りつけ。空に揚げられた凧の多さと花火、・・・。東京帝国大学の音頭による送別会、「郡司大尉万歳」、「報效義会万歳」が三唱される。午前九時四〇分、郡司の合図で五隻が一斉にオールを漕ぎ始める。同じ頃、白瀬ら陸行の四人が奥羽街道を歩き始める。

　これに対して海軍は公然と報效義会に肩入れはできないが、千島の監視と防衛の必要上、軍艦磐城を出航させ、陰に陽に報效義会を援助している。隅田川畔のこの「大騒ぎ」歓送には、近づく日清戦争、日露戦争のための国威発揚の意味も大きかったはずだ。歌川小国政「郡司大尉千嶋占守嶋遠征隅田川出艇の實況」という錦絵である。彼らの千島行きはこのような錦絵だけではなく、絵本や双六（すごろく）、映画館での幻灯（スライド）映写にまでなっている。

　郡司の弟、幸田露伴は横須賀で一時兄の船に乗船し、とめどなく涙を流して見送った。

　だが、期待に反し彼らの前途は多難だった。館山を経由して東京湾を出るか

出ないかの内に天候が悪化し、暴風と波浪に飲まれ、何度も陸に上がっての足止めを繰り返し、久慈と八戸の間の沖合では二隻が離れて行方不明。転覆し一九名が海底に沈んだ。折々、軍艦磐城に曳航されたり、支援者保有の帆船に乗り継いだりし（一隻には石川県出身の平出喜三郎の持ち船、錦旗丸もある）、ようやく軍艦磐城乗船で千島列島最北のシュムシュ島片岡湾に入ったのが八月三一日。途中のエトロフ島や捨子古丹で会員を下船・配置して、シュムシュ島に到着したのは郡司、白瀬らわずか九名（シュムシュ島に残留は七名）だった。八月三一日のことであり、隅田川畔を出てから五ヶ月余りを費やしていた。

　この間の経緯は、戦前の本で旧仮名づかいだが、『開拓者郡司大尉』（寺島柾史、昭和一七年発行）に詳しい。著者は越中国、富山県出身の大工棟梁、寺島喜之助・イトの次男である。旭川の古書店で購入したこの本は完全に茶色に変色し、一部のページは剥離していて、私は恐る恐る頁をめくりながら読んだ。

　郡司会長の意図を押し進める実務担当者、白瀬矗は『千島探撿録』の「自序」で、極北の海陸動植物の調査、漁猟法の実状、海獣密漁賊船の実態把握等が急務として「聊（いささ）か千島の真相を直写」したと述べている。最終年の三月には、氷結したカムチャツカ海峡を徒渉（歩いて渡ること）している。「カムチャツカ海峡」とは、シュムシュ島とカムチャツカ半島の間の海峡で、わずか十二、三㎞しかなく、晴れていればどちらからも肉眼ではっきりと見える。ロシアでは第一クリル海峡といっている。第二クリル海峡とはシュムシュ島とパラムシル島の間のことをいう。日本は占守海峡と呼んでいた。この海峡の一番狭い所、つまり二島間の距離はわずか二㎞しかない。

　ロシアは日本の北方領土のことを南千島といい、およそ三〇の島が連なる千島列島全体をクリル諸島と呼んでいる。

　島には大小四個の湖沼があり、河川には紅鱒がいて、熊と狐の餌食になっている。三尺から三尺五寸というから、約一mだ。白瀬は手づかみで百匹獲ったと書いている。紅鱒とはベニザケのことで、千島とカムチャツカ、アラスカ、カナダに産し、上流の湖に遡って産卵する。日本ではサケの最高級品とされている。私も函館の長浦さんから二度頂いた。現地カムチャツカでも、獲れた早々のものを夕食に食べることができた。

　野草ではコジャク、アザミ、ヨモギ、ツクシ、ヤマウド、ミツバ、ユリなどを食べている。また、七月から九月にかけてフィリップ（フレップのこと）という黒ブドウに似た実が無尽蔵になり、甘酸っぱく、醸造酒を作ったら良い結果だったそうだ。コジャクという植物はどういうものか調べても分からなかった。

樫松（ミヤマハンノキとハイマツ）について前記したが、それは千島列島全体の三分の一から三分の二の面積に広がりはびこって、薪炭とつまり焚き木や炭に供することができるのはこれだけであって、他にはヤナギ他何種類かだけが生えている。

千島の島嶼には船舶の入港に適する港湾はなく、唯一択捉（エトロフ）島の単冠（ヒトカップ）湾だけは碇泊に安全である。報效義会の拠点、居住地であるジボイ子（現地語でチボイネ）は、明治二四年に片岡侍従調査団が上陸したので、片岡湾と呼んでいる。

その対岸は幌筵（パラムシル）島の柏原湾である。函館や根室から出港する北洋漁業の基地とされ、国境警備と漁船保護のための軍艦や海防艦が折々に寄港している。また猟船（狐や熊撃ち）も公然あるいは秘かに出入りしている。海岸・陸地には番屋を始めサケマスの塩蔵や缶詰、真水によりタラバ缶を製造する工場がいくつも建てられた。函館や根室から二千人ほどの男女工が、缶詰やタラ・サケマスの塩蔵工場関係に働きに来ている。最大時は二万人を超えていたともいわれる。大正六年でシュムシュ島片岡だけでも一四の缶詰工場が存在し、黒煙を上げ、それに付属する宿舎が並んだ。パラムシル島村上には富山県出身の袴信一郎（袴漁業）のサケ・マス・カニの缶詰工場もあった。

ただし、漁業も工場作業も夏場のみで、秋には本道（北海道）にすべて引き揚げる。次ページの写真はパラムシル島の水産加工工場の残骸。向こうがパラムシル海峡で、右の島影が占守島。（北海道新聞二〇一七・四・二〇付より）

両湾に明治四二年から高志丸が毎年二～三ヶ月停泊し、拠点として漁業実習を行っている。

白瀬らは越年中一貫して昆布と海苔を食菜としているが、昆布に似たカイロッパという長く大きい海草が端船を漕ぐ時に引っかかり、たいへんな妨害になっている。

耕作について。野菜類はたいてい育つ。彼らは荒れた土地を焼き払って耕起し、ダイコン、カブ、菜などの種を蒔くと育って、十月頃までは食することができた。ジャガイモ、三河島菜もできた。小便の他は自然の肥料のみだが、四ヶ月間に収穫を見た物はほぼ良結果。

家屋については降雪や寒冷、風雪を防ぐ術を「土人」（先住民の千島アイヌあるいはイヌイットを指すと思われる）の残した穴居址から学び、海岸に漂着した流木で形づくった。それは深さ四尺、四間と三間の穴小屋。一尺は三〇㎝。一間は六尺。

以下、捨子古丹（シャシコタン）島の二回の探検記録、アザラシやクジラ、アシカやトドなど海洋動物の生態、漁、島々のキツネや熊猟、ワシやカモなどの鳥類について、さらに密猟の賊船（小舟から汽船まで）の実状や捕獲等について調査結果をつぶさに書き綴っている。

オヒョウカレーについて一ページ費やしてあり、おもしろかったので要約して記す。それはシュムシュに向かう途中に色丹島沖合で海霧のため航行できずやむを得ず投錨していた時の話である。オヒョウカレーとは漢字で書くと、大鮃鰈であり、常隆さんらが釣ったカレイ科の大きな魚のこと。退屈なので釣り始めたのだが、大きくてしかもたくさん釣れるので驚いた。釣具は鉄の火箸を曲げたような釣針に細引き（麻糸を織った縄）を結び、餌にはたくあんの切れ端を付け、海に投げる。しばらくするとかかり引き揚げようとするが、一人では中々揚げられずに二人で揚げたところが長さ五尺（＝一・五ｍ）、幅四尺（一・二ｍ）、厚さ尺余（三〇㎝余り）あった。都合三匹だけ釣り、後は釣り縄を切って、放した。釣り上げた一匹を料理したところが、三百人余りの乗組員の弁当の材料に

したが、それでもなお余った。オヒョウカレーのおいしいことは内地のヒラメのようで、それよりさらに上等である、と。

明治二六年の初降雪は九月七日で最終降雪は翌年の六月十日と記録されているから、丸々九ヶ月は降っていることになる。積雪は平均六、七尺、つまり約二m。

シュムシュ島での穴居生活者は三年間通して居住した会員は三名だが、初年度の越冬者は七名、二年度は入れ替わるものもいて六名だった。三人が病死している。

また、報效義会が解散した明治三八年の秋には、占守島に残っていた一三人の内六人が去り、別所家族のみとなった。

(二)『千島探撿録』に登場、土岐某師

白瀬矗の希少で貴重な記録を読み進めていくと、富山県人が登場したので驚いた。といっても越中国出身と書かれていたわけではなく、白瀬自身もそのことを知らなかったかもしれない。

「この回向者は根室眞宗大谷派白毫寺住職土岐某師で此人は中々侠骨のある僧侶です」と書かれていたのだが、「土岐」とあったので、ドキとした。待てよ、どこかでこのお坊さんの名を見たぞ。そうだ、『根室・千島歴史人名事典』だ。開

いて探した。あった。土岐虎関（どきこかん）。

安政三（一八五六）年に生まれ、明治三七（一九〇四）年に四八歳で没している。土岐は、当時は根室の白毫寺（浄土真宗本願寺派）二世住職だが、越中国中新川郡中島宮の下（現在の富山県富山市）の勝善寺の次男に生まれ、修行の末、二五歳で函館別院の副輪番となるが、二年後に本山（西本願寺）から根室行きを命ぜられている。そこの白毫寺の本堂を落成させ、意欲的に布教活動を行って着々と檀家を増やし、門徒と協力して北海道内最大級の大梵鐘（重さ七四〇〇kgのつりがね）と二階建ての鐘楼門を完成させている。

しかし、この業績だけでは白瀬が土岐のことをわざわざ記すことではないが、「中々侠骨のある僧侶」と讃えている。「侠骨のある」とは、正義を重んじて、弱い物を助ける気持ちが強いことをいう。『千島探検録』を読み進むと、その意味が理解できた。土岐住職は根室から軍艦磐城（バンジョウ、白瀬は「いわき」とルビをふっている）に乗船して、明治二七年と二八年の二回、千島のいくつかの島嶼を経て最北シュムシュ島を訪ねているが、報效義会員の中で命を落とした捨子古丹島での九名、パラムシル島での一名、シュムシュ島の四名の回向弔いをねんごろに行っている。

捨子古丹島では九名全員が犠牲になったが、飯米などの食料が欠乏したので、九名の内五人は隣のエカルマ島へ端船（はしけ）に乗って食糧確保に出かけたが帰らず、残った四人も穴居で亡くなっていた。昨年別れた捨子古丹の九人の消息を知ろうとした白瀬らが、穴居内で四人の死体を発見した折、そばにあった手帳の日記で九人が死に至るまでのおおよその事情を推察した。白瀬の記録の関係部分のあらましを書くと――

・・・エカルマ島へ向かった五人が暴風雨に遭い、何日ももどらないので落胆した四人は水腫症になり、脚が膨張して歩くことが困難になっていた。それでも十一月三日の天長節（天皇誕生日）にはぼた餅を作って食べた。その後手帳には何も書いてないので、死亡は十一月下旬から十二月上旬頃と思われる。小屋の中間にある炉の方を枕として円形に寝た状態で臥して死んでおり、内一名は小屋入口の戸の所に倒れていた。死体は皆かびて毛が生え、ほとんどミイラ化していた。・・・二、三時間で小屋に火を付け、茶毘にした。そのかたわらに白骨を埋葬し、二m弱の大きな流木を塔婆（墓）として立て、根室真宗大谷派白豪寺住職土岐某氏に厚く回向をしてもらった・・・異郷において志半ばの内に命を落とした報效義会員を弔うため、おごそかに、またかいがいしく指示をしながら立ち働く土岐住職の姿が窺える。なお、白瀬は土岐住職のことを大谷派と書いているが、これはまちがいで、本願寺派が正しい。

土岐住職はその前後一〇年間に、南千島（現在の北方領土）の国後、択捉島他にも渡島し、布教を進めたり説教所を設けたりして、意欲的に活動している。

なお、白瀬の記録によると、この時点で報效義会の逝去者は三二名と記されている。ここには第二次報效義会越冬隊員五七名（女性一四人を含む）のその後の死亡者は含まれていない。

虎関の出身寺院である勝善寺が中新川郡宮の下だと『根室・千島歴史人名事典』に出ていたので、住宅地図で調べ、直接伺った。住職がご在宅で、「土岐虎関は一三世住職の弟です。間違いございません」とおっしゃった。

数日後、根室の白毫寺の住所を北海道の電話帳で調べ、手紙を出した。しばらくして住職から電話が入り、今は報恩講などで慌ただしいのでその後に、とのこと。

師走に入ってから、クロネコで発泡スチロール箱が届いた。根室産サンマのみりん干し。歯舞昆布醤油使用とあり、富山県人が移住してコンブ漁を始めた歯舞群島と縁があってうれしかった。おいしくて周囲にお裾分けした。頂いた返信を、了承の上転載する。

拝啓、橋本様、お返事がずっと遅れてしまってたいへん申し訳ありません。十月～一一月の法要行事月間のあと、肩を痛めてしまったりと、延び延びになってしまいました事、深くお詫び致します。

さて、お尋ねの件、できる範囲でお伝えします。

土岐虎閑は私（白毫寺五代住職、土岐哲隆六二歳）の曾祖父であります。富山勝善寺出身で、当地へは明治一五年に、二代住職として赴任。（初代木下氏の設立した布教所を継承）明治一八年、白毫寺の寺号公称認可、当時の寺基を築かれた方であります。詳しくは「根室・千島歴史人名事典」にまとめられているとおりであります。この人名事典は数多の郷土史から要領よく詳細な勝れた資料であり、また当寺は昭和二〇年に米軍の空襲直撃を受け、堂宇もろとも焼失してしまい、上記人名辞典以上のことは不明で誠に残念な限りです。

占守島、幌筵島（橋本常隆様、ご縁の地）について

以前、曾祖父虎関の北千島、報効義会への同行の事史を調べた折、やはり曾祖父と同行された農学士のご子孫から頂いた写真がありますので、数点送ります。写真や、軍艦磐城の記録を久しぶりに読み返すと、報效義会の開拓が過酷であったこと思い知らされます。祖先が北の果ての悲運に立ちあえたのは私にとっても、誇りであります。（一部省略）

白毫寺について

「白毫」とは仏相（仏の相、三二相）のうちの一つです。仏の眉間上にある、白い施毛様のことであります。白毫からは八万四千の光明が放たれ、阿弥陀仏の白毫の光明は、すべ手の世界を照らし、仏を念ずる人々を残らずその中に摂めとり、けっして捨てることのない、慈悲の力をあらわす。本山（本願寺）の法要のロゴマークにも使われました。

藤栄山について

縁故は伝わっていません。私の推測ですが、土岐虎関が寺号を公称する際、故郷の本寺、白藤山勝善寺様の山号「白藤山」より「藤」の字を頂いたのだと思います。

勝善寺について

白毫寺の実質的開基、虎関住職の本寺、親戚寺院です。しかし、互いに遠く、世代毎に遠くなっている感があります。勝善寺一五世住職のお葬儀の時は、参集させていただきました。尚、虎関師は、勝善寺一二代印持様の子息であります。勝善寺、現一六世住職は土岐幸次師であります。

以上、はなはだ要領得ませんが、お尋ねの件、終了致します。重ねて、おくれましたこと、お詫び申し上げます。粗品ですが送らせていただきます。ご笑納下さい。

同封の資料には「北千島警備艦盤城航海誌」の一部コピーがあり、「根室より千島に向う便乗人は左の如し」とあり、土岐虎関を含めて一一人の名が載っていた。また、土岐住職による埋葬供養の記述もあった。写真は同封写真コピーの一枚で、「占守島、郡司大尉、白瀬矗の越冬小屋（明治二七年）」と、土岐哲隆住

職が書いたキャプションが添えてあった。

　また「占守島・幌筵島の水産会社関連の史料」には幌筵島北上神社と占守島の占守神社があり、由緒沿革には二つの水産会社と報効義会が中心になったことが書かれていた。

　移住地からの要請、または自らの意志で渡道した宗教者は少なくない。しかし彼のように、リスクも省みずに檀家「外」の北千島遠地まで足を運び、回向慰霊をしたお坊さんは少ないと思う。私にとっては異聞だった。そして古い資料での叙述からだけではなく、五代哲隆氏が曽祖父のその業を今も誇りに思っておられることを知り、感銘を受けた。

　写真は土岐虎関。『根室・千島歴史人名事典』より

㈢ブランコに乗って怒鳴られた生徒は

　郡司成忠とともにシュムシュ島に上陸した会員の中に別所佐吉と妻タキがいた。伊予（愛媛）の人で、佐吉は陸軍兵士だった。別所家族は明治三七年に報効義会が解散した後も最後までシュムシュ島に残って暮らした。三男三女があり、次男の二郎蔵は戦後に、当時の記録と記憶にもとづいて『占守島に生きた一庶民の記録　わが北千島記』（昭和五二年、講談社発行）を著した。その中で彼は次のように書いている。

　またある年、富山の水産講習所の練習船が入港しました。家の横手にあったブランコに、生徒の一人が何気なく乗って遊んでいますと、母がこれを姉（長姉）と勘違いして、〝またおてん婆をするのか〟とすさまじい権幕で怒鳴りました。生徒はあわてて逃げていき、さすがの母も大層きまり悪そうな顔をしていました。（一部省略）わたしはなにしろ船の人が来たりすると、こそこそ家の中に隠れてしまうような性格でしたから、あまりくわしいことは知りません。

　著者別所二郎蔵の当時の年齢と比定して、この船は高志丸であろうと思われる。高志丸はパラムシル島村上湾、そしてシュムシュ島片岡湾に停泊。小舟（ドーリー）に乗って、飲料水や薪炭、休養確保のために上陸していた。

　ブランコは報効義会の本部宿舎集会所（この時は別所家の住居）の前の広場に

二基あったと書かれている。冬は雪に埋まるので、四月末になってから掘り出さないといけないそうな。

大叔父が高志丸に乗った年は、二郎藏の下の姉がパラムシル島の缶詰工場に住み込みで働きに行っていたはずで、母親はてっきり長姉だと考えたのだろう。だとすれば二郎藏が一〇歳か一一歳の頃にあたり、怒鳴られた生徒が大叔父である可能性はある。

大正六年の高志丸乗船の遠洋漁業科実習生は八人だったから、別所タキに怒鳴られた生徒が一七歳の常隆だった可能性は八分の一。浄土に電話があれば大叔父にかけて確かめてみたい。「お前、何でそんなこと知っとるか。だまってブランコに乗ったのは実はわしだが、怒られて恥ずかしい話だから、絶対に人に言うなよ」と言われそう。

二郎藏はまた別の所で、「**幾隻かのタラ漁船（総帆船、スクナー）が村上湾に停泊して、帰航準備をしていた**」と書いている。スクナー（スクーナー）とは二〜四本のマストを持つ縦帆の西洋型帆船のこと。この中には小樽水産試験場や東京水産講習所の雲鷹丸、富山水講の高志丸、呉羽丸もいたことだろう。

また別のページに、ベットブの南の丘の墓に長姉と行った時のことを書いている。「この北洋で病をえて亡くなった不幸な練習生？の墓の近くに、やはり同じころ建てられた墓標があり、お酒などの空瓶が手向けられていた。祝い酒を呑みすぎて亡くなったという幸福？な若い水兵さんの〝奥津城〟である」

親に連れられて、亡くなった報效義会員を弔うためにこの墓地に来た際にここであるいは近辺の海で実習中に亡くなった生徒のことを聞いていたに違いない。高志丸の練習生が一人現地で実習中に命を落としているが、もしかしたら荼毘に付した後に遺骨の一部をここに埋めたのかもしれない。

片岡の南の丘にあるこの墓地は後に「郡司ヶ丘」と呼ばれるようになる。三〇ほどの墓があり、「志士の碑」も建立された。郡司の妹、幸田延子は提琴（中国の弦楽器）の奏者だったが、明治三四年に根室から兄を励ましに来ている。その丘での一つの光景を想像してみた。妹が座って提琴をつま弾いている。脇で郡司や報效義会員らが立ってあるいは座って、占守海峡と沖の茫漠たるオホーツク海をそれぞれの思いで眺めている。調査開拓の途次に亡くなった会員を想い、悲しみ、そして千島を探検した先人たち、林子平や近藤重藏、最上徳内、高田屋嘉兵衛らを思い浮かべて、来し方行く末について思考していたのではないだろうか。

また思う。後に常隆ら高志丸乗組員も片岡に上陸した時にこの丘に登ったかもしれないと。

郡司成忠の墓は東京都品川区の増上寺地内にある。東京タワーが眼前にそびえ立っている。

私たちがヘリコプターでシュムシュ島を訪れた際は四時間という時間しかなかったので、北側にある四嶺山周辺を歩くのが精一杯、西側のベットブ（別飛）や南西のチボイネ（片岡）の缶詰工場や報效義会関係の住居跡等を見ること、あるいは「郡司ヶ丘」に立って片岡湾を見おろし、当時の北洋漁業船、軍艦や水産練習船などの出船入船のようす、海辺工場で働き暮らす女工、男工たちの姿を偲んでみることはできなかった。

五章　小林多喜二作『蟹工船』考

カバー図版　初版本『蟹工船』（戦旗社版）より

一節　富山工船エトロフ丸事件

富山県カニ工船の出漁権が政府に認められたのは、昭和四（一九二九）年である。この時常隆は二八歳。

県の北洋漁業関係者が待ち望んでいた政府認可の直後にカニ工船漁業の経営母体が県庁内で創設され、その年末には富山工船漁業株式会社が生まれた。社長は氷見の本川藤三郎が就き、函館に拠点を持つ袴漁業の袴信一郎も大株主になっている。翌昭和五年には船団の母船エトロフ（択捉）丸が出漁の運びとなる。

一六歳で練習生として高志丸に乗ってカムチャツカ沖に赴き、力合わせて海水使用のカニ缶詰製造実験をした乗組員の一人常隆が、このことを知って大喜びしたことは想像に難くない。しかし、それだけに、翌年の夏に東京日日新聞か東京毎日新聞で、あるいはラジオのニュースや同業者の口コミなどによってエトロフ丸事件を知った時は、驚き、悲しんだこともまちがいないと思う。犠牲者の中に富山水講生がいたのだから、なおさらのことであろう。

カニ工船エトロフ丸はかなり大型化した蒸気船であり、日露戦争においてエトロフ島北でロシアから捕獲した古船アフロダイト号を改名し、播磨造船所でカニ工船として改装したもの。独航船一隻、川崎船八隻を擁し、カニ刺網一万反を積み、乗組員構成は朽木船長以下幹部職員が五〇名、漁夫八〇名、漁労雑夫一二〇名、製造雑夫一五〇名、富山県水産講習所委託実習生一二名で、乗組み総人員は四一二名だった。

『富山県史通史編Ⅵ近代下』は富山工船のエトロフ丸が起こした事件について、「かに工船エトロフ丸事件」という小見出しで一ページ余りを記述している。最初を転載する。

富山工船株式会社のかに工船エトロフ丸（四一二七トン）は、昭和五年（一九三〇）四月下旬から八月までカムチャッカ沖へ出漁したが、乗組員三七三名の内漁夫、雑役夫三〇〇名余りと県水産講習所の生徒一一名が、六月下旬労働時間の短縮と食事の改善を要求してストライキを行った。これに対して、漁労長ら船の幹部たちは暴行を加え、十数名が死亡し、数十名の重傷者を出した。

この事件は、富山でも函館でも大騒ぎになっている。函館毎日新聞は函館が出港帰港地であることは元より、それ以前の蟹工船の過酷な労働の問題や虐殺事件、前年（昭和四）に発表された小林多喜二の小説『蟹工船』の影響もあり、八月末から九月末までの一ヶ月間、継続して大きく取り上げ、連日のように記事を載せている。記事の内容は事実誤認や曖昧さをも含みながらも、「海上工場」であまり知られていなかった就労・生活状況を伝えている。函館毎日新聞の記事の見出しのみを取り上げてみると――

「エトロフ丸事件で海事部でも調査開始　多数の病死者を出した原因は飲料水の腐敗からか」（八・三〇）、「エトロフ丸から又も患者が送還さる　水上署にて厳重取調べの結果　虐待の事實判明す」（九・三）、「蟹工船醫師續々取調べ　俗に云ふカムサツカ醫師　免状のないモグリ」（九・一六）、「エトロフ丸附属梅丸函館に入港乗組員六名取り調べのため召喚　ニセ醫者引續き取調べ」（九・一七）、「エトロフ丸今明日に入港　水上署と海事部で直ちに取調べを行ふ」（九・一九）、「手具脛ひいて待つエトロフ丸の入港　真相果して如何と目を光らす人々　船長以下乗員厳重取調ぶ　道廳と金鵄丸調査相違の点今後問題惹起せん」（九・二〇）など。

そしてエトロフ丸の函館入港後の函館毎日新聞は二面の上半分を割いて、この事件の記事と択捉丸の写真を載せている。同じく、見出しだけを抜き書きする。

「謎をつゝんだエトロフ丸　昨夜十時卅分函館に入港　待ち構へた係官一齊に本

船へ　夜を徹して取調ぶ」、「病気に罹ったら死んで了への虐待　食料は毎日腐ったもの計り　漁雑夫は交々語る」、「虐殺などは以ての外です　病者の多いのは不慣の爲め　船長の朽木萬藏氏語る」、「暴行者五名と被害者四名　水上署に同行す」、「船長の頑迷は原因　風船玉のやうな事業主任　某幹部不平を洩す」

『函館市史第三巻通説編』の「蟹工船事件」の項の文章を一部抜粋する。

　蟹工船事件　エトロフ丸、信濃丸事件は、この頃の蟹工船事件としては有名なものである。富山工船会社のエトロフ丸は昭和五年四月二七日、カムチャツカ東海岸アナータシャ沖へ出漁した。四一一人を乗せた同船は、暖房や喚気設備が不備の上、野菜などの積荷も少なかった。途中、八月一日に、出航以来初めて仲積船の明治丸が一艘来たが、それも食料の補給が不十分であっただけでなく飲料水の補充もなかった。幹部は蒸留した水を飲んでいたが、漁雑夫にはタンク錆で赤くなった水を飲ませるなど、船内の居住条件は極度に悪化していた。また食料も極めて粗悪だったため、ビタミンなどの不足から脚気になる者も続出した。さらに乗船の幹部達には大型工船の乗船は初めての者が多く、そのため漁獲高も上がらなかった。しかし、幹部は成績の上がらないことを漁雑夫の労働怠惰にあるとして、六月からは午前二時から午後一〇時までの二〇時間労働を強制することもあったという。こうした中で病人の続出と死亡者も出たため、六月四日、漁雑夫達は幹部に対し食料の改善と労働時間の短縮を要求したが、受け入れられなかったために、翌五日にストライキを決行した。そのため幹部と漁雑夫の対立は悪化した。船内では小林多喜二の小説『蟹工船』同様の世界が繰り広げられ、一五名が死亡したと伝えられる。

　富山の北陸タイムスも八月二七日から九月二八日まで継続して記事を載せている。八月二八日付の見出しは「朝の三時から夜は十時半迄労働　昼ばかりで夜のないカムチャツカ　労働争議は知らぬが仕事はひどい　工船で病んだ練習生の談」とある。練習生とは富山県水産講習所の生徒十八歳のことである。

　ただ、函館における農林省水産局や水上警察署による当事者への調査は不十分

北陸タイムス
惡虐極まる富山蟹工船
漁夫八名を惨殺す
殘る二十四名は重態に陥る
戰慄すべき生き地獄
絶命十七名は水葬に
罹病者實に百數十名
空嘯く縣商工課當局
會社當局大狼狽
けふ重役會議

に終わっていて、富山においても富山工船会社の懐柔や「見舞」金（補償金ではない）の影響等があり、乗組員の証言が変化している場合があって、事件の責任追及や死亡者家族や病気怪我被害者への補償、謝罪などはあいまいになったままに終わり、そのまま現在に至っている。

前記『函館市史』ではそのことについて、**「このように警察と監督官庁の取り調べでは真相は明らかにならず、闇の中の事件として終わった。取り調べの中で、乗船医師が偽医師であることも判明したが、これも必ずしも船舶法違反ではないとして、問われることはなかった」**と書いている。

『富山県北洋漁業のあゆみ』には、富山工船エトロフ丸事件について調査し、その原因から結果までが二〇ページにわたりまとめられている。それによると、蟹工船乗船労働者（特に漁夫雑役夫）の四ヶ月以上にわたる劣悪で過酷な労働条件と、人命よりもカニ缶詰生産製造目標達成を優先する監督職員の暴力が原因であったことは明らかだが、その一因（遠因）として、出航前の工船艤装装備のいくつかの欠陥を指摘している。

①飲料水タンクの不良。数百名が四ヶ月の北洋での洋上生活を送るための絶対条件は新鮮な飲料水の確保だったが、貯蔵タンクの水セメント塗装もあく抜きもなしだった。

②野菜貯蔵庫の増設なし。生鮮野菜は長い洋上生活で脚気患者を出さないために最も大切なことだったが、スペースがあるにもかかわらず、貯蔵倉庫を増設しなかった。

③居住室の欠陥。居住室は長期激務連続の漁雑夫にとり、船内で心身を休める唯一の場所だが、一人ゴザ一枚分のスペースもなく、作業意欲低下と病人発生が心配されていた。

函館に先発していた藤原徳蔵事業部長（元高志丸船長で前呉羽丸船長）と宇野善九郎漁労長は、工事を終えて伏木港に回航され函館に着いた択捉丸を点検して驚いた。先に要望していた改修改善工事の手直しがほとんどなされていなかったからだ。二人は大至急改善を図ろうとしたが、朽木船長と衝突し、時間切れで函館出港、四一二名を乗せた択捉丸はロシア領カムチャツカに向かうこととなった。

後に宇野漁労長は、多数の死者や病人が出たこの事件の原因は「天災ではなく、人災であった」と述べ、原因の一つに「北洋の気候や作業不馴れなところからくる疲労の蓄積」を挙げている。つまり、大不況期のさなかだったことや、カニ工船の出漁が他県に出遅れたこともあって、県当局の指示も加わり、県内からまったく漁労経験のないものまで募集し、乗船させたことがある。また、滑川の富山県水産講習所が代船建造中（実際には第三代練習船立山丸は前年に建造され試験運転を終えているのだが）のため、委託されて載せていた生徒から病人が出たことも挙げている。

さて、エトロフ丸に練習生一二名を乗せ、死亡者と被害者を出した富山県水産講習所はその昭和五年度の事業報告はどのように記しているか、調べた。オホーツク海・カムチャツカ沖での漁業実習はすでに昭和三年で終え、呉羽丸は廃船（昭和四年二月に日本工船漁業株式会社に払い下げられた）となり、第三代練習船立山丸は三日間の富山湾海洋観測を年に数回と沿海州あるいは三陸沖・北海道への漁業実習を行っている。報告にはそのことは詳しく書かれているが、エトロフ丸事件に関する記録は、六ページに**「四月ヨリ九月マデ富山工船漁業株式會社擇捉丸ニ依嘱乗船セシメ工船蟹漁業並ニ船舶ノ運航ニ關スル實習ヲ課シ」**とある以外は見当たらなかった。意外だった。県当局かあるいは富山工船からの圧力があっての自粛か、あるいは水講の忖度か。

『北前の記憶―北洋・移民・米騒動との関係』（井本三夫編、一九九八年、桂書房発行）の中で井本氏がエトロフ丸事件について富山市岩瀬の藤根政次郎さん（岩瀬から乗った八人の内の一人）から聞き取った話の一部を抜粋させていただく。方言でわかりにくいが、六五年前の体験の記憶を思い起こして――

エトロフ丸事件

　あんたらエトロフ丸事件て聞いとろう。あの事件な、子どんども(十代の若者)ばっかり十何人死んだ。あら何で死んだいうたら、んーな（みんな）脚気。エトロフ丸ちゃね、日露戦争で獲った船だねけ。エトロフ島で捕ったけね、エトロフ丸て名付けたがで。そのタンクにね、ロシアから取った時の昔の水ぁ残っとっとこへ、伏木で積んだか敦賀で積んだか知らんねど、水混ざり込んで飲料水に使うとった。水も悪かった。あらあんた第一に子どんども、缶詰所の雑夫ばっかり死んだねけ。青森やらどこやらあっちの方のもんだ。こっちの方から行っとったもんな、なんか一人か二人脚気になったぐらいで。

　おっ、一人死んだ。大村の亀谷やらいうもん。脚気で体膨れてしもてね、ほってデッキの上へ上がり得んだねけ。おらのこたァねェ、医者の側へ行って手ったい（手伝い）したこともあった。

　ほってこんだ、内地から青もん中積船に積んで来てもろてあげたれど、遅かった。脚気に青もんいゝ言えど、なん、次から次から死のわいね、死ぬからねェ、捨てに行って来んにゃならんもんだ。ズックに体巻いて、頭に日本の国旗付けてやって。おらの舟、川崎（川崎船）乗せて、沖へ行って足に鉛の重り付けて、こんだ、ぽんと落といてやるがよ。汽船な「ポーッ」で汽笛（弔笛）鳴らいとんがともろ共に「あゝなんまんだぶ、なんまんだぶ」て始まる。錘り付けんと体横になるねけ、重り付けたりゃ足から沈んでく。ズックん中へ空気入っとろ、だからそん中へ水入るまで体くるくるくる廻りながら、下へ沈んで行くちゃー。

　おら、そい(れ)に行くが嫌かったねけ。「なん、もう、おいたおいた（止めた止めた）」て。ほってあんた、デッキの下の缶詰工場におって死んだ子どんどもの親、津軽あたりから一緒に船に乗組んで来とろ。そいもんなみんなローソクともいて「なむまんだぶ、なむまんだぶ」て参ったっしゃんがに、なん、堂々と仕事に行けっかいね。漁労長ぁ沖へ行って蟹とって来てくたはれ」言うとれど、おらっちゃなん、見向きもせんと、大の字んなって転がっとったちゃ。あん時の漁労長な、田畑の青田やら高木やらいうて（県の）水産課から見習いに来とらっしゃった。おらとこの親戚の長割の藤根、太鼓のコマ公（駒次郎）いわれとった、あこなちの親戚だいうとったれど。

　おら、後で警察連れて行かれたちゃ。何で仕事せんかった、何で沖へ出なんだ言うがやちゃ。ほって、おらっちゃ八月のいっか（何日か）に戻って来たねか。いつもなら九月の祭り前後に戻るがに、一月ほど早かったねけ。なん、函館の税関な税関せんいうもんに、死人出たから。ほして岩瀬の沖来て、岩瀬のもんだけ小舟一杯（隻）降ろいて、このお宮の裏へ上がったがだねけ。髭だらけで顔をする（剃る）間もなかったちゃ。

　あとでエトロフ丸ぁ敦賀まで行ったか何処まで行ったたか、検査されるがに。伏木ちゃ、なん、着けんかったらしい。おら、あの蟹工船に三年か四年乗ったことんなる。

（次ページは、昭和五年九月二一日付の富山日報二面の記事と、エトロフ丸の写真）

病人を棍棒で殴つた
魔の船の暴虐暴露
昨夜函館入港のエトロフ丸
檢事一行乗込み嚴重取調

函館電話＝北洋漁業從事中漁雑夫に對し虐待を加へ問題を惹起した富山工船エトロフ丸は十九日午後十時四十分物凄い暗黒の港内にその陰惨な船影を現した入港と同時に函館水上署より警部補以下六名、その他農林省より派遣された寺田事務官、十川技師等が本船に乗込み直に船内に赴き物々しき警戒裡に船長以下全員に對し點呼を行ひたる後各係官は手分して嚴重なる調査を開始した、船長並に幹部等は容易に實を吐かず取調べは益々峻烈になるに從ひ漁夫虐待の實相を弗々白状したらしく、船内の漁夫の寝室には病床に呻吟する多數の漁夫もある、病患者を出した直接原因は幹部の虐待もあるがボロ船のこととて甲板の隙間から雨漏りしたので漁雑夫の寝室や食糧品貯蔵室が濕氣のため米などが腐敗したのでこれを食糧に供したゝめ下痢患者や脚氣患者續出し漁撈の最盛期に病床にある漁夫等を勞らずに從事せしめんと棍棒で殴打した等虐待事件が取調べの進行に伴ひ益々濃厚せる模樣で斯くして徹宵取調べは今曉まで續行された

暴行船員
九名水上署へ引致
漁雑夫二百八十名中
百五十名が病床に呻吟

函館電話＝問題の蟹工船エトロフ丸は十九日午後十時二十分伏木富山港の途次函館に入港した、これより函館水上署、警察部、檢事局自ら檢疑で、警察部のランチ二隻を以て同船を函館港口に擱し、エトロフ丸が港口に投錨するや突如係船を命じ直ちにバラツプを捲あげ外部との交通を遮斷し夜を徹して取調べ二十日午前六時に及び暴行事實の顯著なる左記九名を引致し午前九時水上署に留置し引續き取調中である

雑夫小頭高木△職工加藤△無免許醫師齋藤△漁撈長宇野△漁夫小頭尾崎△藥局生藤井△副船頭山海△製造係井原△同林

尚ほ漁雑夫二百八十名は當局の取調に對し何れも慘虐なる暴行を受たる事實を自白したがそのうち百五十名は病人でありうち三十名は函館上陸の上入院を要する重病者である

取調べ終了まで
出港停止を命ず
いつ伏木へ着くか全く不明

次にクラブ校舗中山太一氏の歴總合理化、共存共榮教育等について約二時間に亘る有益なる講話があり、それから懇談會に移り、歴賞店各主から公正値段並に販賣上に關する種々の質問があり、中山歴主の説明あり、續いて宣言決議の起草委員四十五名を選び、宣言決議を通過して會を閉ぢ、六時から懇親會に移り、來賓として商工會議所副會頭、理事、新聞社長、諸氏

廣告主任 等も出席、中山太陽堂主の謝意の挨拶、代理店代表成田松太郎氏の挨拶あり

消防第一部
澤田佐
最も適任 無給

富山消防組第一部長、澤田佐七氏は去る十二日突然辭職したことによつて善後策協議を部下に有する同部長の椅子があいた、當然これが後任の補充が行はれる筈であるが函館消防組では公私繁忙多端な折柄であり

ことに 同組が向ふ三ヶ年間の消化行爲によつて新任動機ポンプ一臺を購入することに決定した矢先であるから、この機會に於てさほど緊要でもない第一部長の常設（月手當金六十圓）を廢止せよとの意見が勃發して一致した、總組頭第一部長を無給部長に變更して近く選任をみることに

魔の船エトロフ丸

二節　小説『蟹工船』について

　高校三年生の時に現代国語の受験勉強で、プロレタリア作家小林多喜二が『蟹工船』を書いていることを、夏目漱石の『坊っちゃん』や島崎藤村の『破戒』、幸田露伴『五重の塔』、志賀直哉『暗夜行路』などといっしょに暗記し、読解の入試問題対策に、文庫本を買って読んだ。物置の段ボール箱を探したら、その頃の物かどうかはわからないが赤茶けた本が出てきた。新潮文庫『蟹工船・党生活者』、昭和四二年八月二〇日の発行で増刷三一刷を数えている。現在、書店で奥付を見たところ、令和二年で一二九刷。同じく新潮文庫、夏目漱石『吾輩は猫である』は令和二年時一二四刷、『坊っちゃん』は一六二刷だった。

　ここ一〇年の間に何度か読み返したが、感心させられるのは比喩の巧みさである。小説・文学作品に比喩表現はたいせつな要素だが、たとえば、冒頭の函館港出航前の様子を書いている所で、**「赤い日のような顔をした漁夫が」**一升瓶の酒を飲んでいるとか、また一文無しの漁夫は**「干し柿のようなべったりした薄い蟇口を目の高さに振ってみせた」**という表現、またガス爆発で怖くなって夕張炭鉱を出てきた坑夫がその時のことを**「自分の体が紙っ片のように何処かへ飛び上ったと思った」、「何台というトロッコがガスの圧力で、眼の前を空のマッチ箱よりも軽くブッ飛んで行った」**というように、写真や動画ではわからない実際の感覚、現実を読み手の私たちに伝えてくるようだ。文学ならではの臨場感のようなものか。蟹工船博光丸での労働と「生活」ではその比喩の力が十分に発揮され、乗組員の動きや息遣い、哀切、そして逞しさも伝わってくる。

　適切で巧みな比喩表現には体験や見聞、そして何よりも筆者の感受性が大事だと思う。作家の山本周五郎だったと思うが、生前に次のようなことを言っていたのを思い出した。「私が一番恐れるのは、机に向かって仕事をすることです」と。

　文庫本で一〇ページ足らずの「『カムサッカ』から帰った漁夫の手紙」という文章が、『小林多喜二全集』の第三巻（青木書店刊、一九五九年）に載っている。解題（解説のこと）を読むとそれは雑誌「改造」の一九二九年七月号の「労働者生活実記」欄に寄稿されたものであり、すでに『蟹工船』が完成し発表されてはいるが、その前の寄稿か後のものかはわからない。しかし読んでみると伏せ字（文字や文章を「×」や「＊」の印で消すこと）がすでにそこここに見られる。多喜二が蟹工船の実情調査の際に「××労働組合」に届いていた資料の中にこれを発見して、寄稿したが検閲に会い、その上で載ったのかもしれない。二段落目にそのことを窺わせる四行の文章がある。

――鼻紙に近い、粗末な半紙に、折れた鉛筆の芯を爪で剥ぎ出して書いたような、揃わない大きな字をならべていた。然し文章は中学位は行ったらしく、漁夫らしくなくしっかりしていた。「積取人夫」の安宿で、畳の上へジカに置いて書いたらしく、その綾目と凸凹がハッキリそのまゝ紙についていた。（読み易いように直して、こゝへ出すことにする――

　手紙には「私」が、食べるものがなく死にかけている妻と二人の子のために、急いで故郷に帰らなければならないが、これだけはどうしても書いて行かなければならないとした上で、

――一〇月一四日、私達は半年振りで、生きてカムサッカから帰ってきました。喜び、勇んで、仲間と一緒にサンパンを大急がせに急がせて、波止場へ来ると、桟橋に四、五人巡査が立っていました。

（少し省略）

**　私はカムサッカの五ヵ月を、どんな風に働いてきたか言えない。豚の方が羨ましい位、たたきのめされてきた。そして**

函館の桟橋を踏むには踏んだ。然し私は巡査につかまったまゝ、一直線に函館警察署の暗い処へ入れられてしまったではないか。持っていた金はすっかり取り上げられてしまった。（少し省略）

　私はこゝに四ヵ月ほおりこまれていました。何んのために引っ張られて来られたか、それは後で分かりました。（その後の内容を省略）——

　最後の六行は

——私たちから取り上げたあの金は、＊＊＊＊＊＊＊＊＊＊＊＊＊＊＊＊＊＊＊＊＊＊＊＊＊＊＊＊分ったのでした。

　私は殴られたり、蹴られたりして、＊＊＊＊＊＊＊いました。出た今、私はこの事こそぜひ皆様に知らせて貰わなければならない事だと思いました。そして、「＊＊＊＊＊」、こうなって始めて、私にも分ったのです。

　ごて〱書きました。　　　これだけ。

——

　そして桟橋から警察署に引きずられて行く時に巡査が引きちぎったビラの一部にあった「××労働組合」という文字が目に入り、四ヶ月後に放免になった直後に「××労働組合」に手紙を書いた。その後、多喜二が調査で函館のその組合事務所を訪れたか、組合員からその手紙のことを聞いて預かったか。そのような経緯だろうと想像する。

　このような出逢いにも綾なされて、『蟹工船』が生まれたようだ。山本周五郎のことばが思い出される。

　ノンフィクション作家の澤地久枝は八年前、ある講演の前に美容院へ行った時に若い美容師が、小林多喜二は知らないが『蟹工船』は知っていると言ったというエピソードを紹介している。この数年前あたりから労働者採用における規制緩和の政策で、非正規労働者（パート、アルバイト、短期雇用）の人口が急激に増えていた。全労働人口の四割に上ったというニュースを見て驚いた記憶がある。3Kなどといわれたが、特に若者の過酷な労働条件や「首切り」・派遣切り・雇い止め、時間外労働＝サービス残業の横行、正規の労働者との賃金・待遇面での格差、保険や年金がなく将来の見えない労働形態。それは社会の基本矛盾が『蟹工船』の時代と変わっていない。そういう意味で静かなブームを呼びたくさんの若者らに読まれ、マンガ本も二作目の映画もできた。二〇〇八年には、流行語大賞のトップ一〇に入っている。社会問題となり、労働条件・待遇改善運動が高まり、非正規労働者の労働組合が多く組織され始めた。

　『マンガ蟹工船』は藤生コオ作画（二〇〇六年、白樺文学館多喜二ライブラリー発行）。多喜二の原作をわかりやすく、リアルで迫力のあるマンガにしている。さらに後に付いている島村輝の一四ページにわたる解説が、小説や映画、このマンガの内容を豊かな視野で理解できるようにしてくれる。

　映画は過去に二作作られている。古い方は俳優山村聡が脚色・監督して一九五三年に現代プロダクションが製作。（次ページの写真は当時発行された映画パンフレットの表紙）モノクロなだけに逆にシリアス。しかし、終わり方の、駆逐艦から乗り移った日本軍兵士が漁夫を射殺する場面は原作にはなく、少し疑問が残った。脚本・監督者としては、民衆を守るべき軍隊が搾取者の側に立っているという本質を表現したという意図はわかるが、むしろ原作通りストライキの「代表九人が銃剣を擬されたまゝ、駆逐艦に護送されてしまった」（擬された＝ぴったりとあてがわれた。橋本註）という方が、「そして、彼等は、立ち上った。——もう一度！」という最後の文章が生きてくるように思えた。

　その五六年後の二〇〇九年に、二作目の映画が制作された。多喜二が『蟹工船』を書き上げてから八〇年経っている。脚本・監督はＳＡＢＵ。西島秀俊が鬼監督を、松田龍平が雑夫の一人を演じている。ＤＶＤのジャケットには左肩の方に「今、なぜ蟹工船なのか。その答えが、ここにある」と書かれている。

映画の始まりの場面は函館港出航前の様子ではなく、すでに船内の作業風景、疲れ切った雑夫たちの次のような会話から始まっている。「今何時だ」、「さあ」、「わからない」、「水曜日です」、「このままだといつか殺されちまうぞ」、「逃げた」、「宮口が逃げた」、「ここはオホーツク海だぞ。そんなことできる訳ねえ」

後半の方で、絶望した少年が海に飛び込むが、助けられる。しばらくして後、蚕棚のような船底の居住室で、何とかしなければと語る先輩に対して、その少年が言う。「ぼく、医者になりたいんです」と。それに続いて他の者が、「おれは建築家がいいな」、「おれは食堂、経営したいな」、「じゃあ、おれは教師かな」、「おれはやっぱり歌手だな」、「歌手？その顔で歌手はねえだろう」と。このくだりだけは笑えた。

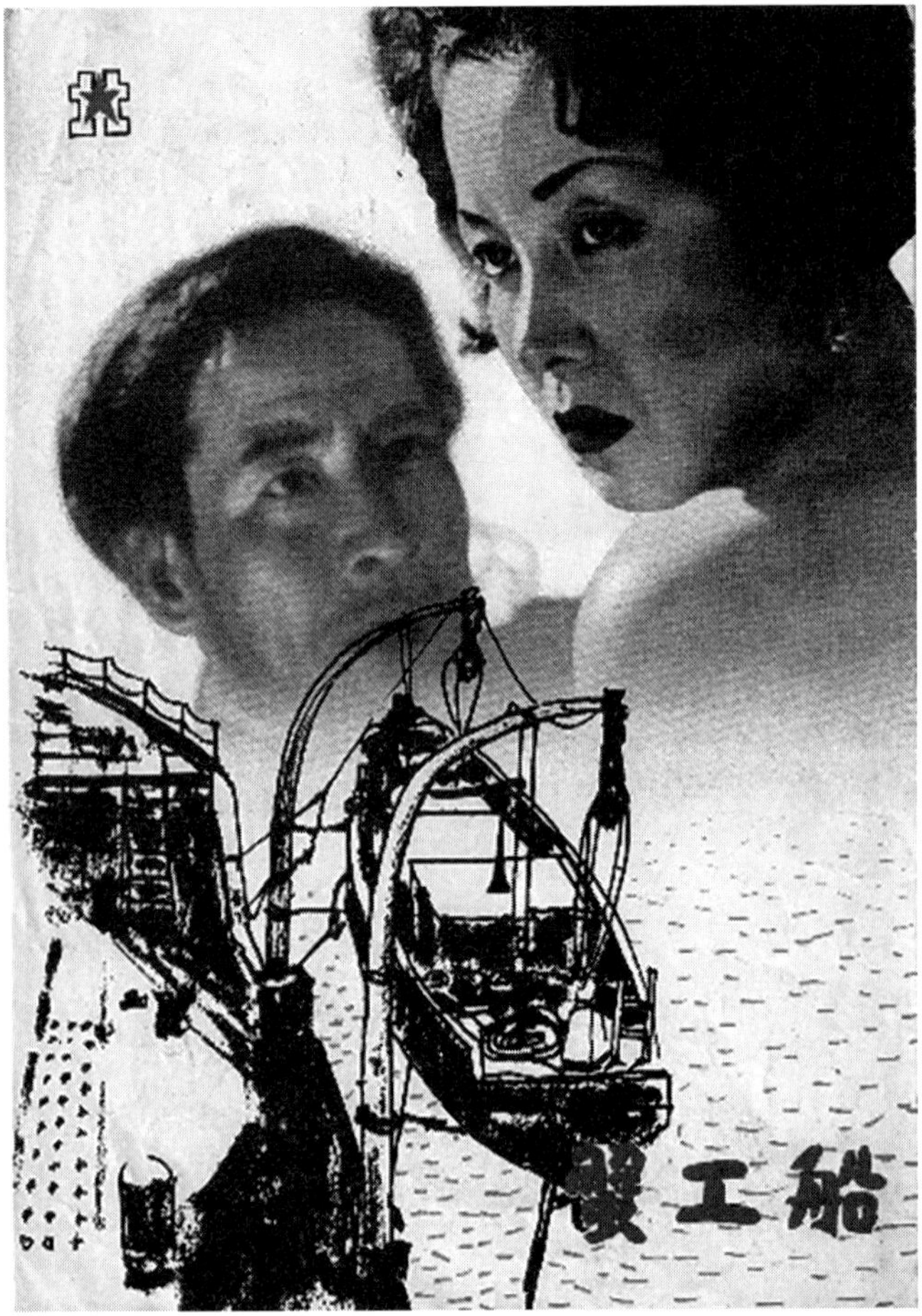

彼らが立ち上がった時に締めた鉢巻きのデザインには、三本の腕が交わりその外に歯車が描かれていた。

新旧の映画ともＤＶＤになっている。映画以外に戯曲化もされ、戦前から何度も舞台で上演されてきたらしい。

また、原作とは直接関わらないが、演歌で「蟹工船」という歌を村田英雄、大川栄策、鳥羽一郎が歌っている。

『蟹工船』のことを考えていて、白土三平の漫画『カムイ伝』が思い浮かんだ。時代は封建時代幕藩体制の近世と、近代資本主義社会の違いがあるし、舞台も農村と海上の船と違っている。また、時間や登場人物も、短い二、三か月の少人数と、長い年月の多くの農民の闘いというふうにかなり違う設定だが、スーパーマンやヒーローが登場しないが、不合理や不条理に対して名もない人たちが苦闘し、それが積み重なっていく、そしてその運動は単純ではなく、虐げられた人々が押し返されては押し戻して進む、という予感がある。そういう点では共通しているように思える。多喜二は特高警察に追われながら、生きるのを急ぐように文章を書いただろうし、それに対し白土三平は、さざ波や荒波が交互に岸辺を打つように長い年月をかけ、書き継いだだろうが、民衆の立場に立つという共通の信念をもってペンを取っていたのではないだろうか。うがった見方かも知れないが、焦点を無名の人々に当てている。

　また、小説の終わり方に五味川純平の『人間の条件』が思い浮かんだ。逃げ場のないオホーツク海カムチャツカの海上と、旧満州（中国東北部）の雪原という違いがあり、時代に抗って生きることの苦しさとそれにもかかわらず未来を霧の向こうに描いて終わる。

　話は戻るが、では小説『蟹工船』はフィクションであったかというと、そうではなく、当時実際にあったことにもとづいて書かれている。何度か読んでみて、改めてこの作者は体験しなければ書き得ないだろうような文章をかなり具体的に書いていると思わせられる。私は一〇年前に大叔父の高志丸のことを調べ始めた時に、年甲斐もなく滑川高校海洋科（旧水産高校）の練習船「かづみの」に乗って実習を体験させてもらえないものかと考えたことがあるが、小林多喜二にはそのような条件や「時間」はまったくなかったはずだ。にもかかわらずこのようなリアルな表現・描写ができるのは、ひとえに調査・聞き取り取材の多さと正確さ、小説化への意欲だと思われる。後に『工場細胞』を書いた多喜二が、その際に北海製罐の労働者や小樽の関係者につぶさに聞き取り取材をしていることに感心をさせられたが、『蟹工船』執筆に際しても同様に、勤務のない日に何度も小樽から汽車に乗り函館を訪れて、工船に乗った漁夫雑夫らから聞き取り取材をし、新聞や海員組合関係誌紙や資料を綿密に調べ、それをノートにまとめ、事実にもとづいて原稿を書き上げている。

　小説の蟹工船は博光丸という船名だが、これは三年前に起きた「秩父丸」の遭難、その直後の「博愛丸」と「英航丸」の虐待事件を直接の素材としている。『「蟹工船」の社会史　小林多喜二とその時代』（浜林正夫著、学習の友社、二〇〇九年発行）の「補論」の中で、井本三夫が一九二〇年から、『蟹工船』執筆直前の一九二八年までの蟹工船関係の事件・事故について調べ列記しているので、説明を短くまとめて載せる。

①一九二〇年、福一丸事件で死傷者。監督が後の博愛丸事件で主犯となる阿部金之助。

②二三年、第二万盛丸が沈没し、川崎船で漂着した一三名以外、六〇名が行方不明。

③二三年、日本蟹工船がソ連領海で違反漁を繰り返すが、喜久丸、美保丸、俊和丸、第一敏丸などが拿捕・抑留される。

④二四年、後の博愛丸経営松崎隆一が事業主任で乗る門司丸で、蟹工船初の労働争議。

⑤二五年、福一丸が川崎船と衝突し転覆させ三人を溺死させる。漁夫の告発で露呈した。

⑥二六年、松崎隆一の秩父丸が北千島で座礁、三七一名中一八一名が死亡。犠牲者家族への弔慰金がうやむやな上、全国から送られた義捐金も蟹工船水産組合が預かったまま。

⑦二六年、博多丸で漁夫・雑夫が栄養不良に陥り、中積み船で函館に送還される。

⑧神宮丸・厳島丸が航海中に漁夫・雑夫が死亡、三六名が重症の栄養不良、函館に送還。

⑨二六年、博愛丸乗員が函館水上署に出頭し虐待事件が発覚。病中の漁夫二名が監禁・強制労働で死亡、一名が行方不明。多数が樫帽やスコップ、旗竿で殴打されたり監禁されたりし傷害を負う。乗組み二三〇名の六割が栄養不良・脚気で、その内二〇名は重傷。

⑩二六年、門司丸で疾病中の雑夫を樫棒・竹棒・平手で殴打傷害を負わせ、死者五名。

⑪二六年、英航丸では午前三時から午後一〇時まで作業、不衛生な設備で一四名

の疾病者が出たが、暴力で酷使し就業させた。四名の雑夫が伝馬船で脱走を図るが発見され、暴行されて昏倒。労働者たちはストライキに入る。

⑫二八年、肥後丸の労働者が毒薬を飲まされ、中積船富美丸へ逃げ込み、横浜にたどり着き入院。

なお、浜林正夫は小樽市生まれで大学以降の専攻はイギリス史だが、小樽商科大学で教職についている。井本三夫は富山市四方出身で、『蟹工船から見た日本近代史』や『北前の記憶―北洋・移民・米騒動との関係』などの名著がある。

小樽でいちばん有名な人は小林多喜二だと、最近の新聞か本で読んだかテレビで聞いたかした記憶がある。それだけに、多喜二研究は多くあるが地元小樽（生まれ故郷は秋田。小樽は第二の故郷）がもっとも盛んであり、中でも小樽商科大学教授の倉田稔の『小林多喜二伝』（二〇〇三年、論創社刊）が多喜二の作品や生育・経歴、人となり、残された資料などについてもっとも詳しく、全般的で、人間小林多喜二の等身大が書き表されていて、多喜二と彼を取り巻く人々の息遣いまでが感じられるように思える。

文学へのめざめについて書いている所で、大正八年、多喜二が小樽高商時代に富山県出身の松崎地蔵尊（重蔵）が校内に緑丘吟社という俳句会を組織したがそれに入って句作をしている。また、後に絵と文学を通して多喜二の親友となる嶋田正策は、父が富山市妙教寺の出身である。富山の人たちの姿が小樽でも。よくこういう所まで調べて書き残したと、倉田稔という作者に感心させられる。『小林多喜二伝』は九〇〇ページを超える労作、生誕一〇〇年、没後七〇年記念出版。

また、それ以前の評伝としては、昭和三八（一九六五）年に著された手塚英孝の『小林多喜二』（新日本出版社）が、最も優れていると評価されていて、多喜二研究者の必読書とされている。その中から、『蟹工船』執筆のための調査活動について書かれている段落を引用する。

「蟹工船」執筆まで、多喜二は二七年三月いらい、かなり綿密な調査を続けていた。

彼は土曜から日曜にかけて、函館の乗富道夫を訪れ、乗富の案内で停泊中の蟹工船の実地調査をしたり、蟹工船の労働者とも直接会って、話を聞き、漁業労働組合の人たちからも多くの具体的な知識をえたが、長年、北洋漁業の資料の収集と調査をしていた乗富の援助は、彼の調査を正確にふかめることができた。

彼は拓殖銀行にある資料の新聞から關係記事の切り張りなどもしていた。織田勝恵や笠原キヌらが居残りをして、彼の切り張りを手伝ったりした。彼はまた、小樽海員組合の木下卯八から、船内生活や作業状態のくわしい調査もしていた。

「蟹工船」を執筆中の十一月末、彼は風間六三にたのまれて、北方海上属員倶楽部から発行を計画されていた「海上生活者新聞」の文芸欄をうけもつことになった。・・・

多喜二の『蟹工船』は、文字通り小樽と函館で、働く仲間に支えられて書き上げられたものだといえる。彼が二六歳、いや二五歳の時の作品である。「戦旗」の五、六月号で発表された。その「戦旗」について、手塚英孝は次のように書いている。

彼の作品が掲載された「戦旗」は両号とも発売禁止になったが、八千部を発行し、戦旗社で組織していたたくみな配布網をつうじて、かなり広範囲に読まれ、大きな反響をよびおこした。・・・発禁になった「戦旗」は、ひそかに人の手から手にわたって読まれた。

二〇一五年の三月末に北海製缶見学などで小樽に行った際、工場裏の運河から天狗山が望めた。ニシン御殿や小樽文学館も訪れた後、歩いて旭展望台の小林多喜二文学碑に向かったが、手前の山道で雪が道を塞ぎ、登られなかった。その三年後の晩春というか初夏に登ることができた。この時は五泊して小樽・利尻島・中標津・石狩沼田を巡ったのだが、以下にその時の旅行記録の小樽に関する部分のみ抜粋し、一部付加して書く。

五月三一日（木）

（富山から飛行機で新千歳空港に着いた後）

一三：三〇　快速エアポート一三五号小樽行にギリギリで間に合う。雨は上がっているが、どんよりとした鈍色の空。

瓦屋根の家はない。冬凍ると割れるからだ。～恵庭～北広島。

広い根菜畑、水田、白樺林が車窓に流れる。

新札幌辺りから雨。札幌で五分停車。寒い。千歳線↓函館本線。琴似、本降り。「手稲」、「稲穂」など、稲作の広がりを表すような駅名「朝里」という駅名が目に入る。石狩挽歌「燃えろ篝火　朝里の浜に　海は銀色　ニシンの色よ」のイメージはない。歌を歌うまもなく、車窓から消えた。だが、この地にとってのだいじな歴史だ。

小樽築港。潮風で錆びたトタン屋根のそま屋が数軒、岸にへばりつくように、線路と波打ち際の間に点在する。「赤い筒袖のやん衆がさわ」いだ浜は、今は浸食され、あるいは護岸工事がなされて、ほとんど存在しないように見える。たしかこの辺りに多喜二の生家があった。

一四：四七　小樽駅着。雨が上がっている。

駅を背にして中央通りをまっすぐ歩き、交差していた国鉄手宮線跡を過ぎて右折。「越中屋」は一五分程で見つかる。「創業明治十年」と玄関右手の看板。写真を撮る。疑問の一つ、いつから旅館を開いたのか、が解けた。

部屋に入り、折り畳み傘を持つ。

一五：二〇　宿発。雨が降り出す。

まず拓殖銀行小樽支店の建物を探す。小林多喜二が勤め、勤務の合い間に紙切れに小説の原稿を書いていた。探すまでもなく、海側の大きな交差点の角。現在は似鳥美術館となっている。多喜二は、通勤は色内駅で下車しているから、越中屋の玄関か裏を毎日歩いていたことはまちがいない。全集を全部読めば越中屋の名も出てくるかも。

大叔父らの高志丸乗組員は三、四日小樽で研修歩きをしているとしても、船に戻って宿泊しているだろうから、越中屋に泊まった可能性は少ない。拓銀の真東向かいには旧三菱銀行の建物。その東を少し行けばオルゴール館だが、明日の朝に回す。拓銀は大正一一年、三菱は大正一一年の建築物だから、大叔父ら高志丸一行が来た時にはまだない。しかし、滑川水産講習所に残る大正三、四年の報告書によれば、高志丸が小樽に寄港した際、日和を見る関係も含め五日前後滞在し、水産試験場や水産学校、大学の水産学科に指導を含めて訪問参観しているので、ちょうど常隆より四歳下の多喜二が学校に通っていた時期であり、この年に寄港し下船している高志丸の面々、大叔父らとあるいはすれ違っている可能性はある。通学時だけではなく休みの日にはスケッチブックと水彩を抱えた多喜二らと、街のどこかで。そんなことまで考えてみたが、今回の旅はかけ足なので、多喜二の暮らした家や通った小学校や手伝ったパン屋、その傍にあった水産学校跡辺りに行ってみる時間はない。海辺に近い多喜二の家は、父・母・姉・弟・妹二人の七人家族で、貧しいがにぎやかだった家らしい。後年に妹が言うには多喜二は「からだの強い兄弟思いで、けんかなど一度もしなかった」と、また姉のチマが言うには「歌でも芝居でも、何の真似でもしては騒いでいた。おもしろい家なんです。・・・母も一緒に歌ったりして」ということが倉田稔『小林多喜二伝』

に書かれている。（写真は『ガイドブック小林多喜二と小樽』（一九九四、小林多喜二祭実行委員会発行より）。小樽移住の記念写真。前列左から妹ツギを抱いた母セキ、姉チマ、一人おいて多喜二、後列左から二人目伯父慶義。

また、二〇一八年六月一七日付北海道新聞の「本と旅する」には、多喜二の未完の長編小説『転形期の人々』と小樽を紹介し、**「ひょうきんな一面もあった多喜二は、運河のほとりをチャプリンのまねをして歩いた。それがよく似ていて仲間たちを大いに笑わせたと、後に友人が語っている。だが時代の荒波は、もう若き作家のすぐ後ろまで迫っていた」**と書いている。運河とは北海製缶に沿う小樽運河のことであり、保存運動の結果、当時の半分ほどが現存している。運河を出入りする艀や小舟、北海製缶倉庫で働く人夫たちの威勢のいい掛け声や多喜二の仲間たちのふざけ合う姿、もしかしたら空缶を運び入れた後の高志丸の乗組員たちが歩いている。・・・当時を想像してみる。『ガイドブック小林多喜二と小樽』を持って、運河とその周囲に存在する歴史的建造物群をゆっくりと眺めながら漫歩してみたい。

少し戻ると小樽文学館がある。小樽に

因む文学者の作品や解説、多喜二のデスマスクも展示してある。当時としては洋風の、堅固な建築物が保存され、使われている。写真は館内の多喜二コーナー展示の一部。往時はかなりの賑わいだっただろう。何だかこの辺りは小樽の銀座の感がある。

宿の人に教わったように行き、ＪＲの高架線を渡ったら神社にぶつかるのでここから登るのだろうと思い、やや右に曲がり進む。中学生に聞いたら、たぶんいいでしょうと言ったが、袋小路に突き当たったので、戻る。後ろから来た女子二人がこの道は違うと教えてくれ、連れていってくれる。戻り神社の前を往き過ぎ、地獄坂の入口で「メッチャきついですよ」と言われ、女子と別れる。

たしかにきつい。当時多喜二が通った道庁立小樽商業学校（現小樽商業高校）と小樽高等商業学校（現小樽商科大学）を左手向うに見て右に折れ、旭展望台への道を登る。雨上がり。カタツムリが横断中だったり、車につぶされていたり。途中からブナの茂る坂。新緑がみずみずしい。「地獄坂」とか「天狗山」とか、昔はおどろおどろしい未開拓の地だったのだろう。地名には根拠がある。

背中に汗。シャツにへばりついて気持ち悪くなった頃、ようやく多喜二碑に着く。

手前の駐車場に車が一台休憩中。パトカーが奥の道を上って行く。巡回中か。

本を開いた形の記念碑とは珍しい。左頁のくり抜かれた所に北洋カニ工船労働者の顔の塑像。その上には北極星と北斗七星。右上には多喜二の顔。レンガ風の石を積んだ高さは身の丈以上のもの。レンガかと思って近づいてみると、そうでなく、登別軟石を用いたと脇の説明板に書いてある。メジャーを宿に忘れてきて失敗したが、高さ四メートル、幅六メートルと記されていた。当時の小樽市長や小樽商科大学長、その他有名な作家ら一二〇名の発起で、全国的な募金運動が展開され、建立されたことを知った。

碑に刻まれた文章。

冬が近くなると、僕はそのなつかしい国のことを考えて、深い感動に捉えられている。そこには運河と倉庫と税関と桟橋がある。そこでは、人は重っ苦しい空の下を、どれも背をまげて歩いている。僕は何処を歩いていようが、どの人をも知っている。赤い断層を処々に見せている階段のように山にせり上がっている街を、僕はどんなに愛しているか分からない

たしかにこれは以前に一度特高警察に捕えられ刑務所に入っていた時に友人に送った手紙の中の文ではなかっただろうか。ふるさととそこに働く人々への彼の愛情が伝わってくる。彼のこの思いの丈は、小樽だからということはもちろんだろうが、地域限定の郷土愛ということではなく、他地域の風景、漁村だろうと街中だろうと山間の僻村だろうと、その土地に働き暮らした人々への深い愛情・共感なのだろうと思える。

たくましい労働者の顔像の裏に「Ｓｉｎ Ｈｏｎｇｏ」とあった。広島の平和公園のどれかの像も本郷新の作だった。平和を希求するリアリズムの彫刻家だったのだろう。

小道をはさんだクマザサの薮に遅咲きの八重桜が今を盛りと咲き誇っている。

一六：四〇　旭展望台。霞んではいるが、一三万人が暮らす小樽の街が一望できる。運河や倉庫群、いくつかの桟橋、北海製缶、・・・。左遠景には日和山灯台、ニシン御殿や番屋跡があった。海は霧がかかってよく見えない。多喜二が獄中で想った空もこうだったのか。明治前後から昭和の初めにかけて越中富山から多くの人が「蝦夷地」北海道に渡り、函館で下船、ここまで鉄道で来て、あるいは小樽で下船して、沿岸と遠洋の漁業へ、内陸部の開拓へ、物流回漕業、金融や宗教の関係方面などの新天地へと一歩一歩進んだ。故郷の家族や友人を呼びよせるまでになった人々も多かったが、一部の人たちは失敗、挫折して失意のもとに故郷に戻った。自殺した人も。

小雨の中を都通りにもどり二、三度行き来して、以前に北海製缶の江川工場長に教わって立ち寄った缶詰バー「ＷＥＣＡＮ」を探すが見つからない。ひょっとしたら駅近くのレンガ横丁だったのかもしれない。寄れれば寄ろうと思っていたが、体調もあまり良くないのでパスにする。小樽切り絵カルタの絵と句が都通りの両側に点々とあるのに気づき、多喜二関係のものを写真に撮る。「お」の札の絵は旭展望台の文学碑で、句は、「丘に立つ　多喜二の思い　今もなお」

だった。

一八：〇〇　宿に戻る。さすがに疲れた。足や体の疲れと空腹。

（夜は越中屋のご主人上谷征男さんにお話を伺ったが、内容は前記したので略す）

六月一日（金）

五：三〇　起床。

六：〇〇　散歩を兼ねて、沼田喜三郎の建てた共成会社（オルゴール堂一号館）界隈へ歩く。うまくいけば水天宮にも行こうと思う。

一〇分で変則六叉路の向うのオルゴール堂に突き当たる。手前の筋向いに当たる所に旧中越銀行（のちの北陸銀行）。その手前に上谷社長が言っていた建物、富山県高岡市本社の旧戸出物産。その向かいに戻ると、ルタオと木村商店倉庫跡。これは富山ではない。信号を見ながら道路を行ったり来たりして写真を撮る。

掲示板の地図を見ると水天宮が近い。そこには石川啄木の歌碑もあったはず。掃除を始めたおばさんに道を確かめると、「きつい上り坂ですよ」。間もなく急な階段を登る。古い石段。数えたら一二〇数段。休みの日にはここを田口タキと連れ立って多喜二も登った。啄木歌碑もあった。小樽の街、港、埠頭が望める。

違う石段から降りたら道に迷ったが、間もなく元の通りに戻られた。七時宿着。昨夕と今朝にわずかの時間歩いただけだが、越中屋旅館、沼田の共成会社、中越銀行、戸出物産。至近距離に越中富山人の足跡が今も残り、あるいは今も使用されて生きていることを実感することができた。

八：〇〇　朝食。当初部屋食とのことだったが結局一階の和室、高齢の夫婦と三人で。

九：〇〇　宿を出る。霧雨の中、小樽駅に。（以下略）

軍事政権によって表現の自由が厳しく制限されているミャンマーに、アウン・ミンという映画監督がいるそうだが、彼の製作した映画は検閲によって公開が禁止されている。彼は自分の映画について、「社会で実際起きている出来事からストーリーを紡ぎ出すこと」、「ミャンマーの人がいつか観られる時が来るはずです」と言っている。多喜二たちプロレタリア作家も同じ気持ちだったのだろうかと考えてみた。百年前、カニ工船に乗った漁夫・水夫・雑役夫（炭坑夫・農民・漁夫・学生）たちは、自分と家族の生活を成り立たせるために体をかけて、カムチャツカへ向かうべく函館の港に集結した。そして実際に身を削る労働を体験する。その事実を物語にするために文章を書くこともまた命がけの時代だったのだろう。

北海道新聞二〇一七年三月二六日付の日曜文芸欄で次のような短歌を見つけた。

多喜二忌の小樽の坂の雪疾風　墓に添う母セキの哭く声　　神内正行（札幌）

選者の松川洋子氏はこの歌について、次のようにコメント（評）している。

「治安維持法に触れた者として、プロレタリア作家小林多喜二は拷問の上殺された。母の嘆きの声は今も小樽の坂に響く」

多喜二が一九三三（昭和八）年の二月二〇日、スパイの手引きによって特高警察に逮捕され、三時間の拷問の末に虐殺された。二九歳と四ヶ月という若さだった。母小林セキは息子の遺体を前にして、こういったと言われる。

「ほれ。多喜二。もう一度立って見せねか。みんなのために、もう一度立って見せねか」

セキは一九六一年五月一〇日、八七歳、小樽で亡くなった。その三一年後にクリスチャンの三浦綾子が小説『母』を書いた。角川文庫の表紙には抹茶茶碗にカワラナデシコが一輪。旭川に『氷点』で有名になった三浦の記念文学館と、彼女がよく歩いた松林があるらしい。いつか行ってみたい。その時にうまくいけば石狩川縁を歩いて南日涼子さんと話ができるかもしれない。旭川は農業開拓で富山とかなり縁の深いところでもあるから。

この章の最後に、カニ工船について書かれた近刊本『アンブレイカブル』（柳広司著、二〇二一年、カドカワ発行）について紹介する。四話載っているが、内務省の役人クロサキという得体の知れない人物が戦前から戦後へ四話を通して登場し、暗躍している。第一話が「雲雀」で、多喜二のことを書いている。その後段の方に、買収されてスパイの役割を果たした「谷」という人物が、講談社発行の『戦旗』に二号に分けて掲載された多喜二の小説「蟹工船」を読んだ後のことが書かれている。引用させていただく。

（多喜二の）小説を読んで谷は、妙な話だが、自分が乗っている蟹工船がどんなところなのか初めてわかった気がした。小説を読むということは、あの人の、小林多喜二の目でこの世界を見るということだ。小説では蟹工船の労働が、くっきりとした線で生きいきと描き出されている。蟹工船が如何に地獄なのか、それだけではなく、如何にして地獄なのかが自ずと伝わってくる。そのくせ、読後感は不思議と明るい。小林多喜二は根本的なところで人間と労働に対して信頼を寄せている。たぶん、そのせいだ。

最後の二文は、なるほどそうなのか、と思った。著者柳広司は鋭い目で『蟹工船』を読んでいるんだなと感心させられた。ドキュメンタリー動画を見ているように、読み進められた。

ちなみに三話目の「虐殺」には、富山県出身の「ホソカワ」が登場する。

アンブレイカブルとは敗れざる者という意味らしい。

六章　村の灯篭と、越中人の渡道者異聞

富山市田中神社。手前側に１対、拝殿側に１対と、２対の灯篭がある。

富山から北海道十勝川支流オリベ川縁へ家族移住、後に水害に遭い、樺太上恵須取（カミエストロ）に渡り、開拓を進めた澤井忠次・コト夫妻。昭和７（1932）年撮影。澤井義人氏提供

一節　故郷に灯篭を寄進

私の家から一キロ余り歩くと、田中神社がある。正月の慶賀・厄払い、火祭り、春祭りの獅子、秋祀りの神輿・豊作祈願などをおこなう。

そこに七、八年前から毎朝、散歩を兼ねて「お百度」を踏んでいる。常隆さんのことをまとめた本がきっとできますように、と願掛けのお参り。お百度と思っていたが、いつの間にか千度、いや二千度をはるかに超えてしまった。

お百度石は境内の鳥居と拝殿の間にある御影石の一対の灯篭。それに触ること。常隆さんが昭和五三（一九七八）年に寄贈したもの。恥ずかしいことに私は、この灯篭のことを七、八年前まで全く知らなかった。公民館の会計を務めることになって、公民館筋向かいにあるお宮さんに入ってボーッと境内を歩き、お宮さんにも色々歴史がありそうだなあと思いながら石造物の形や刻まれた字などを眺めていて、偶然「見つけ」た。

常隆さんは自叙伝『この道を行く　最終編』のあとがきで、灯篭の寄進について次のように書いている。

人生の一生を精魂こめて缶詰の仕事に従事している内にもう八〇才になった。ここで心境を替えて八〇歳になった記念に田舎の氏神さまに春日燈籠一対（約一〇〇万円）奉納した。

田舎の亡くなった父が駒犬一対を、又亡くなった兄が社標を記念に奉納しているので、私も八〇才迄も生存出来たので、記念にと思い春日燈籠一対を奉納し、この一〇月一九日、氏神様の祭礼に除幕式を行うことになっているので、当日は参拝者全員に清酒一合壜詰、紅白の餅二ケ、蒲鉾一ケを贈呈することになっている。当日私は残念ながら足が悪いので参列は出来ない。小さな奉仕だが心は何となくすがすがしい。足が悪く耳は遠いが、気はまだまだ強気であるから一缶詰技師の一生の表題の通り、一生涯缶詰の仕事をやり通す積りである。

駒犬と書かれているのは狛犬のまちがいだろう。この狛犬の寄進者は八名。

社標とあるのは、神社入り口の御影石の標柱のことで、寄進者は二名。

私は、青年団活動は少ししていたが、この秋祭りの授賞式のことは知らなかった。（その一〇年後に常隆さんは八八歳で亡くなる）今ごろになり常隆さんの文章から学んでいる。

北側の灯篭には「科学技術功労賞、アカデミア賞、勲五等瑞宝章」、南側のものには「紺綬褒章、楽水賞、技術功労賞」と折々に受賞した六つの賞の名が彫られている。それぞれの受賞の意味、功労について具体的に知りたいが、よくわからないので、『一生』の褒賞編に載っている賞状の文面のみを転記する。

☆アカデミア賞（昭和四九年八月）

あなたは多年缶詰製造法の研究改良盡せる功績顕著であることを認め本会表彰規定に基きアカデミア賞を贈りその業績を表彰いたします

昭和四九年八月二日

社団法人　全国日本学士会　角印

☆東京都知事賞

あなたは多年にわたり科学技の進展に尽力されすぐれた業績をあげられましたので都民を代表して心から敬意を表します

昭和四九年十月一日

東京都知事　美濃部亮吉　角印

☆叙勲勲五等瑞宝章

日本天皇は橋本常隆を勲五等に叙し瑞宝章を授与する

昭和四十九年十一月三日

皇居において璽をさせる　大日本国璽

昭和四九年十一月三日

内閣総理大臣　田中角栄　角印

総理府勲章局長　秋山進　角印

☆紺綬褒章

昭和四十九年二月財団法人日本発明振興協会より褒章条例により紺綬褒章を賜ってこれを表彰せられた

昭和四十九年十月三十日

内閣総理大臣臨時代理　西村栄一　角印

総理府賞勲局長　秋山進角印

☆楽水賞

あなたは永年に亘り我が国の水産業における缶詰製造の技術に生涯をささげられ、その貴重なる体験談を楽水に御投稿になり技術者としての本文をつくされました

よって楽水賞を贈呈し表彰いたします

昭和五十年五月三十日

社団法人楽水会会長　鈴木善幸　角印

☆技術功労賞

あなたは長年にわたり缶詰製造技術の改良に携わり、特に技術者の教育　巻締及び殺菌用機器の考案発明　技術関係図書の著述などを通じ　缶詰製造技術の開発と指導に努められ斯業の発展に尽された功績は誠に顕著なものがあります。ここに第二十四回技術大会を機会に技術功労者として記念品を贈呈し表彰いたします

昭和五十年十一月十日

社団法人日本缶詰協会会長　西村健次郎　角印

二節　もう一対の灯篭

(一) 旭川区南日恒次郎、弥三次

境内の拝殿側に、常隆寄進の灯篭より古いものがもう一対あった。字が摩耗してやや読みにくくなっているが、「寄進人　北海道旭川區南日恒次郎南日弥三次」と彫られている。田中村出身の人だろうが、北海道に渡り、農業あるいは牧畜で成功し、出身地に「大正八巳未年四月」寄進したのだろう。恒次郎と弥三次、二人は兄弟か、親子か。あるいはいとこ同士かもしれない。

大正八（一九一九）年、この年の夏、富山県の新川地方の漁村部から始まった「越中女房一揆」米騒動が全国に広がって、運動が大規模化した都市部では軍隊が出動している。寺内内閣が倒れ、原敬（たかし）が首相となり、初の政党内閣の誕生となった。それが契機となって、弱い立場で苦しんでいた労働者や農民、女性、部落民その他多くの階層の人々の組合や団体、組織が生まれた。活動が広がり、人々の意識にも人権や民主主義的考えが広がっていった。この時期の社会全体の風潮を大正デモクラシーという。

現在、田中の町内には南日という家はない。灯篭寄進の由来や南日恒次郎与三次について何人かの年配の人に聞いてみたがわからない。

隣町に南日味噌屋があるが、村が違うのでこの家の出ではないだろう。

市立図書館に行き、北海道の行政区別の何十冊かある電話帳を見たが、あいにく旭川市のものが欠けていたので他を見るのもやめた。書庫にある『旭川市史』を閲覧した。一～四巻までを根気よくめくってみたが、南日という名字は見当たらなかった。ただ、そこから感じられたことは、明治期のこの地、上川郡旭川村の開拓は主に、屯田兵、囚人、移住者の手によっていて、開墾後は畑作で麦類（大麦・小麦・裸麦・燕麦）、豆類（大豆・小豆・エンドウ・菜豆（さいとう）・ささげ）、そば、牧草がおもだったこと。カイコを育て生糸をとる養蚕は試みられてはいるが、気温の関係でうまくいかなかったはずである。北海道のどの地でも養蚕・製糸業は発展していない。

恒次郎は大正八年に灯篭を寄進しているので、少なくともその二〇年ぐらい前には田中村から移住していっているだろ

うと予想し、明治三三年の旭川村（後に旭川区となる）の移住者数を調べた。『市史』の二巻にあった。御料地内に借地人は七〇〇戸あって、いちばん多い徳島県（阿波国）一四六戸、それに次いで富山県（越中国）一四二戸とある。南日家はこの中の一戸（二人？）なのではないか。仲間と鍬やつるはしをふるって雑木を掘り起し、馬とプラオを使って耕起する。不撓（ふとう）不屈の心根で汗を流す南日家の人たち、開拓者の姿が想われる。冬には家族で囲炉裏を囲んで杉の柱と笹・葦の隙間から入る雪をふとんに受けながら眠る日々だっただろう。

別の日に県立図書館に行った。一時間かけて北海道行政区ごとの電話帳四二冊をすべて調べた。南日姓が一人だけあった。旭川市で南日正明という人だった。

その夜、少し躊躇したが、ペンを取った。自己紹介と、田中神社の寄進灯篭のこととそれについて調べている理由と用件を書いた。電話帳に載っていた住所と宛名を丁寧に書き、返事が戻ってきますようにと祈って、ポストに封筒を差し入れた。

恒次郎を探るもう一つの手掛かりがあった。それは、いつぞや宿直仕事の早朝に何気なく見ていたテレビで、旧制富山中学だったか高校だったかの初代校長が「ナンニチツネタロウである」というナレーションが耳に入り、テロップで南日恒太郎という字が出た。もしかすると恒太郎と恒次郎は兄弟ではないだろうか。きっとそうだ。

何人かの富山高校出身、富山大学出身の知り合いに聞いてみたが分からない。

私の町の長寿会で田中町の歴史の冊子を作ろうという相談をしていて、田中神社の大正時代の寄進灯篭のことも以前から気になっていたこともあり、数週間して、問い合わせの文章を書いて県立富山高校に行き、教頭先生に趣旨を話して尋ねた。調べてみると言われた。図書館長の越本先生が調べてくださり、夜に電話を頂いた。結果的には南日恒太郎の住所や、恒次郎と兄弟かどうかについてはわからなかったが、次のようなことはわかった。

――南日恒太郎は本校の同窓会名簿の二次生のところに名前がある。だが、住所等は書いてなく名前しか載っていないので、田中村かどうかは分からないし、恒次郎との関係もわからない。恒太郎は中途退学したが、その後旧制富山高校（現富山大学）の初代学長になっている。だから富山大学に行って調べればどうか。南日恒太郎についての業績はインターネットにある程度出ている。それから北海道に南日姓は一軒だとあなたは言われたが、それとは別に、旭川ではないが東川町に富山神社というのがあり、富山の人たちが最初に開拓して造られたらしいので、何か参考になるかも知れない。

――

興味深い話を伺えた。多用な中を調べて電話をくださった越本先生に感謝をした。

隣の双代（そうたい）町にある南日の味噌屋に行って、社長にお会いした。田中神社に灯篭を寄進された南日恒次郎と弥三次という人を知っておられるかと尋ねた。家の先祖にそういうような名前がいたような気もするが、よくわからない、田中の灯籠寄進のことも知らない、という返事。空襲で過去帳も焼けてしまったとのこと。電話帳では北海道に一軒しかなかったと言ったら、南日という名は他県にはほとんどありません。富山にも二〇何軒かがあるだけです。ただし、元の南日は先々代以前辺りで何やら曰くがあったらしくて、長江町の系統とここと に分かれている、とのこと。旧姓富山高校の初代校長の南日恒太郎をご存知ですかと聞けば、その人は南日家の先祖にいたとか聞いていています、と答えられた。もしかしたら恒太郎と恒次郎は兄弟ではありませんかと聞いたら、それはわかりません、とのこと。

　富山大学の図書館に行くか大学の校史を開くかして恒太郎の住所や兄弟を調べる手があるな、と思った。インターネットには恒太郎には弟二人がいていずれも養子に出ている（田部姓）が、南日三兄弟と称されていると書かれていた。だが昔のことだから、早い内に北海道へ出立している弟のことは入っていない可能性もあると思った。

　ところがあいにく新型コロナ感染防止のため大学図書館は利用できない。図書館に事情を書いて問い合わせのEメールを送った。調べたいこと、疑問は三点。恒太郎の住所と南日家の墓の場所、三兄弟とあるがその他に弟はいなかったか、恒太郎関係の資料で北海道移住関係を窺わせる記述はないか。

　三、四日すれば何らかの返信があるだろう。

　ところが私のメール送信の三時間後に返信が届いた。その速さと中身の丁寧さなどに舌を巻いた。調べ方をわきまえている司書さんならではの所業だ。

　一つ目については**「長江の新興住宅地の中に、古い門構えの屋敷がある」**（『越中百家（下）』、一九七四年、富山新聞社発行）墓地は**「邸宅から東へ半町も行かないところにある。そこの松林の墓地」**（『南日恒太郎と追憶』）とのこと。二つ目は南日家略系図によると三兄弟の下に弟が二人いるが恒次郎という名ではないとのこと。三つ目は資料には北海道に言及するものは見つからなかったとのこと。

　「ただ、郷里に寄進するほどの人であれば、それなりに北海道で成功した人物であると思われますので、もし橋本さんが本格的にお調べになれば何か出てくるかもしれません」と図書館司書の方は結んでくださった。お礼文と、もし恒次郎のことが分かった時のみお知らせしますというメールを送った。

　家にあった『越中百家』をめくってみたら家系図があった。恒太郎の両親は一二人の子を産んでいた。男が五人だった。そこにもないし、家系図に書かれている百数十人の中にも、恒次郎の名はなかった。

　恒太郎の邸宅は、私の家から歩いて二〇分余りのところで、時々散歩や自転車でそこを眺めていた所だった。ケヤキや竹などの林で囲まれ、門構えも板塀も古色を帯びてはいるが立派なもの。だれの豪邸なのだろうかと通る度に思っていた。

　墓は「邸宅から東へ三町も行かないところ」と書かれていた。行ってみたがない。今は、松林はなく住宅地。西六、七〇mの所に小さな墓地はあったが、南日家はなかった。

　『百家』に菩提寺が旧大山町荒屋の善照寺と書かれていたので、そこに移されたかと思い、その寺に行ってみたが、墓はなかった。

　その後、散歩コースをおもに長江に変えて恒太郎家の墓を探した。東ではなく南へ一町（約百m）も行かないところ、三階建てのアパート裏手に南日家累代墓があった。「犬も歩けば棒にあたる」のたとえ通りだ。歩幅で測ると三百メートルほどにある小さな墓地。大正五年に南日条三が建てている。墓石の下に彫られた家紋はまちがいなく丸に唐花で、『百家』にあった南日恒太郎家の家紋と同じである。だが『百家』の家系図には条三という名は載っていなかった。

　田中墓地も毎日のように散歩しているが、そこに偶然にも古い南日家累代之墓（次ページ写真）を見つけていた。側面には大正八巳未年三月建立とあり、台石には横に「北海道旭川區　南日恒次郎」と彫られている。荒れて周りに雑草が生い茂っている。墓は周囲より背丈が一段と高い。

　その墓の宝珠の下の笠に家紋があった

ことを思い出した。行ってみたら三枚カタバミだった。墓の手前、左わきに「納骨塔」といういっそう古い石があり、かぶっている笠下には家紋、それは丸にカタバミだった。

　双代町の味噌屋さんの墓はどうだろう。双代は戸数が十軒余りで墓地はない。もしかすると向こう隣の綾田町の墓地にあるかもしれないと思い、行ってみた。新旧二〇〇ほどの墓が東西南北と向きを変え、並ぶ。あった、現社長の平成の墓。家紋を見たところ、丸に並鷹ノ羽だった。その後ろ脇、控えるように大正三年建立の丈が低い墓。念のためと思い、更に奥を調べるともう一基、新しい南日家の墓があった。家紋はやはり鷹ノ羽で、味噌屋の分家だろう。綾田に住んでいた同級生に聞くと、やはり味噌屋の兄弟が綾田にいたが、やがて引っ越していったという。建立年代から考えても、この二人は兄弟の可能性があるなと思った。

　旭川へ行った恒次郎は恒太郎の南日家の家系ではないことだけはようやくわかった。歩きくたびれて消耗感があったが、そのことがわかっただけでも前進だ。

　旭川の南日氏には、手紙で「もし全くの人違いであれば、この件についてはご放念下さい」と書いた。

一〇日過ぎても返事はない。人違いだったのだ。

　万事休した。もう駄目。だが、往生際が悪いがもう少し粘ろう。

㈡ 恒次郎の移住地は？

　富山高校図書館越本先生の助言と富山大学図書館司書の助言。北海道上川郡東川町に恒次郎は富山県団体として、あるいは屯田兵募集で行っているかもしれない。

　東川町にある「東川寺」という寺のホームページに明治四三年発行の『東川村発達史』（藤崎常次郎著）が電子データで全文載せられているのが見つかったので読んでみた。南日恒次郎らがここに足を踏み入れたかどうかはわからないが、もしかしたら何かヒントが得られるかもしれないと「藁をもつかむ」気持ちで。

　上川郡東川村は元旭川村忠別原野と呼ばれ、はてしなく森林が広がり、昼でも暗く、人跡もなく、ヒグマやオオカミ、キツネやタヌキが群れをなしてはびこる大草原だった。だが明治二七年に植民地区画とされ、翌年の春に原野を貸与されることになり、そこに最初に入植してきたのが香川県人三〇戸余りと富山県団体一〇戸余り、そして阿波（徳島県）団体数戸だった。つまり全部で約五〇戸だ。道どころか人跡もなく、笹を踏み越え、あるいは藪を潜って借地区画に入っていったことが記述されている。パソコンでこの本を最後まで読んだが、富山県という地名が出てくるのはこの部分の一ヶ所だけだった。

　三年の艱難辛苦を乗り越えて、この未開の原野が拓かれ耕地に変わる。明治三〇年一二月には旭川村から分かれて東川村という村が新設されたとある。その時の村の戸数は三百戸余り。私の住む現在の田中町より少なかった。

　前記した『旭川市史』によると、明治三三年末現在で御料地内入植は徳島県一四六戸が最高で、次が富山県人の一四二戸とある。この数は忠別原野（東川村）に五年の間に入った後、それを頼って遅れて移住してきた人の総戸数なのか、あるいは旭川村内だけど東川村以外の村をも含めた数字なのかは読み取れなかった。

　屯田兵の移住の項を読むと、上川では屯田兵村の設置と屯田兵屋の工事にかかり、第三大隊の屯田兵募集は、富山県は明治二五年（二府十一県）の募集になっている。恒次郎がこれに募集し、旧上川區に入り、「除隊」後に家を建て定住し、農業または他の職業で大成した可能性もないではないだろうとも考えた。屯田兵第三大隊は明治三七年にも三府三七県に募集をかけているが、この年で募集は廃止された。この年に来ている可能性もある。

　屯田兵制度は、幕府廃止後、失業士族授産の目的が主で明治八年に札幌郊外の琴似村に入ったのが最初だが、この頃には内陸部の上川地方の開墾のため平民屯田といわれ、一般国民に募集されていた。服役は現役三年、予備役四年、後備役一三年という規則にはなっていたが、第七師団の徴兵令前に廃止された。天皇と軍隊に命を預け、忠誠を誓い服役する義務があったが、三年という「年季」を務めた後に逃げ出して「転職」をするものが多かったというのが実際のところのようだ。道全体の定着率は二割程度だったとか。函館や小樽の発展とは少し違い、道内各地の鉄道や道路や橋、トンネルなどいわゆるライフライン根幹の敷設は囚人と屯田兵あるいは朝鮮の人々の、命を削るような労働に負っているということが、開墾開拓事業でも感じられる。

　司馬遼太郎は『街道をゆくシリーズ十五北海道の諸道』（朝日新聞社、一九八一年）の中の「屯田兵屋」の項で次のように書いている。

> 旭川の町も農耕地から出発した。
> ここに最初に入植して低湿地の原生林をひらいたのは、屯田兵である。
> 旭川―その東郊の東旭川村―に屯田兵が入ったのは明治二五年（一八九二）であった。
> その軍隊的拘束のもとでの労働は、どうにもつらいものであったにちがいない。
> 屯田兵の村のことを、当時のことばでは、
> 「兵村」
> という。いかにも官庁造語くさく、手ざわりの温みや実材感を感じさせにくい」

『東川町史』と『旭川市史』を開くと、「屯田兵区」とか「屯田兵村」という語が時々出てきていた。しかし、『東川町史』八百ページと『旭川市史』数千ページを念入りに探したが、ついに南日という名字、南日恒次郎という姓名を見つけ出すことができなかった。

　恒次郎と弥三次は屯田兵村、兵区かその周辺地域での刻苦の中でも希望を失わずに働き、その末に名を成したことも考えられる。今となっては百年余り前という時間の霧の向こうのこと。私には調べる縁（よすが）もなくなった。

　諦念（ていねん）を頭の奥の方に感じ

ながら旭川の古書店から取り寄せた『東川町史』を開いた。学べたことをかんたんにまとめて書こう。

①上川郡東川町には「富山団体地区」というのがあること。

富山県出身者が開拓し定住している地区のこと。明治期、上川郡では東川町が最も早く水稲栽培を根付かせているが、昭和四一～三年の時点でトラクターやコンバインを使用して水田耕作が一一三・八ヘクタール行われている。その他に養鶏業が協業により七戸で行われ、五五〇〇羽飼われている。また、昭和四一年に発令された富山団体地区の農業委員会のメンバー一五名の姓名が載っている。入植時二〇戸という数字は肯ける。

②瑞宝寺、富山神社、金刀比羅宮が造られていること。

瑞宝寺は明治二八年に佐々木定多が富山団体の長となって東川村に入植し、これを記念として建てられた。境内には「南無阿弥陀仏」と彫られた開拓記念碑がある。

富山神社は明治三二年に富山県人佐々木浅次郎が移住時に富山から分霊して祀ったのが始まりで、東川村入植許可記念日として毎年八月二五日に移住祭としての例祭が行われている。

金刀比羅宮は明治三〇年に富山県から入植した村上栄八が持参の金刀比羅宮を祀ったのが始まり。その後、十勝方面よりの入植者も加わり、この地域の守護神とされた。

③紺綬褒章を受けた中西甚次郎のこと。

氏は明治一六年富山県に生まれ、北海道開拓の希望を胸に抱いて一六歳の時に渡道、開拓の鍬をふるい、その後荒物雑貨商を経営。北海道共同募金会を通して「幸せの少ない人のために使って下さい」と、重度身障児施設や療育園その他の養護施設に多額の現金やもち米を寄付。その後、約三町歩の山林を小学校の学校林として寄付。

④三兄弟夫婦で合計年齢四八三歳の座談会が行われた。

松田葭次郎さん（八八）、とちよさん（八〇）と弟の中西金次郎さん（八四）、ふ志さん（七七）、中西甚次郎さん（八〇）、なつさん（七四）の五人の合計四八三歳が、長寿の秘訣を語る。「葭次郎さんたちはいずれも明治末期に富山から東川から移住されて以来密林に鍬をふるい、開拓に力の限りをつくし町の歴史と共に苦労を続けてきたのである」として、町長や町の有志が集まり、五人を囲んで移住以来の苦労が語られ、座談会が行われた。

㈢電話

まったく的はずれなことをしているのかもしれず、空しい気持ちになった。

しかし、『旭川市史』の記述の富山からの移住の記述と、上川郡東川町に富山神社などがあることは無視できず、だめで元々と思いながら東川町役場にEメールを送った。返信はなかった。

富山高校図書館の越本先生に教えていただいた映画「写真甲子園　〇・五秒の夏」がDVDになっていたので、レンタル店で中古を買い、見てみた。雄大な自然や農園で働く人の姿などは背景にあり美しかったが、富山神社は出てこなかった。富山弁も聞かれなかった。

おかしなことに気付いた。田中神社の灯篭寄進は大正八年四月、田中墓地の南日家累代之墓の建立は同年の三月。一ヶ月のずれは石屋さんの作業の按配かもしれず、理解できないこともないが、旭川で定着定住し、故郷に灯篭を寄付した恒次郎が、墓を旭川区に造らずに、なぜ田中町（村）に建てたのだろう。いや旭川に南日家の墓はあるのかもしれないが、なぜ富山市田中町にも建てたのだろう。先祖を敬う心からか。いやいや・・・。合点がいかない。彼岸の南日恒次郎弥三次と電話かスマホのラインでもつながっていれば、尋ねることができるのに。

この辺りまで原稿を書いてきて疲れきり、区切りのところでやめようと思っていたら、家の電話が鳴った。女房が出て、電話を替わった。あの世の恒次郎からかと思ったが、女声だった。

「旭川の南日です」

気持ちが動顛してとっさに返事ができない。

「正明は亡くなりました。私は(息子の)嫁です」

狂喜、していいかどうかもわからないが、していいどころではない。

「あ、あ、ど、どうも、すいません」

間の抜けた返事しかできない。

「恒次郎は正明の伯父です。正明の父は弥三次(やそじ)です」

「・・・? ああ、そうですか(その瞬間に、灯篭の寄進者の二人の名が、石に彫られた文字そのままで私の頭に浮かんだ)。そうすると、恒次郎さんは、亡くなられた正明さんのお父さん弥三次さんのお兄さんということになるのですか」

「そうです」

少しだけ私の心が平静に戻ってきた。

だが、うまく話が運べない。

「お手紙を頂きまして、いろいろ調べました。和紙の古い謄本で字が読みにくかったのですが、弥三次のお母さんもそちらの南日の家から来ておられるようですよ。えーっと、伊兵衛さん・・・(電話の向こうで、謄本を開いて探しておられる様子)ですか。

恒次郎は土建業をやっていて、羽振りがよかったように聞いています、小学校に二宮金次郎像を寄付したようです。正明の息子(つまり今のご主人)が運動会の時、何気なく金次郎像の裏へ回ってみたら、そこに南日恒次郎と書いてあったそうです。今はないとか・・・」

「それはいいお話ですね。あのう、大変失礼ですが、正明さんのご長男にあたられる方のお名前と奥様のお名前は何とおっしゃるのでしょうか」

「忠(ただし)です。私は妻の涼子(すずこ)です」

「旭川の南日家のお墓はやはり川端にあるのでしょうか(電話帳で町名を調べていた)」

「いえ、墓は川端にはなく、近文という、旭川から車で一〇分ぐらいの所です。チカブミ、アイヌ語のようです」

「ええ、そうなんですか。電話を頂いたのにあまり長い話もできませんが・・・」

「謄本は古い和紙で読みにくいのですが、よろしかったらコピーしてお送りしましょうか」

「ええ、はい。お手数ですが有難いです。何とぞよろしくお願いします」

「お手紙の写真をみて、こんなりっぱな灯篭と墓が富山にあったのかと知って、喜んでいます」

「あ、いいえ、ええ。(NHK天気予報にはもう旭川地方の雪マークが出ていたのを思い出して)そちらは雪の方はいかがですか」

「ええ、今朝五センチふりました」

「ああ、そうですか。・・・どうぞ風邪を引かれませんように」

「はい、ありがとうございます。では失礼します」

「はい。あの、お手数をおかけしますが、どうぞよろしくお願いします。ご免ください」

あまり長いと電話代がかかり申し訳ないので、とりあえず思いつく質問だけできたし、後に戸籍謄本も送ってくださるようなので、受話器を置いた。モニターに九分二四秒と出た。一一月一〇日九時一〇分。弥三次さんのお孫さんの奥様からの電話だった。電話を切ってから、何秒間か動けなかった。こんなこともあるんだなと、文字通りの「有難さ」をかみ締めた。

この日の夜になってから、「待てば海路の日和あり」ということわざを思い出した。そして、先月から少しずつ頭をもたげてきていた旭川行きを内心で決意した。今、北海道は新型コロナの感染者が増え、大変だが、〝ウィズコロナ〟といくか。飛行機は怖いし、ＪＲなら六五歳以上だから三割引、そしてＧｏ　Ｔｏトラベルで、何とか節約して行けるだろう。私の宿直仕事の関係もあるが、シフトの変更を頼むことはできる。

(四) Ｅメール

翌日、北から、同じ旭川から別の朗報が届いた。四、五日前に旭川市中央図書館の資料調査室宛てで、恒次郎に関して問い合わせをしていたが、その返信だ。失礼だが、どうせ見つからないだろうと当てにはしていなかった。それでも胸をドキドキさせながらメールを開いた。

橋本さま　お問い合わせの件について回答いたします。

南日恒次郎氏については『北海道在住加越能人名録』（加越能人名録発行所刊一九一六年）に肖像写真の掲載があります。それによると「土木請負業」「旭川区五条通り十四丁目現住　富山県上新川郡新庄町　明治六年生　明治二五年渡道」とあります。（あわせて夫人のなか子氏の肖像も掲載されていました。）

当館所蔵の大正～戦前にかけての商工人名録や商工名鑑等をみたところ昭和一一年までは上記の住所で土木請負業として記載がありました。（そのあとの昭和一七年版以降は記載がないので昭和一二年以降に廃業か？会社組織ではなく、個人で請負と思われます。）

その他、市史や当時の新聞記事や人名辞典等も確認しましたが南日氏の記載は見つけられませんでした。

『北海道在住加越能人名録』については富山県立図書館に所蔵があります。

以上、調査結果についてご報告いたします。よろしくお願いいたします。

旭川市常磐公園　旭川市中央図書館
資料調査室

無駄な言葉がなく淡々と書かれた文章。資料調査のプロの人にとっては、あら、南日恒次郎、ここにあるじゃないの、という程度のデータかも知れないが、何日も歩き回ったり図書館に通ったり、無駄足と遠回りなどしている私にとっては、天啓のようなうれしさだ。前日の南日さんの電話といい、この日の図書館の回答といい、いっぺんに旭川ファンになった。行ったことはないが。

恒次郎の弟のお孫さんの奥さんの電話。血縁も何もない方だが、ご無沙汰していた遠縁と久しぶりに話せたような錯覚。そして、まもなく県立図書館に行き、写真で恒次郎本人に会える。これまでの寄り道、道草、後戻り・・・。常隆さんの高志丸調べの長い旅も、先近く、道のりの終わりのコーナーにさしかかっているような感覚で、車で呉羽山の峠茶屋を越えた。県立図書館、高志丸の記事を探しに何度も来た。特に大正と昭和のマイクロフィルムの新聞記事を見せてもらいに。

(五)『人名録』の旭川区在住者

県内には二冊しか保存されていなくて禁帯出（貸出禁止）になっている『北海道在住加越能人名録』、横長の立派な装丁。もしかしたら長いこと開かれたことがなかったかもしれないページを、そっとめくる。大正五（一九一六）年の三月印刷四月発行。ということはこの人名録が発行されてまる三年後の三月に田中墓地に恒次郎の墓が造られ、四月に灯篭寄進となったのだ。目次を見る。道内行政区別に人物名が並ぶ。「旭川區」の項、二一九ページにその名があった。正装をした南日恒次郎がいた・チョビ髭。「富山縣上新川郡新庄町」とある。まちがいない。「明治六年生　明治二十五年渡道」とある。一九歳で渡道したか、渡道した後に一九歳になっている。写真は四〇過ぎか、最近のものだろう。その下には島田髷、和服のなか子夫人。若そうに見える。結婚前後の写真ではないだろうか。昨日ご紹介いただき、今日お会いできました。田中神社奉賛会の会計をしておる橋本哲です。灯篭寄進、ありがとうございました。奥様もさぞご苦労多かったことでしょう。などと写真の二人に心の中で変な挨拶をした。

プライバシー権でコピーできない、ということはなく、旭川区の富山県出身と石川県出身の名士（写真あるいは名刺風の紹介）の載る一九ページと最後のページの奥付を複写させていただけた。

家に戻って、富山県四一名分の姓名、生年、渡道年、出身郡市、現在（『人名録』は大正五年の発行）の職業、旭川の現住所を書き出し、一覧表を作った。この人々だけが渡道越中もんの実情を表している訳ではないが、何かわかることがあるかもしれない、あるいは何かの類型があるかもしれないと思って、素人分析をしてみた。一覧票掲載は略す。

北海道に渡った時の年齢を、その時に誕生日が来ているとしてカウントし、まとめてみた。一〇歳未満が一人（六歳）。一〇～一四歳が二人。一五～一九歳が五人。恒次郎もこの中にいる。二〇～二四歳が一四人。二五～二九歳が三人。三〇～三四歳が六人。三五～三九歳が四人。四〇～四四歳が三人。四五歳～四九歳が二人。最高齢は嘉永三年生まれの五三歳一人。

単身、兄弟、あるいは家族すべてという場合もあったはず。いずれの場合でも生地の戸籍を抹消（除籍）し、旭川区に移籍ということになる。出稼ぎや年季奉公といったたぐいで年内にあるいは数年後に帰郷するといった場合とは違う。明治以前の生まれでは、文久、安政、嘉永生まれが各一人、慶応年間生まれが三人いる。

次に渡道年を見てみよう。一番早い人で明治一七年、遅い人で大正四年である。『人名録』発行が大正五年だからそうであろう。明治一七年に次いで一九年にも一人。その後を一〇年単位でまとめてみる。明治二一年～三〇年は一三人。三一年～四〇年は二一人。四一年～大正四年までが五人。この数字から明治三〇年代に渡道者が多いと考えるのではなく、それ以前にすでに多く内陸部に入植はしていたが、開拓開墾中心で、大成者、名士、つまり名の通る人物として名を残していなかった、むしろその無名の人々の苦労による基盤づくりを元にして、三〇年代移住者が定着し名を挙げたとみる見方をした方が正しいのではないかと思う。開拓・開墾の上にできた居住地や市街地、そこにおいて各種事業商売を伸ばした、発展させたと考える。また、屯田兵の「年季」勤め中に身に着けた技術と知識を力にしてその後の生業（なりわい）、職業を開いていったというパターンも十分想

像される。

　出身郡市を見てみよう。氷見市一人。西砺波郡八人。東砺波郡六人。高岡市二人。富山市七人。婦負郡三人。上新川郡二人。中新川郡一一人。下新川郡一人。東・西砺波郡と中新川郡が多いのは、農山村部であるからだろう。それと反対に氷見と下新川が各一人と少ないのは漁村部で、そこの渡道者の多くは根室や釧路、羅臼や利尻などの沿岸遠洋漁業に着いているからだろう。北海道の海岸漁村部への渡道者の集計をすれば、旭川とは正反対の傾向が出るだろう。

　旭川区だけではあるが四一人の職業については、書き出しては見たものの分類化はできにくい。そもそも農業とか製粉業とか土建業とかいうように一つだけという人が少なく、いくつも列記してある。一つの職業しか書いてなくても、その人（家で）は本業以外の副業・余業といったものを持っているだろうことが言外から窺える。何人かを挙げてみると、ある人は陶磁器硝子（ガラス）洋燈類商。またある人は米穀荒物雑貨商、金庫販売。ある人は薪炭問屋、左官材料一切、建築、竹材類。ある人は海産乾物、洋酒缶詰、果実問屋。ある人は馬車馬具、用具、鍛冶業。このような感じであり、職業自体が今ほど分化、専門化していない。生きるため、銭を稼ぐために今の仕事と周囲との関わりを考え、できることを進め、定着していく。

　あえて分類分けをしてみた。米穀・精米つまり主食糧関係が八人。土木建築関係が鉄工場主を含めて七人。馬具・蹄鉄二人。菓子（旭豆）三人。靴製造一人。医者薬種三人。他では銀行、鉄道、海産物など。味噌醤油一人。酒屋一人。そして荒物屋・雑貨屋（専業または兼務）が数軒。つまり需要がある者は何でも並べて売る。農業は一人。これは意外だが、街部だからだろうか。

　おもしろい仕事をしている人がいた。中新川郡下段村出身。『人名録』の写真を載せさせていただく。「萬麩、晒生麩、製造卸売」とある。麩はおつゆとか卵とじに入れる、せいぜいで酢の物に入れる「ふ」だ。失礼ながらこんなもの商売になるのだろうかと思った。旭川の人は麩ばっかり食べている訳ではないだろうに。合点がいかなかったが、「広辞苑」を見ると、麩は「ふすま」とも読み、「小麦をひいて粉にした時に残る皮の屑。洗い粉または牛馬の飼料に用いる」とある。石鹸がまだ貴重な時代の代用にされた。あるいは牛と馬は農耕・野良仕事に運搬に大切な生活手段であり、家族同様に扱われる家畜。その餌とされていたのだ。人間のおかず以外にも需要が大きかった訳だ。殻粉、むぎかすとも呼ばれていた。麩は「麬」とも書く。この漢字の偏は麦で、つくりは皮。なるほど、ガッテン。そうすると粉屋と連携して商売を成り立たせていたに違いないと予想した。麩屋は三条通五丁目だ。たしか製粉業が一軒あった。探して住所を調べた。やはり三条通五丁目だった。ピンポン。さらに粉屋の出身地は中新川郡白萩だ。下段村と白萩村とは地図では目と鼻の先である。もしかしたら知り合いだったかもしれない。しかし年齢は六歳違うし、渡道の年は五年ずれている。そうすると旭川に渡るまでは他人だったが、現地で同郷近郷だということで信頼し、手をつないで商売を始めた可能性は大きい。

　この麩の人は明治四〇年に三七歳で渡道しているが、『人名録』発行の年までの一〇年足らずでこの商売を成功させた

萬麩、晒生麩、製造卸商

のだろう。写真の印象でいうと、目は優しそうだが、口元には秘めた固い決意が感じられる。紋付羽織も紐も一張羅。家紋が何かは分からないが胸、袖、襟と五つあるだろう。下着のシャツがちらりと見えるのがまたいい。

旭川區という区割りは一条、二条、三条というふうに整然と分けられている。このような住所の呼びかたは、私が知っているのは京都と奈良、それと札幌である。遠い中世にも、近代に入っても計画的な街づくりが行われたことがわかる。

先住の人々の生活の上に開拓してつくられた旭川の街、この資料から考えると、生産力は不十分で文化的な生活や香りもまだ不十分だが、それだけに家の内にも、仕事場にも通りにも、人々の雑多でにぎやかな会話があり、活気があっただろうことはまちがいない。

いずれにせよ、衣食住、つまり人間が生きるために必要な物を供給する様子が伝わってくる。

㈥ 寄り合うて

寄り合うてお國自慢や稲の花

花とあるからこれを詠んだのは初夏だろうか。田の草とり。畦に座ってとろろ昆布のお握りをほおばり、富山弁丸出しでしゃべり合っただろう。この句は『北海道在住加越能人名録』の「自序」にある。編者の野澤善三郎の作だと思われる。その自序の文章の一部を抜き書く。(下は『人名録』の中表紙の題字)

全道を十分して其の一を有する我が三州人は、本道拓殖の恩人にして亦(また)名誉ある遠征の優勝者なり、吾人茲(ここ)に感あり、全道各地に散在せる我が加越能人の小照を一冊子に集め、之を廣く全道に頒(わか)ち互に其の郷里を知り、其の現在を語り、且つ之を将来に記念するは頗(すこぶ)る趣味あること、信じ、昨年の壱月以来全道各地を遊説し斯(し)業一年余にして漸(ようや)く茲に其の完成を見るに至る(ルビは橋本)

野澤氏の偏狭でない郷土愛の心根が伝わってくる。私は苦労の上この『人名録』二五〇ページすべてを複写できたが、図書館では富山県立図書館に二冊、石川県立に二冊あるだけで、福井県にも新潟県にもなかった。他府県他地方出身者のこの類の記録書類は出版されているのだろうか。

『人名録』には越中四五五人、加賀能登六〇一人(不明二)で計一〇五八人が載る。

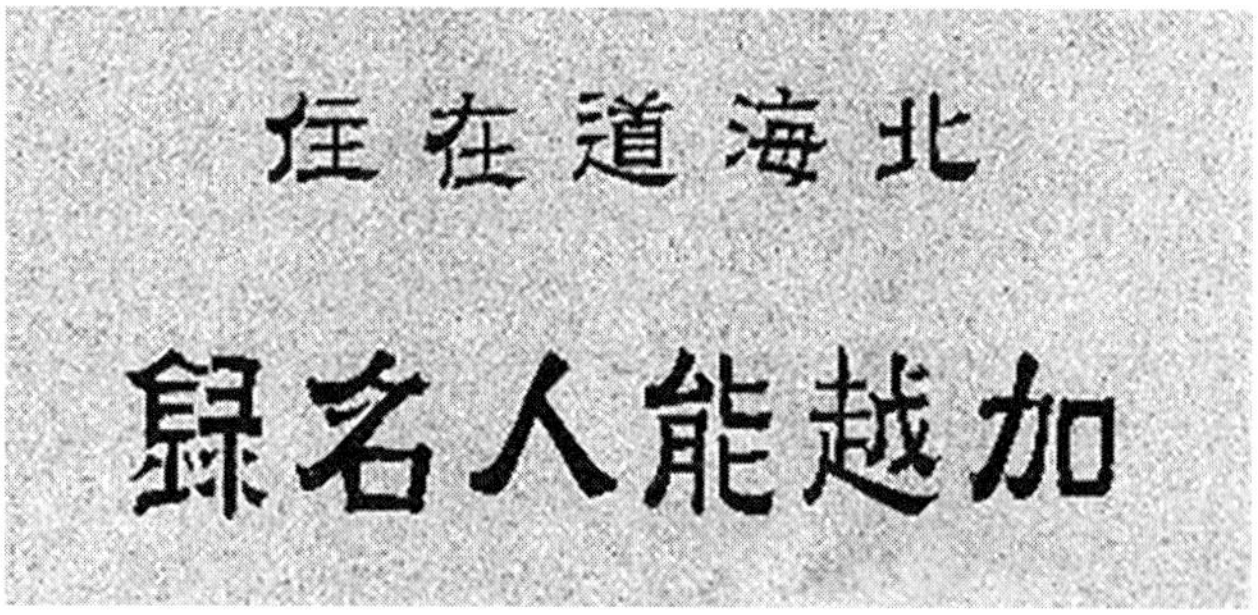

しかし、この『人名録』にない多くの人たちも旭川、上川郡で身を粉にして働き、暮らしと人間関係を作ってきたことも考える。そしてさらに——

苦難は覚悟の上だったが、失意とか不信におちいって、不退転の心で選んだ新天地を、不慮の怪我や不運なできごと、あるいは病気で旭川という新天地を去らなければならなかった人もいただろう。裏切られ、人を信じられなくなった時もあったか。小さくない失敗や過失をして、自分を責め続けたことだってあったか。必ずしも努力だけでは報われないことを、時代のせいあるいはこれが運命さとあきらめたかもしれない。この地を去っても、富山には戻らなかった人もいたのでは。出立した故郷への限りない郷愁は胸に沈めたまま、旭川で暮らした重りを心のリュックに詰め、第三の地へ足を向けたか。独りで、あるいは二人で。あるいは家族全員で。

　このような人たちの労苦や、その前後の喜怒哀楽についての叙述を私は見たことがない。それでもその人々だって、去った地に少なくない貢献をしたことは言えると思う。

㈦ 手紙「あと何年かしたら」

　数日後に旭川の南日涼子さんから封書が届いた。中には便箋三枚の丁寧な手紙と、涼子さんからいえば大伯父にあたる恒次郎さんの写真、そして戸籍謄本。

　写真の恒次郎は、やはり『人名録』と同人物だった。ただ髪の毛から判断すると少し若いように見えた。

　届いた手紙の一部を転記させて頂く。

　先日お電話をしました南日涼子（すずこ）です。今まで知らなかった先祖の話が少しわかり、うれしく思いました。夫、南日忠は二年前に亡くなりましたが、富山には南日姓の家があるようだと言っておりました。

お墓と灯篭があり、驚いています。

　恒次郎、弥三次（やそじ）は兄弟で、正明は弥三次の長男です。そして正明の長男が忠で私は忠の嫁になります。恒次郎さんには子がおらず、弥三次の子や正明の子を養子にしたようですが、結局その子も早くに亡くなったり、小さかったりで、最後は一人静岡に住みました。

　旭川では土木や建築、飲食業をやっていたようです。羽振りがよかったと伝え聞いていましたので、生地へも寄進したのでしょうか。

　一方弥三次は農業をしておりまして、酒が好きで飲みに行った先で倒れ、馬車で迎えに行ったと正明が話してくれました。・・・

　今になり、もっと義父から色々聞いておけばよかったと後悔しています。二宮金次郎があった大成小学校も今はなく、見ることはできませんが、その近くに住んでいたようなので、もしかしたら、養子に行った愛子が通っていたのかもしれません。今はイトーヨーカ堂になっています。

義父正明は弥三次の姿を見てお酒は飲まない人でした。終戦後もソ連に抑留され、昭和二十三年に帰国、苦労したと言っておりました。

私には娘が二人おり、二人とも結婚し南日姓ではないので、あと何年かしたら、この名前がなくなります。その前にこの話を娘や孫に伝える事ができて、とても嬉しく思います。

恒次郎が養子にした愛子（正明の妹）の通う学校に二宮金次郎像を寄贈した。そのことを全然知らなかった正明の子忠が、愛子が十六歳で亡くなって後に入学し、何年生かの運動会でふっと金次郎像の後ろに回る、南日恒次郎の名を見つける。運動会が終わって家に帰り、両親に「大伯父の名前があった」と喜んで話す。

涼子さんの電話、手紙、謄本の記載からその様子が窺い知れるように思われる。杯を口に運びながら弥三次じいちゃんも目を細めて孫の話を聞いていたたはず。

謄本は当時のものであるから手書きで、折り曲げたところに、前半の数枚は「上川郡江別村役場」、後半は「旭川區」と印刷された和紙の罫紙に書かれている。行政区が旭川区になったのは大正一三年のことである。続け字でさらに崩し字も入り、読みにくい。涼子さんの手紙と謄本を見比べながら何度か見て、何とか少し理解できた。

若いころのように頭に入らないが、それでも読み進み、謄本最後のページで恒次郎の旭川区移住以前の富山の両親のことが記されていた。くずし字辞典を開きながら読んでみた。父親は伊兵衛。富山県上新川郡新庄町大字田中蓑浦村五拾八番地。母親はノフ。この名はノブが正しいのではないか。古い文書は濁点を打ってないことが多い。ノフさんは天保六年に生まれている人だが、富山県上新川郡田中蓑浦村亡永?六之助弐女入籍、とあるが、?の字がくずし字でよく読めない。「原」とも読めるし「森」とも読める。が、くずし辞典から判断すると「原」に近いし、永原は現在田中の町内にはないが、しばらく前まであった材木屋だ。次のページに「原籍」という続け字があり、この「原」と似ている。

待てよ。まさか。立てかけてあった材木が倒れて何かが現れたようなショックを受けた。私の家、つまり橋本家の戸籍謄本のコピー、そして一〇年余り前に祖父母と曾祖母の法事をした際に作った家系図と先祖の生没年月日をまとめたことがあった。その紙を仏壇横の箱から取り出して、調べた。やはりそうだった。私の曾祖母、つまり大おばあさん（富山では「おわわ」という）はチというが、旧姓は永原。永原七郎座ヱ門の長女だ。

永原は一軒しかなかった。もし恒次郎の母親ノフさんが永原家の出なら、・・・。涼子さんのご主人、忠さんと私とは薄いけれど永原家の血でつながっていることになる。

「あと何年かしたら、この名前がなくなります」と涼子さんは書かれた。あと何年かというのは早過ぎる。せめて「あと二、三〇年ほどしたら」というふうにしてもらわなければ。何にしろ、明治二五年に二人の南日姓が初めて、たぶん初めて北海道に登場して、その一五〇年ほど後には消えることになる。

もちろん仕方のないことではあるが、旭川市や上川郡に限らず、三章で見てきたように、富山県人＝越中もんが現在の北海道を築いてきたその基礎・土台にいて力と知恵を出してきたことは、そういうことをあまり知らなかった私たちにとっても少し鼻が高い。

まったく分からなかった灯篭寄進者の南日恒次郎と弥三次が、百年を経てここ数日で霧の中から、マスクなしで歩き出た。その姿には体温さえ感じられる。

以前は朝の散歩で、常隆さんの昭和石灯篭に時折語りかけたり聞いていてみたりしていただけだった。その七、八メートル離れたもう一対の大正石灯篭は、夏も冬も冷たく、何も語ってはくれなかった。しかし、このごろは、毎朝、ぼそぼそと会話ができるようになった、富山弁で。

この翌年の五月、つまり今年のことだが、南日さんから富良野産のアスパラガスが送られてきた。鮮やかな緑色で太く、格別おいしかった。お礼の電話をした。秋になったら畑で作ったサツマイモとリンゴを送ろうと思う。うまくできればだが。

㈧ 越中人の渡道者、異聞

○韋駄天車夫、庄太郎

『旭川市史』第三巻に、なかなか面白い、いや気骨ある越中もんをまた見つけた。

大正時代に入って自転車や自動車が普及していくにつれ、幌の馬車は「ボロ馬車」となって消えたし、人力車も影をひそめていったことが書かれていて、その後に砂田庄太郎の人力車葬」という小見出しで一〇行書かれている。「人力車葬」?、そんな葬式など聞いたこともないが、転載する。

人力車営業者はその後自動車の進行とともに貸切自動車業を兼ねたり貸切内勤車専業に転換したりする中にあって、一人昭和三十三年二月病没するまで、車一筋に四十五ヵ年間駆けることを無上の楽しみとした砂田庄太郎がある。明治四十年両親とともに富山県より移住、幼少時より耐久型の健脚の庄太郎は、十九歳で向井病院（今の厚生病院）の車夫となる。車夫が好きだというより自慢の脚を鍛えたいというので、車の取手を持たない日は石狩川の堤防を走る。当時坂東幸太郎が組織した韋駄天青年団に入り、マラソン大会の選手として参加、その都度優勝を重ねる。昭和三年独立、一時六人の車夫を使い、わが世の春を駆ったが、吹き荒ぶ時代の波に抗せず漸次縮小、最大の顧客である医師もまた自家用自動車を備えるようになり次第に衰亡、二十六年には自分の余暇を楽しむためだけに車を引っぱるようになり、また自転車競走等に必ず出場、三十二年の旭川地方大会に老令六十才ながら若者を退け優勝する。三十三年病厚しと知るやその葬儀には人力車を以って遺体を送るよう遺言して没する。遺族また亡き霊に応えて人力車で神威霊場に送る。「無法松の一生」の主人公のように酒飲みの乱暴者ではなかったが車一筋に深い愛情を注いだ庄太郎の死によって、旭川に於ける店舗を構えた人力車営業人は全く姿を消したのであった。

二人が生まれた年から計算すると、砂田庄太郎は、恒次郎より二四歳年下になる。恒次郎・弥三次兄弟と砂田は旭川の街のどこかですれ違っているかもしれないし、言葉を交わしているかもしれない。砂田の葬儀、人力車葬を見送った可能性はないだろうが、砂田の人力車に兄弟のどちらかが、あるいは両方共乗せてもらった可能性は十分ある。また、天気が悪くて人力車仕事が休みの日に石狩河畔をひた走る庄太郎を、杖ついて土手を散歩する恒次郎が、「若いの、よう頑張っとるのぉ」と声をかけていたかもしれない。二人が歩いたり走ったりしたにちがいない石狩川べりは、今は冷たい川風が吹いているだろう。でも自分も歩いてみたいと、感傷的な心持ちになった。仕事がら庄太郎が客を乗せて何度も走った、そして自らの体も煙となった神威（カムイ）霊場は今もあるのだろうか。

よし、旭川に行ってみよう、と本気で考えた。新型コロナの感染が恐怖だが、ウィズコロナの考えで。

一一月中旬、夜九時のニュース。西村経済再生担当大臣が記者会見し、「北海道は感染が拡大しているのにＧｏ　Ｔｏを勧められるのですか？」という記者の質問に対して、それは国民一人一人がご判断頂ければいいかと思います」と答えた。この答弁で私は北海道行きを決意した。

ＪＲ切符をジパング割引で駅に買いに行き、旭川駅前のビジネスホテルを三泊（一泊朝食付きで三五〇〇円）予約した。行きに一日、帰りに一日、中の二日間を調査見学とする予定で、一日目は南日さんに会い、近文の墓に墓参、そして博物館内の屯田兵舎見学と三浦綾子文学館拝観。二日目は東川町へ行き、富山神社と瑞宝寺、そして金刀比羅宮見学。富山団体居住区を歩く。高齢の人に出会えれば話を伺う。・・・などと捕らぬたぬきの皮算用をした。

翌日の北日本新聞一面右やや下方に、日本医師会中川会長の談話が載った。「拡大地域との往来を自粛するよう」、「秋の我慢の三連休としてほしい」と書いてある。前日の西村大臣の考えとだいぶ違う。函館の長浦さんから届いた北海道新聞が一五日付に旭川の病院でクラスター発生という記事が目に飛び込む。迷いながら、夕方、宿直仕事で施設に入ったら、看護師さんが検診でお母さんの肺に薄い影が出た、軽い肺炎だろう、様子を見るということでいいですか、と言われた。翌日は出発二日前だったが、ＪＲもホテルもすべてキャンセルした。ホテルは二日前だと二〇％のキャンセル料だったが、「今回はけっこうです」と言われた。その声は沈んでいた。ＪＲは手数料だけ払って、全額戻った。南日さんには手紙を出して玄関先で少しだけでもお話を伺いたいとお願いしていたが、勝手ながら行けなくなりましたと、電話した。あまり気にしておられなかった様子なので、かえって恐縮した。できれば来年あたり位にでもお会いしたいです、とお願いをして電話を切った。

話は少し変わるが、やはり南日姓のこと。涼子さんから一一月末に、書留で謄本が届いたという電話があり、その中で、女優で詩人でもある村松英子さん（夫はテレビ関係かだったが、先年逝去。兄は大学教授・評論家の村松剛）の旧姓はたしか南日だったと教えてくださった。インターネットを開いて調べてみた。母方の祖父は田部隆次とあった。

『越中百家』下巻の南日家略系図を開け、恒太郎の前後左右をたどってみた。やはりそうだった。恒太郎は一二人兄弟だが、俗に南日三兄弟の真ん中が田部隆次（田部家の婿に入っている）で、その子敏子が村松家に嫁入りし、剛と英子を産んでいる。英子は南日恒夫（恒太郎の孫。日本テレビ技師）と結婚している。二人は又従兄妹（またいとこ）にあたる。少しややこしいが、つまり村松英子は出生時には村松姓だったが、結婚によって南日姓（つまり母方の祖父の旧姓）に偶然戻ったということになる。恒次郎の家系とは直接つながってはいないが、遠く辿ればつながってくるだろう。しかし今、その手立てはない。

では常隆さんは、すでにあった旭川の南日氏寄進の灯篭のことを知っていたか、と考えてみたが、おそらくは知らなかったかあるいは失念してしまっていたのだろうと思われる。知っていれば、灯篭ではなく別のものを寄進するか、違った形での故郷への貢献を考えていただろうから。

○網走の遊郭「越中楼」

明治の中頃に北海道で人口が多く発展していた街は函館、小樽、札幌、旭川、室蘭、釧路、根室だが、そこには公娼の遊郭ができていた。明治二三（一八九〇）年に釧路から大監獄（刑務所）が漁村網走に移動した。二年後に遊郭ができ、二年後に政府から公娼遊郭となった。網走は当時、北見町だった。

長浦さんは、北海道新聞の切り抜きを初め、書籍を含めた資料をたくさん送ってくださったが、その中に『オホーツク凄春記』山谷一郎著（講談社、一九八六）の一部抜粋コピーがあり、読んでみた。**「北見繁栄要覧」に「廓内五軒の清楼、四十二人の娼妓あり」と書かれていて、その中に「◎越中楼　娼妓十人を有し楼主は富山県の人、妓も多くは同国人なり源氏名曰く／小千代、小福、玉浦、浅島、桃の井、増花、今吉、三福、小吉、花咲、外に芸者米吉あり。」**と載っている。他の四軒の楼主（経営者）と娼妓は新潟、福井、秋田が主である。

刑期を終えて出獄した人々や漁民の増加などで、明治末年には人口がかなり増えていたことは想像されるが、越中もんがこのようなオホーツク沿岸の元寒村にこのような仕事で進出してきていたことに、驚いた。自分にとって、まさに異聞だった。

ここでほぼ擱筆。若き常隆さんとタラバガニの絵も上手くはないがやっと書き終え、水彩を塗った。あとは「おわりに」を書き、参考文献一覧や協力者・団体を挙げ、全体を最終推敲する。ほぼ肩の荷を下ろした気持ちになっていたが、・・・。

大山歴史民俗研究会の総会に参加した折に、会員の松田周一さんに声をかけられた。研究会誌に寄稿している拙稿を読んで下さっていて、私の親戚も苫小牧にいて先祖は富山から移住しています、とおっしゃる。その折に短時間で話されたことは耳寄りで興味深いものだったが、内容が複雑でよくわからない。「オリベ川」という冊子をお借りできた。日を改めてコーヒーショップでお会いし、ゆっくりとお話を伺えた。「オリベ川」に書かれていた内容と合わせて、ようやくそのあらましが理解できた。

それでも澤井家や松田家の家系や移住の経緯が難しく頭が混乱していたので、松田さんの了解を得て、著者の澤井義人（よしんど）氏に手紙を書き、一ヶ月余りに渡って何度か手紙のやり取りをさせていただいた。私の感想をはさみながら紹介する。

○オリベ川の渡し守、忠三郎

「五月の今はまだ頂に雪がまっ白く残っており、その前に広がる黒っぽい山々の向こうに浮き上がっているように見える。その様子は富山でいつも眺めていた立山によく似ていた」（澤井義人（よしんど）著「オリベ川」より）

澤井さんのおじじ（祖父）、忠次さんはそう感じたそうだ。私が書きたいのはその父、澤井さんからいうと曽祖父つまりひいお祖父さん、忠三郎のこと。その前に忠次が仕事の手を休めて眺めた山はどこかと疑問に思った。**「ここからはるか上流、阿寒の方を眺めるとひときわ高くそびえている山」**で、**「駅逓で働くアイヌたちはこの山をマチネシリと言っている」**と書いてあるのが手掛り。「ここ」というのは十勝川上流で利別（トシベツ）川との分岐点だろう。利別川は北北東から流れて「ここ」に至っている。数本の川が束ねられている地点に足寄（アショロ）と本別（ホンベツ）があり、その北東に阿寒湖。これはカルデラ湖だから、雌阿寒岳か雄阿寒岳だろう。電子辞書広辞苑で雌阿寒岳を繰ったら、アイヌ語でマチネシリという、とあった。忠三郎と五人の子（忠次は三男）らが遠望したマチネシリは、立山の半分の高さだが、それだけにむしろ遥かな距離を感じながら、二度と帰らないだろう故郷を切なく想う光景だったはず。

猫の額ほどの木杭の桟橋も、水車小屋でんぷん工場も今は朽ち、柳がゆれ腰丈ほどの雑草がはびこって、岸辺には月見草やカワラナデシコがせせらぎに合唱するごとく体を震わせる。リズムをとるようにツバメが飛び交っているか。五月の今、そんな想像をする。もしかしたら永久橋が架けられて護岸もコンクリで固められ、車が行き来し、遊歩道もできているかも。

澤井さん、松田さんと川端をそぞろ歩いてみたい。だが、新型コロナで北海道も富山も大変で、行き来は無理。手紙と電話で、三人でいつかお会いしましょうと語り合った。

富山市大山地区南大場在住の松田周一さん（澤井義人さんの従兄弟（いとこ）、七七歳）から最初に伺ったお話、北海道苫小牧に住んでおられる澤井さんの著述や手紙や資料から学んで、晩年に忠三郎が流れに竿差し渡し守をするに至るまでの経緯を記してみたい。

彼らがやむなく故郷を捨てたのは、元々は安政五（一八五三）年に起きた大地震のせいである。大地震による鳶（とんび）山の大崩落によって溜まった土砂が二度にわたって一気に決壊、ただでさえ暴れ川といわれて氾濫を繰り返してきた常願寺が中流、下流で氾濫、土砂が田畑を埋め、人家を流し、大変な惨禍をもたらした。

苫小牧にお住まいの澤井さん（七七）から送って頂いた戸籍謄本のコピーによると、忠三郎は嘉永元（一八四八）年九月七日の生まれとあるから、安政大地震の時は五歳。父親の庄兵衛（代々庄屋で襲名）と母親のサト一家は住民共々大変な被害を受けた。下流へ丸流れした村々とともに一本木村は、常願寺川右岸の上流へ引っ越した。新たに開拓したその字（あざ）名は「引越一本木村」と名付けられた。後にここは下段村にまとめられる。北海道転籍の戸籍に両村の名が明記されている。

明治となり、庄屋制度がなくなり彼は村長、次いで村会議員となるが、二度目の選挙で借金の返済に田畑の大半を失い、大きな痛手を負う。酒におぼれ、遊芸と夜遊びにふける生活が五年程続く。折からの日清戦争の勝利で、明治政府は北海道への移住と開拓の政策を進める。下段村の戸長役場にも募集広告が。

明治三三（一九〇〇）年、忠三郎は夕食に家族を集め、十勝の凋寒（シボサム）村への開拓移住を話す。喜寿（七七）になろうとする高齢で行けないと言う父だけは長男の嫁の実家、松田家に預け、忠三郎五三歳の一家九人は、村を出立、伏木港から蒸気船に乗り函館へ。そこで乗り換えて十勝川河口の大津へ、そしてさらに川舟に乗り換え、上流へ。函館から大津までの船賃は政府の補助のお陰で半額。それに比べて、大津港はまだ掘り抜きではなくて船が入らず、艀（はしけ）に乗って浜まで渡らねばならない。その艀賃が高い。また大津から上流へ向かう川舟の運賃も高い。「和人」の経営者に雇われたアイヌ人が艀を操り、まだどの渡し場でも黙々と働いていた。この姿を見た忠三郎は、数年後の渡し守のイメージを無意識の内に脳裏に浮かべていたのではないだろうかと私は想像する。

話を少し中断させるが、下段村の名が出て来た時、私は例の麩屋が頭に浮かんだ。もしかすると忠三郎一家の移住渡道と同じ頃ではないか、何か接点があるのではないかと思い、調べた。南日恒次郎の項で前記したが、『北海道在住加越能人名録』の中の旭川在住者欄に載っていた中新川郡下段村出身で、「萬麩、晒生麩製造卸商」として旭川区三条通五丁目に住んだ人。しかしこの人の渡道は明治四〇年であり、忠三郎より七年遅れていた。

話を戻す。忠三郎一家は凋寒村下利別北一線という地割に五町歩を与えられた。村の中心地は利別太といってそこより少し下だが、十勝川を遡ってきた開拓者たちの中心地で、川東には富山の入植者が多い池田農場と高島農場があり、人と物資の集散地だった。忠三郎らの西岸には個人入植者が多かった。

原野を拓き息子たちに農地を任せられるようになった頃、彼は利別川の三里ほど上流にある居辺（オリベ）川との合流点に移り、そこに渡し場を作って、渡し守として日銭を稼ぐことをと思い立っていた。次男の忠吉が材木の商いを始めていることとも関係があっただろう。渡船場は故郷の大森村や五百石の人々を始め、荷物を持って行き来する人達との社交の場、そこでの会話は故郷と「辺境」をつなぎ、驚きや悲しみ、喜びの感情を産み、彼にとっては総じて心和む時間になったことが予想される。富山弁、怒鳴り声や笑い声、時にはすすり泣きも川面に吸い込まれたことだろう。

日露戦争に勝利（実際には勝利とはいえないが）した日本は、ポーツマス条約でロシアから樺太の南半分を割譲。忠三郎らが入植してから五年後のこと。明治四三（一九一〇）年になると大雨続きで六月と八月の二度、利別川は氾濫し、流域は大洪水となり、居辺と蓋派一帯は海のようになった。彼の頭には幼い頃の安政大地震後の常願寺川氾濫の記憶と見聞が頭をよぎっていたはずだ。ジャガイモ畑、豆や穀物類も全滅で、さらに忠次が始めたばかりのでんぷん工場と水車小屋も家までも失う。そしてさらに何よりも彼と苦楽全てを共にしてきた妻、サトが逃げ遅れて流された。下流で救い出されはしたがすでに虫の息で、数日後に亡くなった。彼が荒（すさ）んだ生活を続けた時にもじっと耐え、渡道後の新しい生活にようやく慣れたところだった。

この大禍を乗り越えるべく、翌年、三男忠次一家と四男鶴之丞（つるのじょう）一家は、さらに北の新天地、樺太へ渡る。落胆の忠三郎は翌年その地へ向かう。謄本を見ると、大正四（一九一五）年に長男の忠右衛門に家督相続する届けを提出している。澤井さんの手紙には、「大正八年七一歳で死去したようです」とあった。

私は今まで北海道移住者は最初の地で定着するか、その関連で道内の他の地や他の職種に移るか、でなければ帰郷するかだと思っていたが、今回の澤井忠三郎一家の開拓移住の長い道のりを知り、移住者の実状と国内外の情勢変化で樺太や旧満州へと新たに移り住み、戦後ふたたび「内地」に帰還し生計を立てた人々がいたことを知った。数奇でつらい歩みだっただろうが、だからこそ節目節目に生まれた感動や確信も大きかったのではないだろうか。

この辺りまで書いた時、澤井さんから三通目の手紙が届いた。お願いしていた樺太での写真も同封されていた。裏書には「澤井忠次・コト（義人の祖父母）上恵須取（カミエストル）で農地開拓に入ったころ　昭和七年四九歳？」とある。（伯父義清さんの所持写真をスキャナ印刷）

写真（次ページ）に見入った。麦藁帽子の忠次と姉（あね）さん被りに手甲（てっこう）のコト（富山県立山町から移住、池田農場に小作人として入った幾島家の娘。一七歳で嫁入り）。鍬を手に、畝（うね）の土寄せをしているのか。左隅には二人が着ていた蓑らしいものが見える。葱を入れるためのカマス（わらむしろを二つに折って作った袋）もあるようだ。背後は雑木林、白樺も生えているか。右側の木の根も含めて、抜根と伐採直後の開墾地の様が窺える。コトの労苦は並々ではなかったはず。何があろうと乗り越えるという意志が顔や姿勢に現れている。これは北海道を経て樺太に渡った夫婦だが、「蝦夷」地開拓の女性の逞しさが伝わる貴重な一葉だと思われる。

忠三郎さんが渡し守をしておられた跡は今どうなっているかご存知ですかという私の問いに対し、手紙の最後にこうあった。

「渡し守をしていたところですが、地図を見ると、現在、池田町高島に高島橋と言う橋がありますのでこのあたりではな

いかと思います。」

中島みゆきの「時代」の歌を、思わず口ずさんだ。

♪そんな時代もあったねと　いつか話せる日がくるわ
あんな時代もあったねと　きっと笑って話せるわ
だから今日はくよくよしないで　今日の風に吹かれましょう
まわるまわるよ時代はまわる　喜びと悲しみくり返し
今日は別れた恋人たちも　生まれ変わってめぐりあうよ

浄土で再会した二人は、菜豆（さいとう）をつまんでお茶を飲み、時にはお互いの膝を力いっぱい叩いて馬鹿笑いしながら、時には目頭を熱くしながら、昔話に花を咲かせているだろう。

立山町の一本木あるいは下段ではなく、村ごと引っ越す前の、つまり安政の大洪水で流される前の一本木村は、常願寺川左岸下流にあって加賀藩領、戸数二〇戸余りだったと「オリベ川」に書かれているが、『立山町史』には「常願寺川左岸の島郷に所在」と書かれている。古来、この暴れ川は氾濫ごとに中州を生んだり沈めたりしているようだが、一本木村と向新庄は共にこの頃、常願寺川とその東に流れる中川（現在の中川排水路。その東が新庄町）との間の島郷＝中州にあったことになる。両村とも大洪水後、藩の指示・奨励によって右岸上流の下段、現在の立山町に集団移住をしている。

今、元一本木村にあたる場所は、数十戸の住宅とその南に三〇数社の工場・会社が建つ工業団地に変わっている。住宅地図で調べたが、澤井という名字の家はなかった。立山町の一本木に移った人々はそこに根ざして生き、元村に戻ることはなかったのだろう。

地図で一本木諏訪神社を見つけた。折悪しく雨の中だったが、思いたったが吉日だ、行ってみれば何かわかるかもしれないと思い、工業団地の中を何度か行き来してようやく見つけた。昭和に入って建った鳥居の前と脇に御影石の新しい碑が二基あり、読み合わせて分かったことは――

この場所の元の地割は、「新川郡島郷一本木池沼二」で、開拓が始まったのは天平宝宇三（七五八）年と記録には残るが、開村つまり一村を成したのは正保三（一六四七）年だと推定されている。そして諏訪社の勧進つまりお金を集め神社が建ったのは、文政一二（一八二九）年となっている。その少し前、文化三年の時点で二三戸、一一四人、馬三頭の記録が残っているようだ。

平成一四年の方の碑は児童クラブと奉賛会の名で奉納されていて、「立村三百六十年記念」と刻まれている。庄屋庄兵衛や忠三郎一家を始め、その昔に川向かい上流に村ごと移り住んだ人たちがもしこれを見ることができたなら、どのような思いになっただろうか。想像もできない。だが、碑に大書された「垂嘉恵無窮　威靈降不盡」という文字の意味は深く、彼らは複雑な心持ちで受け止めたことだろう。

次ページの写真は、澤井忠三郎ら多くの越中農民が上陸した十勝国大津港の内陸開拓地大津村の抜根作業の様子。前記『新北海道史』より。

○パークゴルフの発祥と伝播

高齢化社会の進展に伴い、パークゴルフが全国に広がっている。愛好者は百万人を超える。屋外で多少のスロープを含む土の上を歩くことによる健康の増進と、会話をしながらメンタル面の安定を図るという両面、さらにお金もかからないということで、うなずける。私自身も最近、友人に誘われてやり出した。下手でもおもしろい。あまりしゃべらなくてもいい。今、新型コロナで中断してはいるが。

パークゴルフの発祥が寒冷地北海道の幕別で、パークゴルフ場と愛好者が北海道が圧倒的に多いのだと聞いて驚いた。元々は雪の上やビニールハウスの中でのゲームだったらしい。

幕別といえば、十勝、帯広のあるところだ。十勝川上流に移住した澤井一家のことについて調べたばかりだ。

ところが北海道の次に普及しているのが富山県だと聞いてまたビックリした。もしかしたら、と思い、日本パークゴルフ協会に問い合わせた。間もなく関連資料が届いた。一九八三（昭和五八）年に幕別町の公園で生まれたのだが、その後に町同士がパークゴルフを通して深い交流友好関係を築くことになる小杉町（射水市）の旧教育委員長の文章の中に、富山に広がる元になった事象を見つけた。幕別町の開基百年史（平成八年一〇月一日発行）に「富山県から五位団体が五位

村から集団として渡道され開拓団に参加されたとあり、唯一の富山との関係が始まったと思考される」と書かれている。その後、年降り、一九六三年には「富山県は青年リーダー研修生一二名をこの地区に派遣し、各農家に分宿させ二週間余の研修に参加いたしました。この研修は文部省の事業であり」、その後両町の交流が今日まで続いている。

入植し、幕別の開墾あるいは農牧業を行う、その孫たちも受け継ぎ、行政にかかわる中で、パークゴルフが生まれ、祖先から関わる富山県にまず広がっていったという構図が想像される。

五位村は旧西礪波郡福岡町（現在は高岡市）にあり、入植当時は五位山村大字淵ヶ谷という世帯数五四、人口一八四（日本地名大辞典16.富山県、角川書店発行による数字だが、調査年は不明）の山間集落。村内を子撫川という小矢部川の支流が流れるが、北から南に流れるという県内唯一の逆（さか）さ川である。

富山市立図書館で『福岡町史』（一九六九年、福岡町役場刊）を開いた。除籍簿にもとづく明治二二年から昭和初めまでの福岡町内の村々からの北海道移住は、三二一七人だが、五位山村からの移住数は三四戸、一六八人だった。この村は「農地にめぐまれていないが山によって炭焼き、木材の搬出、養蚕業等」で生計を立てていた。

『町史』には次のような記述がある。

移住は必ずしも名誉なことでなかったから人目を忍んで行き、村人達は「あの人の顔を長らく見ない、どうしたんだろう。」と、言っている二、三日後に、「北海道へ行ったそうな。」の程度であったから、数年の間に忘れ去られ、または昔物語となってしまうことが多かった

道内の他地域の開拓と同様に移住者は、入植時の契約や申し合わせとの食い違いで見通しが暗くなったり、ようやく豊かに実った作物が不況で売れなかったり、さらに虫害や干害、その反対の冷害などに苦しめられただろう。

前記『北海道在住　加越能人名録』で、十勝支庁内を調べてみたところ、一人いた。西礪波郡福岡町出身で村名は書かれていないが、帯広停車場前で運送店を営む島倉留次郎（明治三六年渡道）。また、さらに北の上川支庁名寄だが、五位（小撫村）出身の徳田宇太郎という人を見つけた。明治二七年の渡道で米穀荒物業・精米業・農業・製粉業で大成している。

五位村を含めた福岡町の移住者の子孫がパークゴルフの富山県への普及の要因の一つになっていることは十分あり得る。

空想だが、澤井忠次・コト夫妻が浄土で茶飲み話をして、次のような会話をしているかも。

「わしらが畑しとった池田の隣の幕別で、パークゴルフやら言うて、棒で玉打つが流行っとっとよ」
「そいもんな、おもしいかねぇ」
「やってみんにゃわからんかろがい」
「そだね、いっぺん連れてってよ」

○団体移住と個別移住

明治中期から大正にかけて北海道庁拓殖部は、「移住手引草」を発行して、農民の移住と開墾を奨励した。明治三五年～末年の一〇年間は、富山県が移住者数全国一位。明治から昭和初期にかけ四八四四五戸（明治一五～昭和一〇）が諸事情で故郷の富山を去り、北の新天地に渡った。この数には出稼ぎや一時的な滞在などは入らない。

団体移住。一人または数人が先に渡道、一定の準備と調査を終えた後に同志を呼び寄せる場合や、道庁の募集に応じ集団出立する場合（屯田兵も含む）など。本書では羅臼、千島色丹島、利尻新湊、石狩沼田、函館寒川などを記した。『東川町史』（一九七五年、東川町発行）には、屯田兵や開拓農民として現地に来た富山団体のことが紹介されている。

厳寒零下三十度にもなれば、寝られもせず火をどんどん燃やして、まんじりともせぬ夜を過すのである。又吹雪の時は、朝目が覚めると、すっぽりかぶったフトンの上が雪でまっ白くなっている

急造の掘立小屋は着手小屋とか拝み小屋、または三角小屋などと呼ばれ、屋根と壁はクマザサか葦か茅。藁ぶきになるのは、稲や麦ができるようになってから。入口は筵を下げた。（次ページ写真は少し後の家と思われるが、昭和四八年北海道刊『新北海道史』四巻より）

個別移住の場合はどうだったのだろう。『新北海道史』四巻の記述を引用。

単独移住農民の中には、せっぱつまっての夜逃げ同然の渡道が多く、その場合行き先もはっきりしないことが多かったから、移住者と出身地との縁は少なくとも当分の間は切れるのが普通であった。ほんのわずかでも手がかりのある者はそれにたよるが、めあてなしに北海道に渡った移住者たちは、途中の汽車や船の中で、また港や都市のあらゆる所で情報を仕入れ、有利な働き場所を求めて移り、また同県人の移住地をたよって草分けや有力者の家に、それのないところは旅館や駅逓にいったん寄宿（わらじぬぎ）して落着き先をさがしたりした。こういう

場合、新開都市の周辺や既存の団体移住地、農場の周辺等に移住する者が多かった。必ずしも同郷ではない同県人数戸がかたらって各地を彷徨し、また官の許可なく未開地に入り、いわゆる無願開墾を行うことなども珍しいことではなかった。

○悲劇も

昭和五年の北陸タイムスに悲しい出来事が載っていた。記事の概略。

親子三人心中
身元が判明する
最近北海道歸りの生活難に苦しむ女

身元が分からず新湊警察署から各地に照会中だった母子三人の心中溺死体が、新湊の海岸に漂着し、身元が判明した。母は二四歳、長男は六歳、長女は二歳。北海道岩見沢町で夫とともに雑貨商を営んでいたが、不景気のため商売に失敗、生活苦のため東砺波郡の故郷にもどっていたが、悲観厭世で新湊へ来て投身自殺をしたものらしい。実の父が死体を引き取りに来た。

記事から推察すると、渡道は大正末年だろう。当初から雑貨商をしていたのかどうかは不明だが、夫の最初の仕事から転職して岩見沢に雑貨商を開いたのかもしれない。だが、昭和三（一九二八）年、折からの金融恐慌と、それに続いてニューヨークから押し寄せた世界大恐慌という物価の下落や大量の失業者の発生という時代背景があったことも影響していたかもしれない。

岩見沢。現在は室蘭本線と函館本線が交差する。私は列車に乗って通過し駅の車窓から覗いていただけだが、この界隈はかつては大量の石炭採掘で賑わい、石炭と人夫の輸送のために鉄道が引かれ、活気があった街だろう。今も石炭殻やコークスの山駅のホームには等身大の鉄製（あるいは青銅製）の馬が橇（そり）を引いていた。

入水（じゅすい）し、意識を失う前に彼女の頭に浮かんだ光景は、二子を産んだ炭坑の町の吹雪だっただろうか。それとも生家、砺波散居村の庭先に芽吹く春だったかもしれない。一七歳頃嫁に行き、津軽海峡を連絡船で渡る時には、不安な気持ちは大きかっただろうが、よもや七年後に子を道連れに新湊の海に身を投げるとは思いもしなかったに違いない。また、残った親や夫、兄弟姉妹の心の内は、今の私たちには中々思いやれない。

記事を読んで私は、富山大空襲の後、お互いをひもで結わえて氷見の島尾海岸へ漂着した弟妹の遺体を思い浮かべた。心中と水死（あるいは爆撃死）被害という違いはあるが、悲しい。

越中富山から蝦夷北海道に渡った人々は農業と漁業分野が主で、あとはそれに関わる金融や輸送運搬業だという認識をしていた。だが、彼ら彼女らの働き場ははるかに多種多様であって、その志も様々だったと分かった。

千島諸島まで布教や弔いに訪れた土岐虎閑、土木建築請負業と飲食業で大成した南日恒次郎、そして旭川最後の韋駄天人力車夫で葬式まで人力車葬を遺言した砂田庄太郎、池田町の渡し守、澤井忠三郎、釧路湿原のタンチョウヅルを守った鶴じいこと山崎定次郎らは、浅学の私にとっては異聞といえば異聞の人たちだった。しかし、北海道はそういうまさに、堅実で見通しのある者から有象無象の困窮者にいたるまで、そして渡道後に事故や病気で不幸を歩いた人、さらにはその日暮らしのばくち打ちや前科者までを含めて、ひたすら明日の生活向上を願った人々によって、先住民との軋轢や逆に協力も生みながら建設されていったと見るのが正しいだろうと思う。

北海道に限らず、人間の歴史は一部の権力者や英雄がつくったのではなく、名もない人たちが働き、共同の力で織りなした錦繍（きんしゅう）。

おわりに

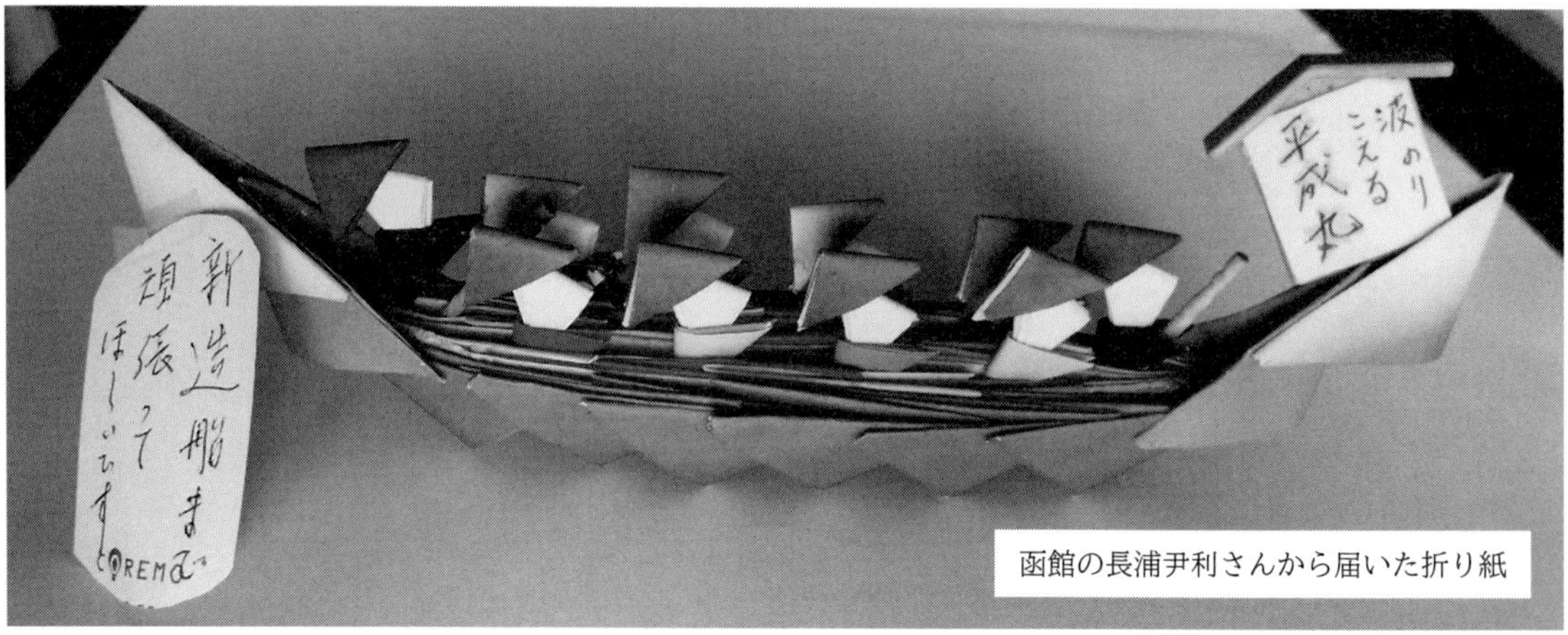
波のり
こえる
平成丸
新造船まで
頑張って
ほしいです
函館の長浦尹利さんから届いた折り紙

知人の手紙に貼られていた切手がきっかけで、歩き始めた。大叔父の歩んだ道と練習船高志丸の航跡を一部だが跡付けて、その延長でカニ工船のこと、そして越中富山から蝦夷地と呼ばれた北海道に渡り苦節の末に生活を築いてきた人々について、ほんの一部だが調べて、書き留めた。

不十分な理解で誤りも含んでいるだろうが、お許し願いたい。

私共が手作り感覚で編んでいる同人誌「旅想」の四九号に短い文を載せた後、宇治市在住の石野清子さんから手紙が届いた。

「亡き父の故郷、伏木が登場する「切手、蟹工船」が興味深かったです。一九一七年に伏木港を出帆された橋本さんの大叔父常隆さんと、一九一二年生まれで五歳の洟垂れ小僧だった私の父が、伏木の道ですれちがっていたかもしれませんね。面白いので、コピーして母に届けるつもりです。」

一応はテーマを持ちながらも、調査方法や記述の仕方は一様ではない。疑問に対する謎解きのようなミステリー風だったり、図書館や役所・関連施設の訪問の日々だったり、調査旅行の記録あるいは備忘録風だったり、関係者を訪ねての聞き取り学習だったり、古書との出逢いと引用だったり、戦前の新聞マイクロフィルムとにらめっこの日々だったり。デスクワークや引用抜粋だけで終わるのではなく、なるべく実際に行き、見て、聞いて、話して、触れて、進めてきた。寄り道と回り道だらけで、ときには後戻りしたり無駄足だったり、かん違いだったりも。東京の宇佐美氏や函館の長浦さんからたくさんの貴重な資料をいただいたが、私の力量不足のせいで生かせなかったものが相当あり、悔いが残っている。だけど、生活する（してきた）人々の息づかいを常に考えることは忘れないようにしてきたつもり。

また、「旅想」九六号発行後に友人の坂田正博さんから手紙が来たので、一部を転載させていただく。

『旅想』第九十六号に目を通しました。橋本さんの「遠き日の渡し守」では、富山県人の北海道移住の歴史、さらには樺太や旧満州へと移住する苦労のあったことも分かりました。北海道と富山県の深い縁（ゆかり）を感じます。今ふと思い出しましたが、妻の母方の親戚に稚内に住む人が居ます。二十年以上前ですが、訪ねて歓迎されました。また僕の父は小矢部の出ですが、親戚が北陸銀行の関係者で札幌の琴似に居ると聞いたことがあります。富山の人と北海道との往来については長い長い歴史がきっとあって、橋本さんは今、その探究に労苦を注いでいるのでしょう。頑張って下さい。」

美容家佐伯チズさんが「あきらめは毒、夢は薬」と言った。その反対のことも言えるとは思うが、さざなみ、荒波が寄せては返すように、根気が続かずにめげては嘆息、目を閉じて眠って、家事や畑仕事、町内の仕事や民生委員の活動をし、元気が回復するのを待ってまた進み、放り出したくなったら一時棚上げ。教え導いてくださった方々のこと（お会いできていなくて顔もわからない方も含め）も励ましとなった。

八月に入って、私の心を見透かすように、函館の長浦さんから手紙が届いた。

「・・・本卦、これからです。挫けているひまなどありません。カムチャツカ行も最後は同行が自衛隊、焦らないで天の時を信じて待ちましょう。あれもこれもは無理、体調を損ねます。機会は必ずきます。第一目的を優先に、とお便りを読み私は思いました。それぞれの事情あることなので、一概には言えませんが・・・。

健康あってのこと、お体大切にして下さい」

おもに協力、助力いただだいた個人や団体の名を挙げさせていただだいた。また、おもな参考文献や資料も。そしてその中から少なからずの文章や図などを転載させていただだいた。関係分野の貴重な研究成果の上に拙著がある。貴重なデータや文章などをまとめや分析、さらに発展させる力が弱く、恥ずかしい。

書き始めから擱筆までに長い時間がかかったので、内容の重複や話の展開・脈絡の不自然さが多々あるが、「見切り発車」となった。カニ工船勃興期の過酷な労働実態や、人命よりも利潤を追求する経営の非情さについて具体的に探り出すという点では、浅薄で弱い内容である。だが、大叔父と高志丸のこと、そして富山と北海道の関係を調べる、あるいは考えるというテーマを念頭において綴ってきた以上、やむを得ない。

常隆さんら高志丸の乗員がカムチャツカの海でカニ缶詰の船内製造を世界最初に成功してから、一〇四年が経った。これが本として上梓でき、新型コロナが収まった暁には、上京して常隆さんの墓参をしたい。そしてお世話になった方々に直接会って、お礼を述べたい。

田中神社の二対の灯篭にもお礼参りをしたい。

原稿をおそるおそる桂書房に持ちこんだところ、前向きに接していただき、タイトルを含めた内容やページの設定、地図や資料掲載などの点で指導助言を受け、三ヶ月ほど経った。

二〇二一年一一月

《協力教示を頂いた方》

（順不同、敬称略）

○北海道

利尻町…利尻町立図書館郷土資料室　大安寺住職桂励　民宿くつがた荘　新浜勝司　利尻町立博物館佐藤雅彦

中標津町…中標津町立図書館

白老町…布施大

羅臼町…羅臼神社　湊屋清　民宿野むら　羅臼町教育委員会学務課山口樹里　知床羅臼町観光協会

音更町…松本尚志

沼田町…石狩沼田駅業務員　沼田町教育委員会

小樽市…越中屋旅館上谷征男　北海製缶工場長江川亭　小樽市総合博物館

旭川市…旭川中央図書館資料調査室　南日涼子　慶勝寺住職石田慶司

根室市…白毫寺住職土岐哲磨

帯広市…帯広大谷短期大学大庭義行

札幌市…内野智恵子　出口吉孝　田中清元薬王寺住職　武蔵女子短期大学齋藤貴之　北海道新聞札幌本社

函館市…長浦尹利　函館地方海難審判所　択捉島水産会駒井惇助　猟古嘉市郎　近堂俊行　水島政治　函館市中央図書館　函館博物館奥野進　北海道新聞函館支社　折戸ガイド　函館大学学務課荒木弘子　鈴木旭　北海道大学水産学部函館分校図書館

苫小牧市…澤井義人

○東京都

八王子市…宇佐美昇三

中野区…橋本英隆・和子

港区…日本缶詰協会業務部長金村宣昭

千代田区…東京海洋大学図書館　㈱カムチャツカ開発事務局山口祐雄

港区…ＪＡＴＭ（ＲＴＢ）保田　東京海難審判所

練馬区…舟川はるひ

○富山県

朝日町…朝日町立図書館

黒部市…千島歯舞諸島居住者連盟吉田義久　吉田実　舟川生地漁業資料館員　黒部市役所企画政策課

滑川市…滑川高校海洋科清水秀夫教頭　砂原美和子　富山県水産研究所副所長内山勇

富山市…一村哲夫　北陸銀行総合企画部北川正幸　富山高校図書館　富山大学図書館情報課　大山歴史民俗資料館寺崎睦子　大山歴史民俗研究会松田周一　坂田正博　石田千佐子　桂書房勝山敏一

射水市…吉村造船所濱谷隆夫　吉村靖子　釣千愛　新湊博物館長野積正吉

高岡市…高岡市立伏木図書館　高岡市立中央図書館

小矢部市…小矢部市立図書館

○石川県

能登町…石川県水産総合センター企画普及部長福嶋稔

○京都府

京都市…堀江満智

宇治市…石野清子

※役職・所属は、おもに調査当時のものです

《参考文献》

◆高志丸関係

「大正元年度～昭和七年度富山縣水産講習所事業報告」富山縣水産講習所
※但し大正五年度～十年度の事業報告は発見できず
『富山縣之水産』濱田長次郎　富山縣水産組合聯合会　一九一六
『大正六年虎列剌流行誌』富山縣検疫委員会警察部　一九一八
『富山県水産史年表』重杉俊雄他　富山県農業水産部水産課　一九七一
『この道を行く　一缶詰技師の一生』橋本常隆　橋本缶詰研究所　一九七一
『水高八十年史』八十年史編纂委員会　富山県立水産高等学校　一九七九
『富山県史通史編Ⅴ近代上』富山県史編さん委員　富山県　一九八一
「初代練習船高志丸の処置に関する件」水産高校富水会　一九八三
『一齣の歴史　工船蟹漁業を拓いた水産練習船』竹嶋光男　滑川市教委一九八四
『富山県史通史編Ⅵ近代下』富山県史編さん委員　富山県　一九八四
『富山県北洋漁業のあゆみ』山田時夫・広田寿三郎　編集委員会　一九八九
『富水百年史』記念行事協賛会　富山県立水産高等学校　二〇〇〇
『創立一一〇周年記念誌』清水秀夫他　富山県立海洋高等学校　二〇一〇

◆カニ缶詰、工船カニ漁業関係

『通俗水産常識　第一巻』大濱喜一郎他　農業と水産社　一九三〇
『水産公論』「一二月號特輯　鮭鱒蟹漁業」水産社　一九二七
『水産日本』桑田透一　大日本雄辯會講談社　一九四二
『蟹罐詰発達史』岡本正一　霞ヶ関書房　一九四四
『タラバガニと其の漁業』佐藤榮　北方出版社　一九四九
『水産日本　海洋漁業篇』石井省一郎　大日本水産会　一九五七
『工船蟹漁業の実際』岡本信男　いさな書房　一九五七
『日本缶詰史　第一巻』山中四郎　日本缶詰協会　一九六二
『母船式工船漁業』葛城忠男　成山堂書店　一九六五
『缶詰手帳』関西支部、研究所、日本缶詰協会　一九七五
『流氷の海に女工節が聴える』合田一道　新潮社　一九八〇
『笠戸丸から見た日本　したたかに生きた船の物語』宇佐美昇三　海文堂出版　二〇〇七
『蟹工船興亡史』宇佐美昇三　凱風社　二〇一三
「かんづめハンドブック」日本缶詰協会　二〇〇二改訂発行
「缶詰時報」日本缶詰協会　二〇一三、九月号、一〇月号

◆北千島、北方領土関係

『千島探撿録』白瀬矗　東京圖書出版合資會社　一八九七
『北千島調査報文』北海道廳　一九〇一（復刻版）
『新興北千島漁業』大野純一　杉山書店　一九三五
『開拓者郡司大尉』寺島柾史　鶴書房　一九四二
『千島紀行』加納一郎　時事通信社　一九六一
『奪われた北千島　その漁業史』今田正美　第一法規出版　一九六五
「北方領土」（『神通川』に所収）新田次郎　学習研究社　一九六九
『北方領土　悲しみの島々』三田英語彬　講談社　一九七三
『わが北千島記　占守に生きた一庶民の記録』別所二郎蔵　講談社　一九七七
『千島概誌』北海道庁　国書刊行会　一九七七
『潮騒の択捉』石野栄次郎　楡書房　一九七七
『北の墓標　小説郡司大尉』夏堀正元　中央公論社　一九七八
『郡司草　北千島の実状を語る』能戸英三　資料刊行会　原書房　一九七九
『エトロフ島ヒトカップ湾の想い出』阿部いち　五稜出版社　一九八六
『元島民が語るわれらの北方四島』全五巻　北方ライブラリー製作委員会　一九九四、五
『北千島の自然誌』寺沢孝毅　丸善　一九九六
『択捉島漫筆』皆川弘、芳子　長門出版社　一九九七
『北千島占守島の五十年』池田誠　国書刊行会　一九九八
『別所二郎蔵随想録　回想の北千島』別所夫二　北海道出版企画センター一九九九
『八月一七日、ソ連軍上陸す』大野芳　新潮社　二〇〇九
『思い出のわが故郷　北方領土』啓発図書編集委員会　千島歯舞諸島居住者連盟　二〇〇四
『終わらざる夏（上）（下）』浅田次郎　集英社　二〇一〇
『千島沿革史』神山茂、茂郎　千島沿革史刊行会　二〇一二
『日ロ現場史　北方領土終わらない戦後』本田良一　北海道新聞社　二〇一三
『一九四五　占守島の真実』相原秀起　ＰＨＰ研究所　二〇一七
『消えた「四島返還」』北海道新聞社編　北海道新聞社　二〇一二

◆カムチャツカ関係

『カムチヤッカ　その風土と産業』黒田乙吉　大阪毎日新聞社　一九二二
『最北の日本へ（カムサッカ見聞記）』伊藤修　大坂屋號書店　一九二六
『西カムチャッカ紀行』内橋潔　北海道立水産試験場　一九六三
『カムチャツカの旅　全ガイド』北海道新聞情報研究所　北海道新聞社　一九九六

『カムチャツカ論集』カムチャツカ研究会　一九九九
『カムチャツカ研究会平成一〇年度現地視察団報告書』カムチャツカ研究会　一九九九
『カムチャツカ探検記』岡田昇　三五館　二〇〇〇
『遥かなる浦潮』堀江満智　新風書房　二〇〇二
『カムチャツカと日本　その歴史と現在』カムチャツカ研究会　二〇〇四
『カムチャツカ研究会一〇年のあゆみ』カムチャツカ研究会　二〇〇四
『住んでみたカムチャツカ』広瀬健夫　東洋書店　二〇一〇

◆北洋漁業関係

『北洋漁業の今昔』今田正美　北洋博協賛会　一九五四
『がらくた』阿部三虎　日本缶詰協会内がらくた刊行会　一九五八
『近代漁業発達史』岡本信男　水産社　一九六五
『日魯漁業経営史　第一巻』岡本信男　水産社　一九七一
『鮭のむくろ考　一北洋漁業人の記録』今田正美　北洋漁業研究所　一九七七
『二百海里の波紋と北洋漁業』青木久　熊澤弘雄　全国鮭鱒流網漁業組合　一九八三
『二百海里概史』安福数夫　斉藤達夫　全国鮭鱒流網漁業組合　一九八三
『北洋漁業の盛衰　大いなる回帰』板橋守邦　東洋経済新報社　一九八三
『漁り工る北洋』會田金吾　五稜出版社　一九八八

◆小林多喜二『蟹工船』、カニ工船事件関係

『蟹工船・党生活者』小林多喜二　新潮社　一九五三
『小林多喜二全集第三巻　工場細胞他』小林多喜二全集編集委員会　一九五九
『小林多喜二全集第三巻』所収「カムサッカから帰った漁夫の手紙」同年
『小林多喜二』手塚英孝　新日本出版社　一九六三
『ガイドブック　小林多喜二と小樽』小林多喜二祭実行委員会　一九九四
『蟹工船および漁夫雑夫虐待事件』倉田稔　小樽商科大学学術成果コレクション　二〇〇二
『小林多喜二伝』倉田稔　論創社　二〇〇三
『マンガ蟹工船』藤生コオ　白樺文学館多喜二ライブラリー　東銀座出版社　二〇〇六
『私たちはいかに「蟹工船」を読んだか』白樺文学館　遊行社　二〇〇八
『「蟹工船」の社会史　小林多喜二とその時代』浜林正夫　学習の友社　二〇〇九
『蟹工船から見た日本近代史』井本三夫　新日本出版社　二〇一〇
『アンブレイカブル』柳広司　角川書店　二〇二一

◆函館関係

『函館大正史　郷土新聞資料集一』元木省吾　渡辺一郎　一九六八
『函館の履歴書　函館市制五十周年記念』元木省吾、羽田鉄次　一九七二
『教えてください、函館空襲を』浅利政俊　幻洋社　一九九一
『函館市史　通説編第三巻』函館市史編さん室　函館市　一九九八
『寒川』大淵玄一　長門出版社　二〇〇〇
『穴澗寒川』水島政治　二〇〇九

◆富山と北海道のつながり関係

『中越商工便覧』川崎源太郎　一八八八
『東川村発達史』藤崎常次郎　一九一〇
『北海道在住　加越能人名録』野澤善三郎　加越能人名録発行所　一九一六
『羅臼町史』羅臼町史編纂委員会　目梨郡羅臼町　一九七〇
『福光町史　下巻』福光町史編纂委員会　一九七一
『知床のすがた』村田吾一　みやま書房　一九七二
『伏木港史』伏木港史編さん委員会　伏木港海運振興会　一九七三
『新北海道史　第四巻通説三』北海道　一九七三
『東川町史』東川町史編集委員会　東川町　一九七五
『北海道売薬史』村上清造　北海道配置家庭薬協会　一九七七
『創業百年史』調査部百年史編纂班　北陸銀行　一九七八
『北海道の諸道　街道をゆく十五』司馬遼太郎　朝日新聞社　一九八一
『オホーツク凄春記』山谷一郎　講談社　一九八六
『むらの生活　富山から北海道へ』宮良高弘　北海道新聞社　一九八八
『らうすの温故知新』野沢きみ他　羅臼町公民館　一九九二
『昆布を運んだ北前船コンブ食文化と薬売りのロマン』塩照夫　北國新聞社　一九九四
『滑川の民俗　上』滑川の民俗編集委員会　滑川市立博物館　一九九五
『新旭川市史一～四巻』旭川市　一九九五～二〇一〇
『北前の記憶　北洋・移民・米騒動との関係』井本三夫　桂書房　一九九八
『しんみなとの歴史』新湊の歴史編さん委員会　新湊市　一九九八
『利尻百年物語』利尻町　一九九九
『根室・千島歴史人名事典』人名辞典編集委員会　刊行会　二〇〇二
『銀の海峡　魚の城下町らうす物語』羅臼町　二〇〇三
『海拓　富山の北前船と昆布ロードの文献集』北前船新総曲輪夢倶楽部　富山経済同友会　二〇〇六
『オリベ川』澤井義人　苫小牧企画　二〇一〇
他

著者　橋本哲（はしもとてつ）略歴

一九四九（昭和二四）年　団塊世代最後の年、富山県富山市に生まれる。
一九七五年　同志社大学文学部文化学科文化史学専攻を卒業。
大山町農業高校非常勤講師を経て、大沢野町、八尾町、婦中町で小学校・中学校の教員を勤める。その間に教職員組合専従二年、八尾町教育センター勤務三年。
二〇〇七年　退職
パート・アルバイトをし、今日にいたる。
気ままに綴る手作り風同人誌「旅想」代表（現在九九号まで発刊）
著書　『韓国の美と歴史の六〇景』『カイコと八尾』『真珠湾に散った十七歳　武田友治の旅』『杉原ふるさとファイル』『探訪のづみ野』（編著）『異人館はショコラ色』『草原の花』
現住所　富山県富山市田中町四-一四-三八

蟹工船の記憶
－富山と北海道－

二〇二二年五月一〇日　発行

定価　二、四〇〇円＋税

著　者　橋本　哲
発行者　勝山敏一
発行所　桂書房
〒930-0103　富山市北代三六八三-一一
TEL　〇七六-四三四-四六〇〇
FAX　〇七六-四三四-四六一七
印　刷　モリモト印刷株式会社

地方小出版流通センター扱い

ISBN978-4-86627-113-2